高等院校电脑美术教材

Maya 2012 中文版基础教程

张云杰　张艳钗　尚　蕾　编著

清华大学出版社
北　京

<h1 style="text-align:center">内 容 简 介</h1>

Maya 是一款功能强大的三维动画设计软件，是目前最流行、使用最广泛的三维动画软件之一。本书主要针对目前非常热门的 Maya 技术，讲解最新版本 Maya 2012 中文版的设计方法。全书共 12 章，主要包括初识 Maya 2012、NURBS 曲面建模、多边形建模技术、细分表面建模技术、灯光和摄影机、材质操作、渲染操作、动画操作、角色动画技术、粒子动力学技术、特效处理以及综合范例等，从实用的角度介绍了 Maya 2012 中文版的使用。

本书内容广泛、通俗易懂、语言规范、实用性强，使读者能够快速、准确地掌握 Maya 2012 中文版的设计方法与技巧，特别适合初、中级用户的学习，可作为高等院校电脑美术课程中 Maya 软件的指导教材，也可作为广大社会读者快速掌握 Maya 设计和使用的实用指导书。

本书封面贴有清华大学出版社防伪标签，无标签者不得销售。

版权所有，侵权必究。侵权举报电话：010-62782989　13701121933

图书在版编目(CIP)数据

Maya 2012 中文版基础教程/张云杰，张艳钗，尚蕾编著. --北京：清华大学出版社，2013（2017.8重印）
(高等院校电脑美术教材)
ISBN 978-7-302-32601-4

Ⅰ. ①M… Ⅱ. ①张… ②张… ③尚… Ⅲ. ①三维动画软件—高等学校—教材 Ⅳ. ①TP391.41

中国版本图书馆 CIP 数据核字(2013)第 117691 号

责任编辑：张彦青
封面设计：杨玉兰
责任校对：李玉萍
责任印制：宋　林

出版发行：清华大学出版社
　　　　　网　　　址：http://www.tup.com.cn, http://www.wqbook.com
　　　　　地　　　址：北京清华大学学研大厦 A 座　　　邮　　编：100084
　　　　　社 总 机：010-62770175　　　　　　　　　邮　　购：010-62786544
　　　　　投稿与读者服务：010-62776969, c-service@tup.tsinghua.edu.cn
　　　　　质量反馈：010-62772015, zhiliang@tup.tsinghua.edu.cn
　　　　　课件下载：http://www.tup.com.cn, 010-62791865

印 装 者：北京九州迅驰传媒文化有限公司
经　　销：全国新华书店
开　　本：185mm×260mm　　　印　张：28.5　　　字　　数：693 千字
　　　　　(附光盘一张)
版　　次：2013 年 7 月第 1 版　　　　　　印　　次：2017 年 8 月第 2 次印刷
印　　数：3001～3500
定　　价：52.00 元

产品编号：045271-01

前　言

动画作为一门独特的艺术形式，其发展历史不过百年，但是却一直在发展壮大。随着计算机技术的快速发展，动画的制作流程和美学理念都在发生着重大的变化，而描线上色、模型制作、贴图绘制、后期合成以及视觉特效等各个动画制作流程都渗透着大量的数字技术。三维动画以其精美的画面、低廉的制作成本，给使用者带来更多的惊喜。

Autodesk Maya 是世界顶级的三维动画软件之一。由于 Maya 的强大功能，使其从诞生以来就一直受到 CG(Computer Graphics，电脑图形)艺术家们的喜爱。它是目前最流行、使用最广泛的三维动画软件之一。Autodesk 公司已经推出了最新版本——Maya 2012 中文版，功能更加强大和实用。

本书主要针对目前非常热门的 Maya 三维设计技术，讲解最新版本 Maya 2012 中文版的设计方法。笔者集多年使用 Maya 的设计经验，通过循序渐进的讲解，从 Maya 的基本操作到应用范例，详细诠释了应用 Maya 进行多种设计的方法和技巧。

笔者的电脑美术设计教研室长期从事专业的电脑美术设计和教学，数年来承接了大量的项目设计，积累了丰富的实践经验。本书就像一位专业设计师，将设计项目时的思路、流程、方法、技巧，以及操作步骤面对面地与读者进行交流。

本书还配备了交互式多媒体教学演示光盘，将案例制作过程制作为多媒体进行讲解，由从教多年的专业讲师进行全程多媒体语音视频跟踪教学，以面对面的形式讲解，便于读者学习使用。同时，光盘中还提供了所有实例的源文件，以便读者练习使用。关于多媒体教学光盘的使用方法，读者可以参看光盘根目录下的光盘说明。另外，本书还提供了网络的免费技术支持，欢迎大家登录云杰漫步多媒体科技的网上技术论坛进行交流：http://www.yunjiework.com/bbs。论坛分为多个专业的设计版块，可以为读者提供实时的软件技术支持，解答读者在使用本书及相关软件时遇到的问题。相信广大读者在论坛免费学习的知识一定会更多。

本书由云杰漫步科技电脑美术设计教研室编著，参加编写工作的有张云杰、尚蕾、刁晓永、张云静、郝利剑、贺安、贺秀亭、宋志刚、董闯、李海霞、焦淑娟、金宏平等。书中的设计实例均由云杰漫步多媒体科技公司设计制作；多媒体光盘由云杰漫步多媒体科技公司技术支持，同时要感谢出版社的编辑和老师们的大力协助。

由于编写人员的水平有限，因此在编写过程中难免有疏漏和不足之处，希望广大用户不吝赐教。

目 录

第 1 章　初识 Maya 2012

教学目标

本章将详细讲解三维动画设计的发展、制作流程，并且介绍了常用的三维动画设计软件。除此之外，还详细介绍了 Maya 软件的发展过程、新版 Maya 软件的特色以及软件的应用领域。读者通过对本章的学习，可以对三维动画设计有一个初步的了解，包括 Maya 软件的发展历程、新版 Maya 软件中的新功能，以及 Maya 软件的应用领域。

教学重点和难点

1. 初识 Maya。
2. Maya 的应用领域。

1.1　Maya 介绍

Autodesk Maya 是世界顶级的三维动画软件之一。由于 Maya 的强大功能，它从诞生以来就一直受到 CG 艺术家们的喜爱。

在 Maya 推出以前，三维动画软件大部分都应用于 SGI 工作站上，很多强大的功能只能在工作站上完成。而 Alias 公司推出的 Maya 采用了 Windows NT 作为作业系统的 PC 工作站，从而降低了制作要求使操作更加简便，这样也促进了三维动画软件的普及。Maya 继承了 Alias 所有的工作站级优秀软件的特性，界面简洁合理，操作快捷方便。

2005 年 10 月 Autodesk 公司收购了 Alias 公司。目前，Autodesk 公司已将 Maya 升级到 Maya 2012，其功能也发生了很大的变化。

作为世界顶级的三维动画软件，Maya 在模型塑造、场景渲染、动画及特效等方面都能制作出高品质的对象，这样也使其在影视特效制作领域占据着领导地位，特效效果如图 1-1 所示。而快捷的工作流程和批量化的生产也使 Maya 成为游戏行业不可或缺的软件工具，游戏角色效果如图 1-2 所示。

图 1-1　Maya 特效　　　　　　　　　图 1-2　游戏角色

1.2　界面结构

在电脑中安装好 Maya 2012 软件以后，可以通过以下两种方式来启动 Maya 2012。

● 　双击桌面的快捷图标。

● 　执行【程序】｜Autodesk｜Autodesk Maya 2012｜Maya 2012 命令。

Maya 2012 的启动界面如图 1-3 所示。相比较前几个版本，Maya 2012 启动界面的尺寸扩大了许多。

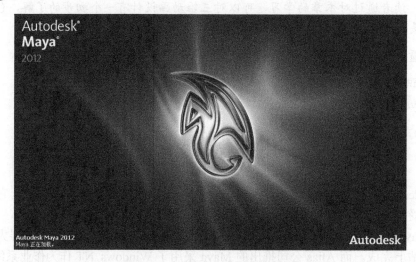

图 1-3　Maya 2012 的启动界面

Maya 2012 启动后，会弹出【基本技能影片】对话框，包含 7 种基本的操作功能，如图 1-4 所示，单击相应的图标即可在播放器中播放影片。

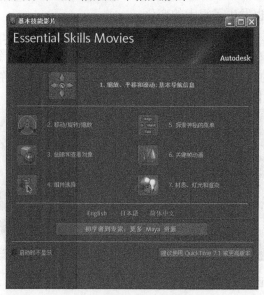

图 1-4　【基本技能影片】对话框

提示：如果不想在启动时弹出【基本技能影片】对话框，可以在该对话框左下角取消启用
【启动时不显示】复选框；如果要恢复【基本技能影片】对话框，可以选择【帮
助】|【教学影片】菜单命令重新打开该对话框。

Maya 的基本操作界面分为标题栏、菜单栏、状态栏、工具架、工具箱、视图快捷
栏、通道盒/层编辑器、工作区、动画控制区、命令栏和帮助栏等，如图 1-5 所示。

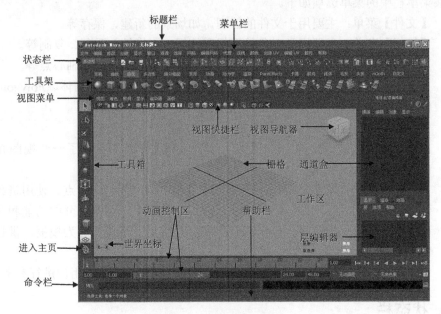

图 1-5　基本操作界面

1.2.1　标题栏

在众多的软件中，标题栏是必不可少的。它主要用于显示所用软件的版本、项目名
称、场景名称和所选取的项目。

在 Maya 中，一个项目是一个或者多个场景文件或文件夹的集合，它包括与场景相关
的文件或者文件夹，同时，标题栏还用于指示场景资料和搜索路径，如图 1-6 所示。

图 1-6　标题栏

1.2.2　菜单栏

Maya 的菜单栏非常有特色。由于命令的数量太多而不能同时显示，因此采用了分组
显示的方法。选择的菜单组不同，菜单栏中所显示的命令也会发生变化。最前面的 7 个菜
单和最后 1 个菜单不会跟随着菜单组的不同而变化，我们称之为公共菜单。Maya 中的命
令和工具在菜单栏中都能得到体现，如图 1-7 所示。

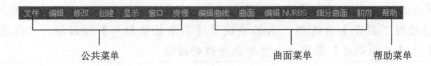

公共菜单　　　　　　　　　　　曲面菜单　　　　帮助菜单

图 1-7　菜单栏

公共菜单栏中的菜单选项如下。

- 【文件】菜单：主要用于文件的管理，如场景的新建、保存等。
- 【编辑】菜单：主要用于对象的选择和编辑，如撤销、重复、复制等。
- 【修改】菜单：提供对象的一些修改功能，如对齐、捕捉、轴心点等。
- 【创建】菜单：用于创建常见的物体，如 NURBS 基本几何体、Polygon 基本几何体、灯光、曲线、文本、摄影机等。
- 【显示】菜单：提供与显示有关的所有命令。
- 【窗口】菜单：控制打开各种类型的窗口和编辑器，包括了一些视图布局控制命令。
- 【资源】菜单：资源是组织到一个特殊资源节点中的一组节点。使用资源可以创建模板，用于在实际构建场景各个部分前规划和组织这些部分的功能和属性。也可以在创建几何体时设置资源和发布属性，然后基于此保存为模板，供日后场景使用。
- 【帮助】菜单：用于打开 Maya 提供的各种帮助文件，以便用户进行参考。

1.2.3　状态栏

状态栏中主要是一些常用的视图操作工具，如模块选择器、选择层级、捕捉开关和编辑器开关等，如图 1-8 所示。

图 1-8　状态栏

状态栏中部分工具介绍如下。

(1) 模块选择器

【模块选择器】：用来切换 Maya 的功能模块，从而改变菜单栏上相对应的命令，共有 6 大模块，分别是【动画】模块、【多边形】模块、【曲面】模块、【动力学】模块、【渲染】模块和nDynamics 模块，6 大模块下面的【自定义】模块主要用于自定义菜单栏(制作一个符合自己习惯的菜单组可以大大提高工作效率)，如图1-9 所示。按 F2～F6 键可以切换相应的模块。

图 1-9　模块选择器

(2) 场景管理

- 【创建新场景】：对应的菜单命令是【文件】|【新建场景】。
- 【打开场景】：对应的菜单命令是【文件】|【打开场景】。
- 【保存当前场景】：对应的菜单命令是【文件】|【保存场景】。

技巧：新建场景、打开场景和保存场景命令分别对应的组合键是 Ctrt+N、Ctrl+O 和 Ctrl+S。

(3) 选择模式

● 【按层级和组合选择】：可以选择成组的物体。

● 【按对象类型选择】：使选择的对象处于物体级别。在此状态下，后面选择的遮罩将显示物体级别下的遮罩工具。

● 【按次组件类型选择】：举例说明，在 Maya 中创建一个多边形圆柱体，这个圆柱体是由点、线、面构成的，这些点、线、面就是次物体级别。通过这些点、线、面再次对创建的对象进行编辑。

(4) 捕捉开关

● 【捕捉到栅格】：将对象捕捉到栅格上。单击该按钮时，可以将操作对象在栅格点上进行移动。快捷键为 X 键。

● 【捕捉到曲线】：将对象捕捉到曲线上。单击该按钮时，可以将操作对象捕捉到指定的曲线上。快捷键为 C 键。

● 【捕捉到点】：将对象捕捉到指定的点上。单击该按钮时，可以将操作对象捕捉到指定的点上。快捷键为 V 键。

● 【捕捉到视图平面】：将对象捕捉到视图平面上。

(5) 渲染工具

● 【打开渲染视图】：单击该按钮可打开【渲染视图】对话框，如图 1-10 所示。

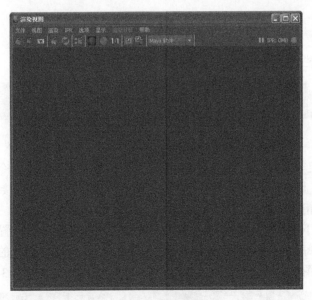

图 1-10 【渲染视图】对话框

● 【渲染当前帧】：单击该按钮可以渲染当前所在帧的静帧画面。

● 【IPR 渲染当前帧】：一种交互式操作渲染，其渲染速度非常快，一般用于测试渲染灯光和材质。

● 显示【渲染设置】对话框 ：单击该按钮可以打开【渲染设置】对话框，如图 1-11 所示。

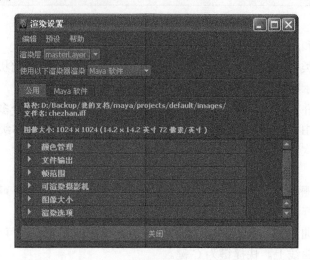

图 1-11 【渲染设置】对话框

(6) 编辑开关

● 【显示或隐藏属性编辑器】 ：单击该按钮可以打开或关闭【属性编辑器】对话框。

● 【显示或隐藏工具设置】 ：单击该按钮可以打开或关闭【工具设置】对话框。

● 【显示或隐藏通道盒/层编辑器】 ：单击该按钮可以打开或关闭【通道盒/层编辑器】。

1.2.4 工具架

工具架在状态栏的下面，如图 1-12 所示。

图 1-12 工具架

Maya 的工具架非常有用，它集合了 Maya 各个模块下最常用的命令，并以图标的形式分类显示在工具架上。这样，每个图标就相当于相应命令的快捷链接，只需要单击该图标，就等效于执行相应的命令。

工具架分上、下两部分，最上面一层称为标签栏；标签栏下方放置图标的一栏称为工具栏。标签栏上的每一个标签都有文字，每个标签实际对应着 Maya 的一个功能模块，如【曲面】标签下的图标集合对应的就是曲面建模的相关命令，如图 1-13 所示。

图 1-13 【曲面】工具栏

单击工具架左侧的【更改显示哪个工具架选项卡】按钮 ，在弹出的菜单中选择【自定义】命令可以自定义一个工具架，如图 1-14 所示。这样可以将常用的工具放在工具架中，形成一套自己的工作方式；同时还可以单击【更改显示哪个工具架选项卡】按钮█下的【用于修改工具架的项目菜单】按钮█，在弹出的下拉菜单中选择【新建工具架】命令，如图 1-15 所示，这样可以新建一个工具架。

图 1-14　选择【自定义】命令

图 1-15　选择【新建工具架】命令

1.2.5　工具箱

　　Maya 的工具箱在整个界面的最左侧，这里集合了选择、移动、旋转和缩放等常用变换工具，如图 1-16 所示。

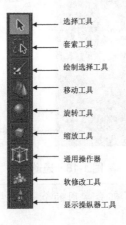

图 1-16　工具箱

1.2.6　工作区

　　Maya 的工作区是作业的主要活动区域，大部分工作都在这里完成，如图 1-17 所示的是一个透视图的工作区。

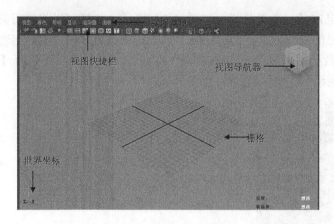

图 1-17 Maya 工作区

提示：Maya 中所有的建模、动画、渲染都需要通过这个工作区进行观察，可以形象地将工作区理解为一台摄影机，摄影机从空间 45 度来监视 Maya 的场景运作。

1.2.7 通道盒/层编辑器

1. 通道盒

在通道盒中可以对物体的大小、位置、材质等基本属性进行编辑，其包含内容非常丰富，如图 1-18 所示。

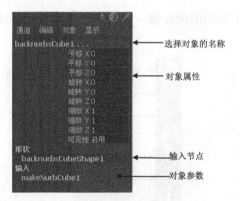

图 1-18 通道盒

提示：图 1-18 中的通道盒只列出了部分常用的节点属性，而完整的节点属性需要在【属性编辑器】对话框中进行修改。

通道盒各选项介绍如下。

- 【通道】：该菜单包含设置动画关键帧、表达式等属性的命令，和在对象属性上右击弹出的菜单一样，如图 1-19 所示。
- 【编辑】：该菜单主要用来编辑通道盒中的节点属性。
- 【对象】：该菜单主要用来显示选择对象的名字。对象属性中的节点属性都有相应的参数。如果需要修改这些参数，可以选中这些参数后直接输入要修改的参数值，然后按 Enter 键即可。拖曳光标选出一个范围可以同时改变多个参数；也可以在按住 Shift 键的同时选中这些参数后再对其进行相应的修改。

● 【显示】：该菜单主要用来显示通道盒中的对象节点属性。

图 1-19 【通道盒】各选项

技巧：有些参数设置框用"启用"和"关闭"来表示开关属性。在改变这些属性时，可以用 0 和 1 代替，1 表示"启用"，0 表示"关闭"。

2. 层编辑器

层编辑器主要用来管理场景对象。Maya 中的层有三种类型，分别是显示层、渲染层和动画层，如图 1-20 所示。

图 1-20 层编辑器

三种层介绍如下。

● 【显示】层是一个对象集合，专门用于设置对象在场景视图中的显示方式。
在进行复杂场景的操作时，层的作用就非常明显了。单击【新建图层】按钮，可以创建新的图层。
层是将对象分组的一种方式。单击第一个可见性框，可以在 V 和空格两种可见性间进行切换，V 为 View 可见模式，空格为不可见模式。第二个方框为图层的显示类型，包含 Template【模板】类型、Reference【参考】方式。单击第三个方框按钮可以打开【编辑层】对话框，如图 1-21 所示。在该对话框中可以设置层的名称、颜色、是否可见和是否使用模板等，设置完毕后单击【保存】按钮可以保存修改的信息。

- 【渲染】层包括【可渲染】类的独特属性。
- 【动画】层可以对动画设置层。

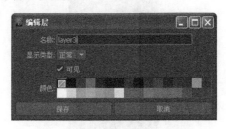

图 1-21 【编辑层】对话框

1.2.8 动画控制区

制作动画控制时间的命令和显示都集中在时间控制器内，如图 1-22 所示。

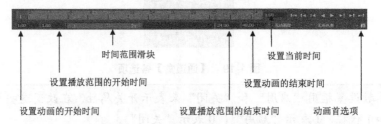

图 1-22 【动画控制区】命令功能

整段动画的长度用标尺的形式显示出来，在时间标尺的下方有两组数值输入框。外侧的一组为影片的实际长度，左边为起始帧，右边为结束帧；内侧的一组为当前有效的片段长度，左边为起始帧，右边为结束帧。时间标尺的右侧还有一个数值输入框，用于显示当前场景中所显示的帧数。

1.2.9 命令栏

命令栏用来运行 Maya 的 MEL 命令或者脚本信息，左边的输入栏用于输入命令，右边的区域用于显示系统的回应、警告等，如图 1-23 所示。

图 1-23 命令栏

1.2.10 帮助栏

帮助栏是向用户提供帮助的地方。用户可以通过它得到一些简单的帮助信息，从而给学习带来很大的方便。当光标放在相应的命令或按钮上时，在帮助栏中都会显示出相关的说明：在旋转或移动视图时，在帮助栏里会显示相关坐标信息，给用户直观的数据信息，这样可以提高操作精度，如图 1-24 所示。

图 1-24　帮助栏

1.3　视图操作与布局

1.3.1　视图快捷栏

视图快捷栏位于视图上方，通过它可以便捷地设置视图中的摄影机等对象，如图 1-25 所示。

图 1-25　视图快捷栏

视图快捷栏各种工具介绍如下。

- 【选择摄影机】：选择当前视图中的摄影机。
- 【摄影机属性】：打开当前摄影机的属性面板。
- 【书签】：创建摄影机书签，直接单击创建摄影机书签。
- 【图像平面】：可在视图中导入一张图片，作为建模的参考。
- 【二维平移/缩放】：使用 2D 平移/缩放视图。
- 【栅格】：显示或隐藏栅格。
- 【胶片门】：可以对最终渲染的图片尺寸进行预览。
- 【分辨率门】：用于查看渲染的实际尺寸，如图 1-26 所示。

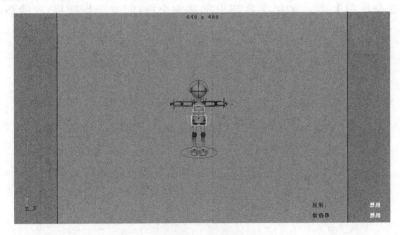

图 1-26　分辨率门

- 【门遮罩】：在渲染视图两边外面将颜色变暗，以便于观察。
- 【区域图】：用于打开区域图的网格，如图 1-27 所示。

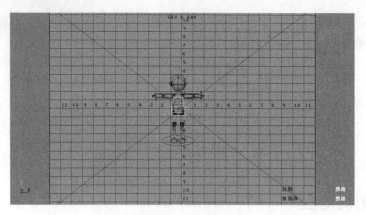

图 1-27　区域图

- 【安全动作】 ：在电子屏幕中，图像安全框以外的部分将不可见，如图 1-28 所示。

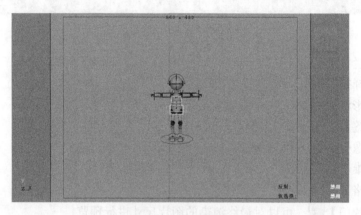

图 1-28　安全动作

- 【安全标题】 ：如果字幕超出字幕安全框(即安全标题框)，就会产生扭曲变形，如图 1-29 所示。

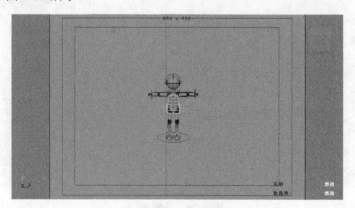

图 1-29　安全标题

- 【线框】 ：以线框方式显示模型，快捷键为数字 4 键，如图 1-30 所示。

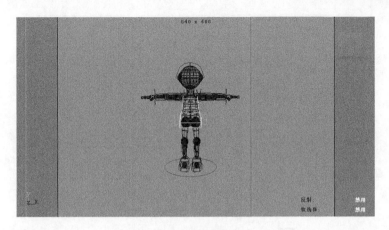

图 1-30　线框

● 【对所有项目进行平滑着色处理】■：将全部对象以默认材质的实体方式显示在视图中，可以很清楚地观察到对象的外观造型，快捷键为数字 5 键，如图 1-31 所示。

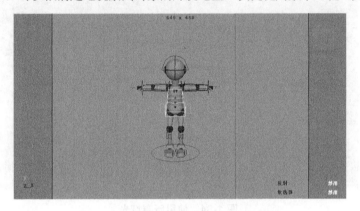

图 1-31　对所有项目进行平滑着色处理

● 【着色对象上的线框】■：以模型的外轮廓显示线框在实体状态下才能使用，如图 1-32 所示。

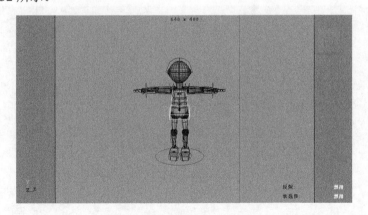

图 1-32　着色对象上的线框

● 【带纹理】■：用于显示模型的纹理贴图效果，如图 1-33 所示。

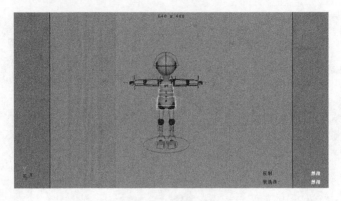

图 1-33　带纹理

- 【使用所有灯光】：如果使用了灯光，单击该按钮可以在场景中显示灯光效果，如图 1-34 所示。

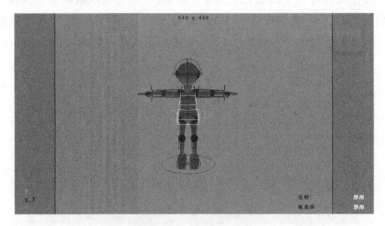

图 1-34　使用所有灯光

- 【阴影】：显示阴影效果，如图 1-35 和图 1-36 所示的是未使用阴影与使用阴影的效果对比。

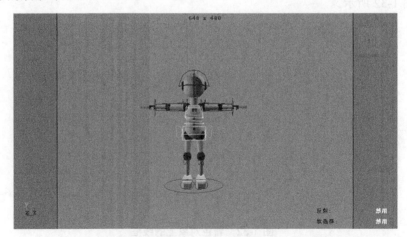

图 1-35　未使用阴影

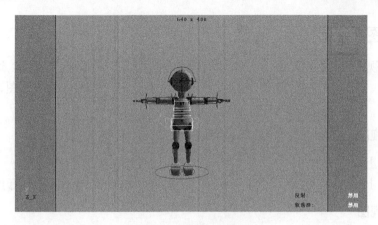

图 1-36 使用阴影

- 【高质量】 ![icon]：以高质量模式显示对象。这种模式能获得更好的光影显示效果，但是速度会变慢。
- 【隔离选择】 ![icon]：选定某个对象以后，单击该按钮则只在视图中显示这个对象，而没有被选择的对象将被隐藏。再次单击该按钮可以恢复所有对象的显示。
- 【X 射线显示】 ![icon]：以 X 射线方式显示物体的内部。
- 【X 射线显示活动组件】 ![icon]：单击该按钮可以激活 X 射线成分模式。该模式可以帮助用户确认是否意外选择了不想要的组分。
- 【X 射线显示关节】 ![icon]：在创建骨骼的时候，该模式可以显示模型内部的骨骼，如图 1-37 所示。

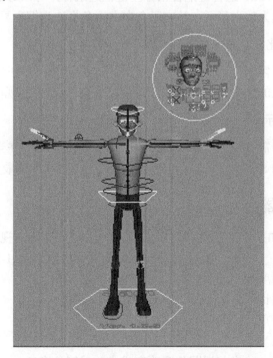

图 1-37 X 射线显示关节

1.3.2 视图的控制方法

Maya 的视图操作方式决定了它是少有的必须要使用三键鼠标的软件。通过键盘按钮与鼠标左、中、右键的组合操作，可以实现平移视图、旋转视图、缩放视图、界限框推移视图的操作。

1. 旋转视图

按住键盘上的 Alt 键配合鼠标左键，可以对视图进行旋转操作。

按住键盘上的 Alt+Shift 组合键配合鼠标左键，可以锁定在单轴向上进行摇移操作。

2. 移动视图

按住键盘上的 Alt 键配合鼠标中键，可以在工作区内进行平移和跟踪操作。

按住键盘上的 Alt+Shift 组合键配合鼠标中键，可以锁定在单轴向上进行平移操作。

3. 推拉视图

按住键盘上的 Alt 键+鼠标左键/中键或者 Alt+鼠标右键，可以实现推拉视图操作。

按住键盘上的 Alt+鼠标右键，可以在工作区内进行缩放和推移操作。

按住 Ctrl+Alt+鼠标左键，可以在工作区内将框选的区域进行推拉。使用鼠标从左往右框选区域会将镜头拉近；从右向左框选区域会将镜头推远。

4. 局部缩放视图

按住键盘上的 Alt+Ctrl 组合键配合鼠标左键框选组合，可以对工作区进行局部缩放。从左上角向右下角框选为放大显示，从右下角向左上角框选为缩小显示。

5. 当前选择最大化显示

在所需视图中选择需要最大化显示的物体，按下 F 键，可以在当前视图中最大化显示选中对象；配合键盘上的 Shift+F 组合键可以将选择的对象在全部视图中都最大化显示。

6. 全部最大化显示

在所需视图中选择需要最大化显示的物体，按下 A 键，可以在当前视图中全部显示所有对象；配合键盘上的 Shift+A 组合键可以将对象在全部视图中都最大化显示。

1.3.3 书签编辑器

在操作视图时，如果对当前视图的角度非常满意，可以选择视图菜单中的【视图】|【书签】|【编辑书签】命令，打开【书签编辑器】对话框，如图 1-38 所示，然后在该对话框中记录下当前的角度。

【书签编辑器】对话框中命令介绍如下。

- 【名称】：当前使用的书签名称。
- 【描述】：对当前书签输入相应的说明，也可以不填写。
- 【应用】按钮：将当前视图角度改变成当前书签角度。

图 1-38　【书签编辑器】对话框

- 【添加到工具架】按钮：将当前所选书签添加到工具架上。
- 【新建书签】按钮：将当前摄影机角度记录成书签，这时系统会自动创建一个名字 CameraViewl、CameraView2、CameraView3…(数字依次增加)，创建后可以再次修改名字。
- 【新建二维书签】按钮：创建一个二维书签，可以应用当前的平移/缩放设置。
- 【删除】按钮：删除当前所选择的书签。

1.3.4　视图导航器

Maya 提供了一个非常实用的视图导航器，如图 1-39 所示。在视图导航器上可以任意选择想要的特殊角度。

视图导航器的参数可以在【首选项】对话框里进行设置。选择【窗口】|【设置/首选项】|【首选项】菜单命令，打开【首选项】对话框，然后在【类别】列表框中选择 ViewCube 选项，显示出视图导航器的设置选项，如图 1-40 所示。

图 1-39　视图导航器

图 1-40　【首选项】对话框

视图导航器部分选项介绍如下。

- 【显示 ViewCube】：启用该复选框后，可以在视图中显示视图导航器。
- 【屏幕上的位置】：设置视图导航器在屏幕中的位置：包括【右上】、【右下】、【左上】和【左下】4个位置。
- 【ViewCube 大小】：设置视图导航器的大小，包括【大】、【正常】和【小】3种大小。
- 【非活动不透明度】：设置视图导航器的不透明度。
- 【在 ViewCube 下显示指南针】：启用该复选框后，可以在视图导航器下面显示出指南针，如图 1-41 所示。
- 【正北角度】：设置视图导航器的指南针的角度。

图 1-41　显示指南针

> 提示：在执行错误的视图操作后，可以选择视图菜单中的【视图】|【上一个视图】或【下一个视图】命令恢复到相应的视图中，选择【默认视图】命令则可以恢复到 Maya 启动时的初始视图状态。

1.3.5　摄影机工具

对视图摄影机的旋转、移动和缩放等操作都有与之相对应的命令，全部都集中在【视图】菜单下的【摄影机工具】菜单中，如图 1-42 所示。

图 1-42　【摄影机工具】菜单

【摄影机工具】菜单介绍如下。

- 【侧滚工具】：用来旋转视图摄影机，快捷键为 Alt+鼠标左键。
- 【平移工具】：用来在水平线上移动视图摄影机，快捷键为 Alt+鼠标中键。
- 【推拉工具】：用来推移视图摄影机，快捷键为 Alt+鼠标右键或 Alt+鼠标左键+鼠标中键。
- 【缩放工具】：用来缩放视图摄影机，以改变视图摄影机的焦距。
- 【二维平移/缩放工具】：用来在在二维中平移和缩放。可以在场景视图中查看结果。使用该功能，可以轻松地切入和切出平移/缩放模式。
- 【侧滚工具】：可以左右摇晃视图摄影机。
- 【方位角仰角工具】：可以对正交视图进行旋转操作。
- 【偏转-俯仰工具】：在不改变视图摄影机位置的情况下而直接旋转摄影机，从而改变视图。向上或向下的旋转角度称为俯仰；向左或向右的旋转角度称为偏转。
- 【飞行工具】：即使用类似玩 3D 第一人称视角游戏时的方式浏览场景。摄影机飞行穿过场景，不会受几何体约束。

1.3.6　面板视图菜单

视图布局也就是展现在前面的视图分布结构。良好的视图布局有利于提高工作效率，在视图菜单中的【面板】菜单下是一些调整视图布局的命令，如图 1-43 所示。

图 1-43　【面板】菜单

【面板】菜单介绍如下。

- 【透视】：用于创建新的透视图或者选择其他透视图。
- 【立体】：可以更改为立体模式或新建立体摄影机；已创建的所有立体摄影机以及已注册的所有自定义装备都列入了子菜单。
- 【正交】：可以更改为正交视图，或新建正交视图。
- 【沿选定对象观看】：通过选择的对象来观察视图，该命令可以以选择对象的位置为视点来观察场景。
- 【面板】：该命令里面存放了一些编辑对话框，可以通过它来打开相应的对话框。
- 【Hypergraph 面板】：用于切换 Hypergraph 层次视图。
- 【布局】：该菜单中存放了一些视图的布局命令。

- 【保存的布局】：这是 Maya 的一些默认布局，和左侧工具箱内的布局一样，可以很方便地切换到想要的视图。
- 【撕下】：将当前视图作为独立的对话框分离出来。
- 【撕下副本】：将当前视图复制一份出来作为独立对话框。
- 【面板编辑器】：如果对 Maya 所提供的视图布局不满意，可以在这里编辑出想要的视图布局。

> 提示：如果场景中创建了摄影机，可以通过【面板】|【透视】菜单中相应的摄影机名字来切换到对应的摄影机视图，也可以通过【沿选定对象观看】命令来切换到摄影机视图。【沿选定对象观看】命令不只限于将摄影机切换作为观察视点，还可以将所有对象作为视点来观察场景。因此常使用这种方法来调节灯光，可以很直观地观察到灯光所照射的范围。

1.3.7 【面板】对话框

【面板】对话框主要用来编辑视图布局，打开【面板】对话框的方法主要有以下 4 种。

- 选择【窗口】|【保存的布局】|【编辑布局】菜单命令。
- 选择【窗口】|【设置/首选项】|【面板编辑器】菜单命令。
- 选择视图菜单中的【面板】|【保存的布局】|【编辑布局】命令。
- 选择视图菜单中的【面板】|【栏目编辑器】命令。

打开的【面板】对话框如图 1-44 所示。

图 1-44 【面板】对话框

1.3.8 着色视图菜单

Maya 强大的显示功能为操作复杂场景时提供了有力的帮助。在操作复杂场景时，Maya 会消耗大量的资源。这时可以通过使用 Maya 提供的不同显示方式来提高运行速度。在视图菜单中的【着色】菜单下有各种显示命令，如图 1-45 所示。

图 1-45　【着色】菜单

【着色】部分菜单命令介绍如下。

- 【线框】：将模型以线框的形式显示在视图中。多边形以多边形网格方式显示出来；NUBRS 曲面以等位结构线的方式显示在视图中。

- 【对所有项目进行平滑着色处理】：将全部对象以默认材质的实体方式显示在视图中，可以很清楚地观察到对象的外观造型。

- 【对选定项目进行平滑着色处理】：将选择的对象以平滑实体的方式显示在视图中，其他对象以线框的方式显示。

- 【对所有项目进行平面着色】：这是一种实体显示方式，但模型会出现很明显的轮廓，显得不平滑。

- 【对选定项目进行平面着色】：将选择的对象以不平滑的实体方式显示出来，其他对象都以线框的方式显示出来。

- 【边界框】：将对象以一个边界框的方式显示出来，这种显示方式相当节约资源，是操作复杂场景时不可缺少的功能。

- 【点】：以点的方式显示场景中的对象。

- 【使用默认材质】：以初始的默认材质来显示场景中的对象，当使用对所有项目进行平滑着色处理等实体显示方式时，该功能才可用。

- 【着色对象上的线框】：如果模型处于实体显示状态，该功能可以让实体周围以线框围起来的方式显示出来，相当于线框与实体显示的结合体。

- 【X 射线显示】：将对象以半透明的方式显示出来，可以通过该方法观察到模型背面的物体。

- 【X 射线显示关节】：该功能在架设骨骼时使用，可以透过模型清楚地观察到骨骼的结构，以方便调整骨骼。

- 【X 射线显示活动组件】：是一个新的实体显示模式，可以在视图菜单的【面板】菜单中设置实体显示物体之上的组件。该模式可以帮助用户确认是否意外选择了不想要的组件。

- 【交互式着色】：在操作的过程中将对象以设定的方式显示在视图中，默认状态下是以线框的方式显示。例如，在实体的显示状态下旋转视图时，视图里的模型将会以线框的方式显示出来；当结束操作时，模型又会回到实体显示状态。可以通过后面的■按钮打开【交互式着色选项】对话框，在该对话框中可以设置在操作过程中的显示方式，如图 1-46 所示。
- 【背面消隐】：将对象法线反方向的物体以透明的方式显示出来，而法线方向正常显示。
- 【平滑线框】：以平滑线框的方式将对象显示出来。
- 【加粗线】：用来设置线的宽度。

在视图菜单的【显示】|【对象显示】菜单下还提供了一些控制单个对象的显示方式，如图 1-47 所示。

图 1-46　【交互式着色选项】对话框

图 1-47　【对象显示】菜单

【对象显示】菜单部分选项介绍如下。

- 【模板】/【取消模板】：【模板】是将选择的对象以线框模板的方式显示在视图中，可以用于建立模型的参照；选择【取消模板】命令可以关闭模板显示。
- 【边界框】/【无边界框】：【边界框】是将对象以边界框的方式显示出来；选择【无边界框】命令可以恢复对象的正常显示。
- 【几何体】/【无几何体】：【几何体】是以几何体方式显示对象；选择【无几何体】命令可以隐藏对象。
- 【快速交互】：在交互操作时将复杂的模型简化并暂时取消纹理贴图的显示，以加快显示速度。

1.3.9　照明视图菜单

在视图菜单中的【照明】菜单中提供了一些灯光的显示方式，如图 1-48 所示。

图 1-48　【照明】菜单

【照明】菜单部分选项介绍如下。

- 【使用默认照明】：使用默认的灯光来照明场景中的对象。
- 【使用所有灯光】：使用所有灯光照明场景中的对象。
- 【使用选定灯光】：使用选择的灯光来照明场景。
- 【不使用灯光】：不使用任何灯光对场景进行照明。

- 【双面照明】：开启该复选框时，模型的背面也会被灯光照亮。
- 【阴影】：可以用于查看场景视图中的硬件阴影贴图。
- 【指定选定灯光】：可以使用预设的灯光选择。

提示：Maya 提供了一些快捷键来快速切换显示方式。大键盘上的数字键 4、5、6、7 分别为网格显示、实体显示、材质显示和灯光显示。

　　　Maya 的显示过滤功能可以将场景中的某一类对象暂时隐藏，以方便观察和操作。在视图菜单中的【显示】菜单下取消相应的选项就可以隐藏与之相对应的对象。

1.3.10　视图的布局

在视图菜单的【面板】|【布局】菜单(见图 1-49)或者【窗口】|【视图排列】菜单(见图 1-50)中，可以将 Maya 视图在 1～4 块之间进行划分。

图 1-49　【布局】菜单　　　　　　　　　　　图 1-50　【视图排列】菜单

将视图单块进行显示的命令为【单个窗格】，效果如图 1-51 所示。

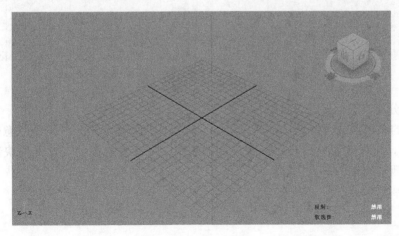

图 1-51　单个窗格

将视图分两块进行显示的命令为【两个窗格并列放置】和【两个窗格相互堆叠】，效果如图 1-52 所示。

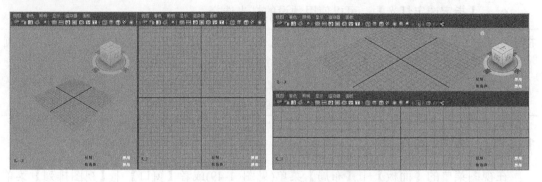

图 1-52　视图分为两块

将视图分三块进行显示的命令为【三个窗格顶部拆分】、【三个窗格左侧拆分】、【三个窗格底部拆分】和【三个窗格右侧拆分】，效果如图 1-53 所示。

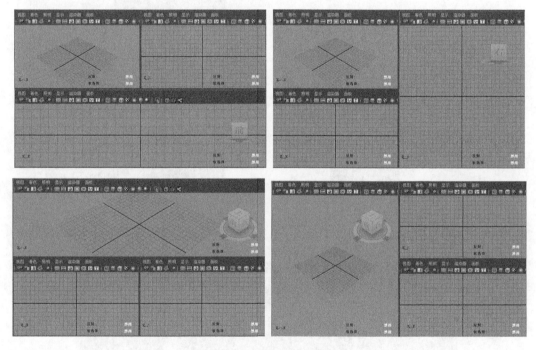

图 1-53　视图分为三块

将视图分四块进行显示的命令为【四个窗格】，效果如图 1-54 所示。

Maya 的系统默认设置为【单屏显示】，将鼠标指针移动至工作区的任意位置，快速按下空格键，可以实现由透视图至四视图的切换；在任意视图的工作区内快速按下空格键，可以实现该视图的最大化显示。

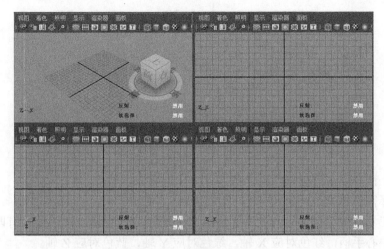

图 1-54　视图分为四块

1.4　编　辑　对　象

编辑对象命令大都集中在【编辑】菜单中，分为编辑对象操作、删除对象、选择对象、使用组、细节级别、创建对象层级等几个大的部分。

1.4.1　工具的用途和意义

工具箱中的工具是 Maya 提供变换操作的最基本工具。这些工具非常重要，在实际工作中的使用频率相当高，如图 1-55 所示。

工具箱各种工具介绍如下。

- 【选择工具】：用于选取对象。
- 【套索工具】：可以在一个范围内选取对象。
- 【绘制选择工具】：以画笔的形式选取对象。
- 【移动工具】：用来选择并移动对象。
- 【旋转工具】：用来选择并旋转对象。
- 【缩放工具】：用来选择并缩放对象。
- 【通用操纵器】：将移动、旋转、缩放集中在一起操作，并且显示出对象的尺寸信息。
- 【软修改工具】：选中模型的一个点，让其他部分受到渐变力的影响。

图 1-55　工具箱

- 【显示操纵器工具】：用于显示特殊对象的操纵器。

基本变换操作有【移动】、【旋转】和【缩放】三种，分别对应快捷键 W、E、R，操纵手柄如图 1-56 所示。

手柄中 X、Y 和 Z 三个轴向分别用红、绿和蓝三种颜色来代表，在默认设置的情况下，红色代表 X 轴，绿色代表 Y 轴，蓝色代表 Z 轴。当选中一个轴向以后，手柄变为黄色显示。

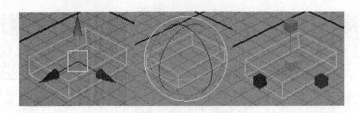

图 1-56　基本变换

1. 移动

【移动】命令用来进行移动对象的操作。操作方法如下。

(1) 选择需要移动的对象。

(2) 在工具箱中单击【移动工具】图标，出现操纵手柄。该手柄带有四个手柄的操纵器和 1 个中心手柄，红色对应 X 轴，绿色对应 Y 轴，蓝色对应 Z 轴。

(3) 单击并拖曳 1 个手柄，手柄被激活，变为黄色显示。

【移动】命令使用技巧如下。

(1) 如需单轴向移动对象，则单击并拖曳该坐标的手柄。

(2) 按住 Shift 键，使用鼠标中键拖曳对象，也可以实现单轴向移动对象。

(3) 单击并拖曳中心手柄，可以自由地在各个坐标轴上移动对象。

默认情况下，移动工具沿着视图平面移动对象。在透视图中也可以通过鼠标的拖曳使对象在 XY、YX 和 XZ 平面中自由移动。

若要在 XZ 平面移动，按住 Ctrl 键单击 Y 手柄移动对象。中心手柄的"当前平面"变为 X 平面。中心手柄在 XZ 平面上移动对象。

若要在 YZ 平面移动，按住 Ctrl 键单击 X 手柄移动对象。

若要在 XY 平面移动，按住 Ctrl 键单击 Z 手柄移动对象。

如果当前平面是 XZ，并且需要在视图平面中移动，按住 Ctrl 键单击中心手柄即可。

双击【移动工具】图标或选择【修改】|【变换工具】|【移动工具】按钮命令，可以打开移动【工具设置】窗口，如图 1-57 所示。

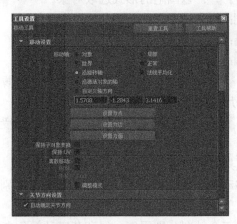

图 1-57　【工具设置】窗口

其部分参数设置说明如下。

- 【移动轴】坐标系统：有多个选项可以选择。
- 【对象】坐标系统：在对象空间坐标系统内移动对象，轴方向包括对象本身的旋转，每个对象都相对自身的对象空间坐标系统移动。
- 【局部】坐标系统：局部坐标系统是相对父级坐标系统而言的。
- 【世界】坐标系统：该单选按钮为默认选项。世界坐标系统是场景视图的空间，世界坐标系统的中心在原点。
- 【正常】坐标系统：可以将 NURBS 表面上的 CV 点沿 V 或 U 方向向上移动。
- 【法线平均化】：设置法线的平均化模式，对于曲线建模特别有用。

2. 旋转

【旋转】命令可以在任何一个或所有三个轴向上进行对象的旋转操作。

使用圆环手柄可以在单轴向上对对象进行旋转，使用外部的"虚拟球体"可以在任意轴向上旋转对象。

操作方法如下。

(1) 选择需要旋转的对象。

(2) 在工具箱中单击【旋转工具】图标 ，出现操纵手柄。该手柄带有三个圆环手柄的操纵器和一个被圆环覆盖的"虚拟球体"，红色对应 X 轴，绿色对应 Y 轴，蓝色对应 Z 轴。

(3) 单击并拖曳一个手柄，手柄被激活，变为黄色显示。

3. 缩放

在三维空间中使用【缩放工具】可以等比例地改变对象的尺寸，也可以在一个方向上不等比例地缩放对象。

【缩放】命令使用技巧如下。

(1) 拖曳单个方向的方块，可以在单方向上缩放对象。

(2) 拖曳中央的方块，可以在 3 个方向上等比例地缩放对象。

操作方法如下。

(1) 选择需要缩放的对象。

(2) 在工具箱中单击【缩放工具】图标 ，出现操纵手柄。该手柄带有 4 个方块手柄的操纵器，红色对应 X 轴，绿色对应 Y 轴，蓝色对应 Z 轴。

(3) 单击并拖曳一个手柄，手柄被激活，变为黄色显示。

(4) 单击并拖曳手柄可以进行对象的缩放。

1.4.2　【编辑】菜单

主菜单中的【编辑】菜单下提供了一些编辑场景对象的命令，如复制、剪切、删除、选择命令等，如图 1-58 所示。经过一系列的操作后，Maya 会自动记录下操作过程。我们可以取消操作，也可以恢复操作，在默认状态下记录的连续次数为 50 次。选择【窗口】|【设置/首选项】|【首选项】菜单命令，打开【首选项】对话框，选择【撤消】选

项，显示出该选项的参数，其中【队列大小】选项就是 Maya 记录的操作步骤数值，可以通过改变其数值来改变记录的操作步骤数，如图 1-59 所示。

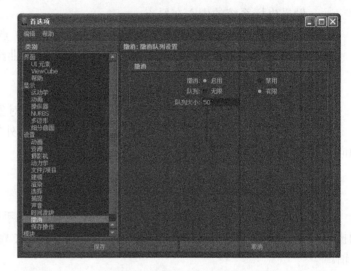

图 1-58 　【编辑】菜单　　　　　　　　　　图 1-59 　【首选项】对话框

【编辑】菜单部分命令介绍如下。

- 【撤销】：通过该命令可以取消对对象的操作，恢复到上一步状态，快捷键为 Z 键或 Ctrl+Z 组合键。例如，对一个物体进行变形操作后，使用【撤销】命令可以让物体恢复到变形前的状态，默认状态下只能恢复到前 50 步。

- 【重做】：当对一个对象使用【撤销】命令后，如果想让该对象恢复到操作后的状态，就可以使用【重做】命令，快捷键为 Shift+Z 组合键。例如，创建一个多边形物体，然后移动它的位置，接着执行【撤销】命令，物体又回到初始位置，再执行【重做】命令，物体又回到移动后的状态。

- 【重复】：该命令可以重复上次执行过的命令，快捷键为 G 键。例如，选择【创建】|【CV 曲线工具】菜单命令，在视图中创建一条 CV 曲线；若想再次创建曲线，这时可以执行该命令或按 G 键重新激活【CV 曲线工具】。

- 【最近命令列表】：执行该命令可以打开【最近的命令】窗口，其中记录了最近使用过的命令，可以通过该窗口直接选取过去使用过的命令，如图 1-60 所示。

- 【剪切】：选择一个对象后，执行【剪切】命令可以将该对象剪切到剪贴板中，剪切的同时系统会自动删除原对象，快捷键为 Ctrl+X 组合键。

- 【复制】：将对象复制到剪贴板中，但不删除原始对象，快捷键为 Ctrl+C 组合键。

- 【粘贴】：将剪贴板中的对象粘贴到场景中(前提是剪贴板中有相关的数据)，快捷键为 Ctrl+V 组合键。

- 【复制】：将对象在原位复制一份，快捷键为 Ctrl+D 组合键。

- 【特殊复制】：单击该命令后面的■按钮可以打开【特殊复制选项】对话框，如图 1-61 所示，在该对话框中可以设置更多的参数让对象发生更复杂的变化。

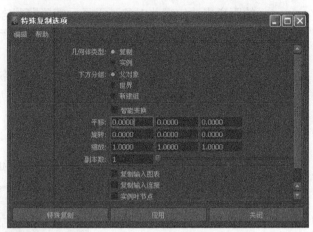

图 1-60　【最近的命令】窗口　　　　　图 1-61　【特殊复制选项】对话框

提示：Maya 里的复制只是将同一个对象在不同的位置显示出来，并非完全意义上的复制，这样可以节约大量资源。

- 【删除】：用来删除对象。
- 【按类型删除】：该命令可以删除选择对象的特殊节点，例如对象的历史记录、约束和运动路径等。
- 【按类型删除全部】：该命令可以删除场景中某一类对象，例如毛发、灯光、摄影机、粒子、骨骼、IK 手柄和刚体等。
- 【选择工具】：该命令对应工具箱中的【选择工具】。
- 【套索工具】：该命令对应工具箱中的【套索工具】。
- 【绘制选择工具】：该命令对应工具箱中的【绘制选择工具】。
- 【全选】：选择所有对象。
- 【取消选择】：取消选择状态。
- 【选择层级】：执行该命令可以选中对象的所有子级对象。当一个对象层级下有子级对象时，并且选择的是最上层的对象，此时子级对象处于高亮显示状态，但并未被选中。
- 【反选】：当场景有多个对象时，并且其中一部分处于被选择状态，执行该命令可以取消选择部分，而没有选择的部分则会被选中。
- 【按类型全选】：该命令可以一次性选择场景中某类型的所有对象。
- 【快速选择集】：在创建快速选择集后，执行该命令可以快速选择集里面的所有对象。
- 【分组】：将多个对象组合在一起，并作为一个独立的对象进行编辑。

技巧：选择一个或多个对象后执行【分组】命令可以将这些对象编为一组。在复杂场景中，使用组可以很方便地管理和编辑场景中的对象。

- 【解组】：将一个组里的对象释放出来，解散该组。
- 【细节级别】：这是一种特殊的组，特殊组里的对象会根据特殊组与摄影机之间的距离来决定哪些对象处于显示或隐藏状态。
- 【父对象】：用来创建父子关系。父子关系是一种层级关系，可以让子对象跟随父对象进行变换。
- 【断开父子关系】：当创建好父子关系后，执行该命令可以解除对象间的父子关系。

1.4.3 【修改】菜单

在【修改】菜单下提供了一些常用的修改工具和命令，如图 1-62 所示。

图 1-62 【修改】菜单

【修改】菜单部分工具和命令介绍如下。

(1) 【变换工具】：与工具箱上变换对象的工具相对应，用来移动、旋转和缩放对象。

(2) 【重置变换】：将对象的变换还原到初始状态。

(3) 【冻结变换】：将对象的变换参数全部设置为 0，但对象的状态保持不变。该功能在设置动画时非常有用。

(4) 【捕捉对齐对象】：该菜单中提供了几种常用的对齐命令，如图 1-63 所示。

【捕捉对齐对象】菜单介绍如下。

① 【点到点】：该命令可以将选择的两个或多个对象的点进行对齐。

② 【2 点到 2 点】：当选择一个对象上的两个点时，两点之间会产生一个轴，另外一个对象也是如此，执行该命令可以将这两条轴对齐到同一方向，并且其中两个点会重合。

③ 【3 点到 3 点】：选择三个点来作为对齐的参考对象。

④ 【对齐对象】：用来对齐两个或更多的对象。

单击【对齐对象】命令后面的█按钮，打开【对齐对象选项】对话框，在该对话框中可以很直观地观察到 5 种对齐模式，如图 1-64 所示。

图 1-63　【捕捉对齐对象】菜单　　　　　图 1-64　【对齐对象选项】对话框

【对齐对象选项】对话框介绍如下。

- 【最小值】：根据所选对象范围的边界的最小值来对齐选择对象。
- 【中间】：根据所选对象范围的边界的中间值来对齐选择对象。
- 【最大值】：根据所选对象范围的边界的最大值来对齐选择对象。
- 【距离】：根据所选对象范围的间距让对象均匀地分布在选择的轴上。
- 【栈】：让选择对象的边界盒在选择的轴向上相邻分布。
- 【对齐】：用来决定对象对齐的世界坐标轴，共有世界 X、Y 和 Z 3 个选项可以选择。
- 【对齐到】：选择对齐方式，包含【选择平均】和【上一个选定对象】两个选项。

⑤　【沿曲线放置】：沿着曲线位置对齐对象。

(5)　【对齐工具】：使用该工具可以通过手柄控制器将对象进行对齐操作，效果如图 1-65 所示。物体被包围在一个边界盒里面，通过单击上面的手柄可以对两个物体进行对齐操作。

提示：对象元素或表面曲线不能使用【对齐工具】。

(6)　【捕捉到一起工具】：该工具可以让对象以移动或旋转的方式对齐到指定的位置。在使用该工具时，会出现两个箭头连接线，通过点可以改变对齐的位置，效果如图 1-66 所示。

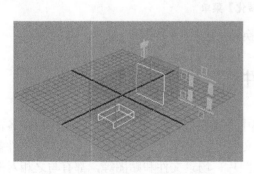

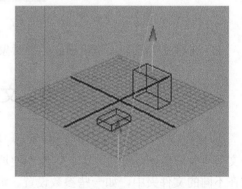

图 1-65　使用【对齐工具】效果　　　　　图 1-66　使用【捕捉到一起工具】效果

(7)　【激活】：执行该命令可以将对象表面激活为工作面。

(8)　【居中枢轴】：该命令主要针对旋转和缩放操作，在旋转时围绕轴心点进行旋转。

改变轴心点的方法如下。

- 按 Insert 键进入轴心点编辑模式，然后拖曳手柄即可改变轴心点。
- 按住 D 键进入轴心点编辑模式，然后拖曳手柄即可改变轴心点。
- 选择【修改】|【居中枢轴】菜单命令，可以使对象的中心点回到几何中心点。
- 轴心点分为旋转和缩放两种，可以通过改变参数来改变轴心点的位置。

(9) 【添加层次名称前缀】：将前缀添加到选定父对象及其所有子对象的名称中。

(10) 【搜索和替换名称】：根据指定的字符串来搜索节点名称，然后将其替换为其他名称。

(11) 【添加属性】：为选定对象添加属性。

(12) 【编辑属性】：编辑自定义的属性。

(13) 【删除属性】：删除自定义的属性。

(14) 【转化】：该菜单下包含很多子命令，这些命令全部是用于将某种类型的对象转化为另外一种类型的对象，如图 1-67 所示。

图 1-67　【转化】菜单

(15) 【替换对象】：使用指定的源对象替换场景中的一个或多个对象。

1.5　文件管理

在 Maya 中，文件的基础操作命令大多集中在【文件】菜单中，文件管理可以使各部分文件有条理地进行放置，因此可以方便地对文件进行修改。在 Maya 中，各部分文件都放在不同的文件夹中，如一些参数设置、渲染图片、场景文件和贴图等，都有与之相对应的文件夹。在【文件】菜单下提供了一些文件管理的相关命令，通过这些命令可以对文件进行打开、保存、导入，以及优化场景等操作，如图 1-68 所示。

图 1-68　【文件】菜单

【文件】菜单部分命令介绍如下。

(1)　【新建场景】：用于新建一个场景文件。新建场景的同时关闭当前场景。如果当前场景未保存，系统会自动提示用户是否进行保存。

(2)　【打开场景】：用于打开一个新场景文件。打开场景的同时关闭当前场景，如果当前场景未保存，系统会自动提示用户是否进行保存。

提示：Maya 的场景文件有两种格式，一种是 mb 格式，这种格式的文件在保存期内调用时的速度比较快；另一种是 ma 格式，是标准的 NativeASCII 文件，允许用户用文本编辑器直接进行修改。

(3)　【保存场景】：用于保存当前场景，路径是当前设置的工程目录中的 scenes 文件中，也可以根据实际需要来改变保存目录。

(4)　【场景另存为】：将当前场景另外保存一份，以免覆盖以前保存的场景。

(5)　【归档场景】：将场景文件进行打包处理。这个功能对于整理复杂场景非常有用。

(6)　【保存首选项】：将设置好的首选项设置保存好。

(7)　【优化场景大小】：使用该命令可以删除无用和无效的数据，如无效的空层、无关联的材质节点、纹理、变形器、表达式及约束等。

单击【优化场景大小】命令后面的▣按钮，打开【优化场景大小选项】对话框，如图 1-69 所示。

如果直接执行【优化场景大小】命令，将优化【优化场景大小选项】对话框中的所有对象；若只想优化某一类对象，可以单击该对话框中相应类型后面的【立即优化】按钮 立即优化，这样可以对其进行单独的优化操作。

(8)　【导入】：将文件导入到场景中。

(9)　【导出全部】：导出场景中的所有对象。

图 1-69 　【优化场景大小选项】对话框

(10)【导出当前选择】：导出选中的场景对象。

(11)【查看图像】：使用该命令可以调出 Fcheck 程序并查看选择的单帧图像。

(12)【查看序列】：使用该命令可以调出 Fcheck 程序并查看序列图片。

小知识：	Maya 结构目录

　　Maya 在运行时有两个基本的目录支持，一个用于记录环境设置参数；另一个用于记录与项目相关文件需要的数据。

　　2012-x64: 该文件夹用于储存用户在运行软件时设置的系统参数。每次退出 Maya 时会自动记录用户在运行时所改变的系统参数，以方便在下次使用时保持上次所使用的状态。若想让所有参数恢复到默认状态，可以直接删除该文件夹，这样就可以恢复到系统初始的默认参数。

　　FBX: FBX 是 Maya 的一个集成插件。它是 Filmbox 这套软件所使用的格式，现在改称 Motionbuilder 最大的用途是用在诸如 3ds Max、Maya、Softimage 等软件间进行模型、材质、动作和摄影机信息的互导，这样就可以发挥 3ds Max 和 Maya 等软件的优势。可以说，FBX 方案是最好的互导方案。

　　projects(工程): 该文件夹用于放置与项目有关的文件数据，用户也可以新建一个工作目录，使用习惯的文件夹名字。

　　scripts(脚本): 该文件夹用于放置 MEL 脚本，方便 Maya 系统的调用。

　　mayaLog: Maya 的日志文件。

　　mayaRenderlog.txt: 该文件用于记录渲染的一些信息。

　　(13)【项目窗口】：打开【项目窗口】对话框，在该对话框中可以设置与项目有关的文件数据，如纹理文件、MEL、声音等，系统会自动识别该目录。

　　【项目窗口】对话框部分参数介绍如下。

　　选择【文件】|【项目窗口】菜单命令，打开【项目窗口】对话框，如图 1-70 所示。

● 【当前项目】：设置当前工程的名字。

● 【新建】：单击【新建】按钮，创建新项目。

● 【位置】：显示当前项目的位置。创建新项目时，单击浏览图标可以导航到项目文件要使用的位置。

图 1-70　【项目窗口】对话框

- 【主项目位置】：列出当前的主项目目录。创建新项目时，默认情况下 Maya 会创建这些目录。主项目位置提供重要的项目数据(例如场景文件、纹理文件和渲染的图像文件)的目录。可以通过选择主项目位置的图标并导航到新位置，来更改主项目位置的默认名称和位置。
  - ◆ 【场景】：放置场景文件。
  - ◆ 【图像】：放置渲染图像。
  - ◆ 【声音】：放置声音文件。
- 【次项目位置】：列出主项目位置中的子目录。默认情况下，会为与主项目位置相关的文件创建次项目位置。
- 【转换器数据位置】：显示项目转换器数据的位置。
- 【自定义数据位置】：显示创建的自定义项目位置。自定义数据位置可以包含与已卸载插件关联的文件规则，因为在加载插件之前，可能不知道正确的规则分类。
- 【接受】：单击【接受】按钮，创建新的项目，然后保存对现有项目所做的更改。
(14) 【设置项目】：设置工程目录，即指定 projects 文件夹作为工程目录文件夹。
(15) 【最近的文件】：显示最近打开的 Maya 文件。
(16) 【最近的递增文件】：显示最近打开的 Maya 增量文件。
(17) 【最近的项目】：显示最近使用过的工程文件。
(18) 【退出】：退出 Maya 并关闭程序。

1.6　上机实践操作——模仿电子、原子运动

本范例完成文件：**/01/1-1.mb**

多媒体教学路径：光盘→多媒体教学→第 1 章

1.6.1 实例介绍与展示

下面进行上机实践操作。本章实例主要通过使用父子级关系制作简单的动画效果，如图 1-71 所示。

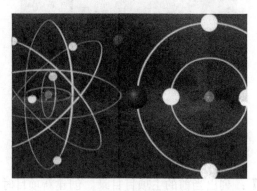

图 1-71 动画效果

1.6.2 创建电子

(1) 新建场景，选择【创建】|【多边形基本体】|【球体】命令，按空格键切换到上视图，创建一个半径为 1 的多边形球体，将其作为电子的基本模型。

(2) 选择多边形球体并右击，在弹出的快捷菜单中选择【指定新材质】命令，打开【指定新材质：pSphere1】对话框，如图 1-72 所示。

(3) 单击 Blinn 按钮，打开【属性编辑器】对话框，如图 1-73 所示。

图 1-72 【指定新材质：pSphere1】对话框

图 1-73 【属性编辑器】对话框

(4) 在【属性编辑器】对话框中，单击【颜色】右侧的■按钮，打开【创建渲染节点】对话框，如图 1-74 所示。

(5) 单击【文件】按钮，返回【属性编辑器】对话框，在 file1 选项卡中单击【图像名称】文本框后的▢按钮，如图 1-75 所示。

图 1-74　【创建渲染节点】对话框

图 1-75　【属性编辑器】对话框

(6) 在弹出的对话框中选择电子贴图，在视图中按键盘的数字 6，将其变成为贴图的显示模式，显示出电子的状态。

1.6.3　创建原子

(1) 选择【创建】|【多边形基本体】|【球体】命令，按空格键切换到上视图，创建一个多边形球体，将其作为原子的基本模型。

(2) 选择创建的原子球体并右击，在弹出的快捷菜单中选择 pSphere2，如图 1-76 所示。打开【属性编辑器】对话框，设置【半径】为 2，如图 1-77 所示，则球体被放大了 2 倍。

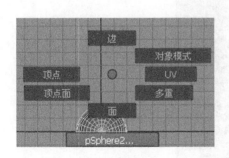

图 1-76　选择 pSphere2

图 1-77　调整半径

(3) 选择多边形球体并右击，在弹出的快捷菜单中选择【指定新材质】命令，打开【指定新材质：pSphere2】对话框，单击 Blinn 按钮。

(4) 在【属性编辑器】对话框中单击颜色右侧的灰色色块，弹出拾色器窗口，选择蓝色来代表原子的颜色，如图 1-78 所示。

(5) 在【通道盒】的【平移 Z】文本框中输入 10，使得球体向 Y 轴方向移动 10 个单位，如图 1-79 所示。

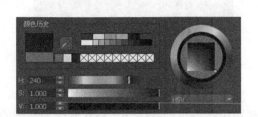

图 1-78　选择颜色　　　　　　　　　　图 1-79　移动球体

1.6.4　创建层级关系

现在场景中有两个球体，分别命名 pSphere1 和 pSphere2，代表电子和原子。下面创建它们的层级关系。

(1) 选择 pSphere1 配合 Shift 键加选 pSphere2。

(2) 选择【编辑】|【父对象】菜单命令创建层级关系，先选择的电子为子物体，后选择的原子为父物体。

(3) 至此层级关系创建完毕，选择【窗口】|【大纲视图】菜单命令，打开【大纲视图】窗口，可以观察到层级关系，如图 1-80 所示。

图 1-80　【大纲视图】窗口

1.6.5 设置动画

为了体现两个球体之间的父子关系，这里设置一段简单的动画。

(1) 在时间范围行中设置动画的总长度为 240 帧，设置当前的动画片段长度为 1～240 帧，如图 1-81 所示。

图 1-81 设置时间范围

(2) 单击 按钮回到第一帧位置。选择代表原子的 pSphere2 球体，右击通道栏中旋转 Y 属性的文字部分，从弹出的快捷菜单中选择【为选定项设置关键帧】命令，释放鼠标，旋转 Y 属性后的文本框变为粉色显示，一个关键帧创建完成，如图 1-82 所示。

(3) 将时间滑块移动至 240 帧，设置通道栏中旋转 Y 的属性值为 720，按 Enter 键确定。右击通道栏中旋转 Y 属性的文字部分，从弹出的快捷菜单中选择【为选定项设置关键帧】命令，释放鼠标，旋转 Y 属性后的文本框变为粉色显示，240 帧处的关键帧创建完成，如图 1-83 所示。

图 1-82 设置关键帧(1)

图 1-83 设置关键帧(2)

(4) 单击【播放】按钮 播放动画，代表原子的 pSphere2 球体开始围绕 Y 轴进行自转，代表 pSphere1 球体围绕原子进行旋转。至此，本范例制作完成，最终效果如图 1-84 所示。

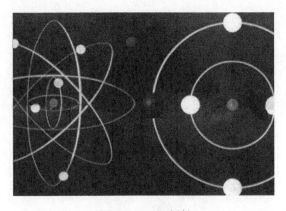

图 1-84 动画播放

1.7 操 作 练 习

读者可以通过太阳系的运动规则来制作动画，进一步巩固所学知识，效果如图 1-85 所示。

图 1-85 练习效果

第 2 章　NURBS 曲面建模

教学目标

本章介绍了 NURBS 建模技术的基础知识。读者通过对本章的学习，掌握基本的 NURBS 建模方法；通过学习创建 NURBS 曲线、编辑 NURBS 曲线、创建 NURBS 曲面和编辑 NURBS 曲面的各项命令，掌握 NURBS 建模中由点到线、由线到面的流程。

教学重点和难点

1. 掌握 NURBS 的基础知识。
2. 掌握 NURBS 基本几何体的创建方法。
3. 掌握 NURBS 曲线和曲面的创建方法。
4. 掌握 NURBS 曲线和曲面的编辑方法。

2.1　建模概论

NURBS 是 Non-Uniform Rational B-Spline(非统一有理 B 样条曲线)的缩写。NURBS 是用数学函数来描述曲线和曲面并通过参数来控制精度。这种方法可以让 NURBS 对象达到任何想要的精度，这就是 NURBS 对象的最大优势。

现在 NURBS 建模已经成为一个行业标准，广泛应用于工业和动画领域。NURBS 的有条理、有组织的建模方法让用户很容易上手和理解。通过 NURBS 工具可以创建出高质量的模型，并且 NURBS 对象可以通过较少的点来控制平滑的曲线或曲面，很容易让曲面达到流线型效果。

创建动画的基础是创建物体模型。Maya 中提供了三种建模方式，即 NURBS 建模、多边形建模和细分曲面建模。每一种建模方式都有各自的优点。在下面的章节中，我们将详细地介绍每一种建模方式。

2.2　NURBS 曲线

2.2.1　NURBS 建模方法

NURBS 的建模方法可以分为以下两大类。

- 用原始的几何体进行变形来得到想要的造型。这种方法灵活多变，对美术功底要求比较高。
- 通过由点到线、由线到面的方法来塑造模型。通过这种方法创建出来的模型精度比较高，很适合创建工业领域的模型。

各种建模方法当然也可以穿插起来使用，然后配合 Maya 的雕刻工具、置换贴图(通过置换贴图可以将比较简单的模型模拟成比较复杂的模型)或者配合使用其他雕刻软件(如

ZBrush)来制作出高精度的模型，如图 2-1 所示是使用 NURBS 技术创建的一个方向盘模型。

图 2-1　NURBS 技术创建的方向盘模型

2.2.2　NURBS 对象的组成元素

NURBS 的基本组成元素有点、曲线和曲面，利用这些基本元素可以构成复杂的高质量模型。

2.2.3　NURBS 曲线基础

构成 NURBS 曲面的基础是曲线，当我们开始建模时由曲线开始，多条构成网状的曲线形成曲面。在 Maya 中，我们可以用多种方式创建曲线。

1. NURBS 曲线元素介绍

- 【CV 控制点】：用来控制和调节曲线形态的点，调节某点时会影响相邻多个编辑点。
- 【曲线起始点】：绘制曲线时创建的第一个点，标记符号为最前端的小方框，用来定义曲线的起点和方向。
- 【曲线方向】：创建的曲线的第二个点，标记为字母 U，用来决定曲线的方向，在高级建模中非常有用。
- 【EP 编辑点】：简称 EP 点，是位于曲线上的结构点，标记为十字符号，调节 EP 点时会影响相邻 EP 点的位置。
- 【壳线】：连接 CV 点之间的可见直线。
- 【段】：两个编辑点之间的曲线，通过增加段数可以改变曲线形态。

2. 曲线的次数介绍

NURBS 曲线是一种平滑的曲线，在 Maya 中，NURBS 曲线的平滑度由"次数"来控制，共有五种次数，分别是 1、2、3、5、7。次数其实是一种连续性的问题，也就是切线方向和曲率是否保持连续。

- 【次数为 1 时】：表示曲线的切线方向和曲率都不连续，呈现出来的曲线是一种直棱直角曲线。这个次数适合建立一些尖锐的物体。
- 【次数为 2 时】：表示曲线的切线方向连续而曲率不连续，从外观上观察比较平滑，但在渲染曲面时会有棱角，特别是在反射比较强烈的情况下。

● 【次数为 3 以上时】：表示切线方向和曲率都处于连续状态，此时的曲线非常光滑，因为次数越高，曲线越平滑。

提示：在【曲面】模块下选择【编辑曲线】|【重建曲线】菜单命令，可以改变曲线的次数和其他参数。

2.3　创建 NURBS 曲线

切换到【曲面】模块，展开【创建】菜单，该菜单下有几个创建 NURBS 曲线的工具，如【CV 曲线工具】、【EP 曲线工具】等，如图 2-2 所示。

图 2-2　【创建】菜单

提示：在菜单下面单击虚线条|----------------|，可以将链接菜单作为一个独立的菜单放置在视图中。

2.3.1　CV 曲线工具

选择【创建】|【CV 曲线工具】命令，通过创建控制点来绘制曲线。单击【CV 曲线工具】命令后面的□按钮，打开【工具设置】对话框，如图 2-3 所示。

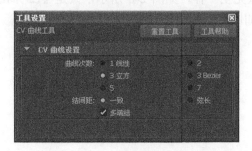

图 2-3　CV【工具设置】对话框

CV 曲线工具参数介绍如下。

(1)【曲线次数】：该复选框用来设置创建的曲线次数。一般情况下都使用【1 线性】或【3 立方】曲线，特别是【3 立方】曲线，如图 2-4 所示。

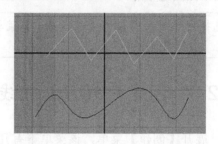

图 2-4　上边的曲线次数为 1 线性，下边的曲线次数为 3 立方

(2)【结间距】：设置曲线曲率的分布方式。

● 【一致】：该复选框可以随意增加曲线的段数。

● 【弦长】：启用该复选框后，创建的曲线可以具备更好的曲率分布。

● 【多端结】：启用该复选框后，曲线的起始点和结束点位于两端的控制点上；如果取消启用该复选框，起始点和结束点之间会产生一定的距离，如图 2-5 所示。

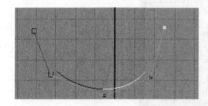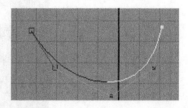

图 2-5　左边为取消启用【多端结】复选框效果，右边为启用【多端结】复选框效果

(3)【重置工具】：将【CV 曲线工具】的所有参数恢复到默认设置。

(4)【工具帮助】：单击该按钮可以打开 Maya 的帮助文档，该文档会说明当前工具的具体功能。

2.3.2　EP 曲线工具

【EP 曲线工具】是绘制曲线的常用工具，通过该工具可以精确地控制曲线所经过的位置。单击【EP 曲线工具】命令后面的■按钮，打开【工具设置】对话框，这里的参数与【CV 曲线工具】的参数完全一样，如图 2-6 所示，只是【EP 曲线工具】是通过绘制编辑点的方式来绘制曲线，如图 2-7 所示。

图 2-6　EP【工具设置】对话框

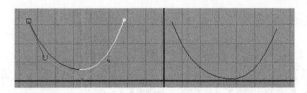

图 2-7　左边为用【CV 曲线工具】绘制的曲线，右边为用【EP 曲线工具】绘制的曲线

2.3.3　铅笔曲线工具

　　【铅笔曲线工具】是通过绘图的方式来创建曲线，可以直接使用【铅笔曲线工具】在视图中绘制曲线，也可以通过手绘板等绘图工具来绘制流畅的曲线，同时还可以使用【平滑曲线】和【重建曲线】命令对曲线进行平滑处理。【铅笔曲线工具】的参数很简单，和【CV 曲线工具】的参数类似，如图 2-8 所示。

　　使用【铅笔曲线工具】绘制曲线的缺点是控制点太多，如图 2-9 所示。绘制完成后难以对其进行修改，只有使用【平滑曲线】和【重建曲线】命令精减曲线上的控制点后，才能进行修改，但这两个命令会使曲线发生很大的变形，所以一般情况下都使用【CV 曲线工具】和【EP 曲线工具】来创建曲线。

图 2-8　铅笔曲线工具【工具设置】对话框

图 2-9　【铅笔曲线工具】绘制的曲线

2.3.4　弧工具

　　选择【创建】|【弧工具】命令，可以用来创建圆弧曲线，绘制完成后，可以用鼠标中键再次对圆弧进行修改。【弧工具】菜单中包括【三点圆弧】和【两点圆弧】两个命令，如图 2-10 所示。

1. 三点圆弧

　　单击【三点圆弧】命令后面的■按钮，打开【工具设置】对话框，如图 2-11 所示。

图 2-10　【弧工具】菜单

图 2-11　三点弧工具【工具设置】对话框

三点弧工具部分参数介绍如下。

- 【圆弧度数】：用来设置圆弧的度数，这里有【1 线性】和 3 两个单选按钮可以选择。

● 【截面数】：用来设置曲线的截面段数，最少为 4 段。

2. 两点圆弧

使用【两点圆弧】工具可以绘制出两点圆弧线，如图 2-12 所示。单击【两点圆弧】命令后面的 ■ 按钮，打开【工具设置】对话框，如图 2-13 所示。

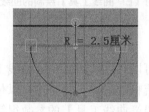

图 2-12 两点圆弧工具绘制圆弧　　　　　图 2-13 两点圆弧工具【工具设置】对话框

2.3.5 文本

Maya 可以通过输入文字来创建 NURBS 曲线、NURBS 曲面、多边形曲面和倒角物体。选择【创建】|【文本】命令后面的 ■ 按钮打开【文本曲线选项】对话框，如图 2-14 所示。

文本参数介绍如下。

● 【文本】：在这里面可以输入要创建的文本内容。
● 【字体】：设置文本字体的样式，单击后面的 ■ 按钮可以打开【选择字体】对话框，在该对话框中可以设置文本的字符样式和大小等，如图 2-15 所示。

图 2-14 【文本曲线选项】对话框　　　　　图 2-15 【选择字体】对话框

● 【类型】：设置要创建的文本对象的类型，有【曲线】、【修剪】、【多边形】和【倒角】4 个选项可以选择。

2.3.6 Adobe(R)Illustrator(R)对象

Maya 2012 可以直接读取 Illustrator 软件的源文件，即将 Illustrator 的路径作为 NURBS 曲线导入到 Maya 中。在 Maya 以前的老版本中不支持中文输入，只有 AI 格式的源文件才能导入 Maya 中。而 Maya 2012 可以直接在文本里创建中文文本，同时也可以使用平面软件绘制出 Logo 等图形，然后保存为 AI 格式，再导入到 Maya 中创建实体对象。

提示：Illustrator 是 Adobe 公司出品的一款平面向量软件，使用该软件可以很方便地绘制出各种形状的向量图形。

选择【创建】│【Adobe(R)Illustrator(R) 对象】命令后面的 ▣ 按钮，打开【Adobe(R)Illustrator(R)对象选项】对话框，如图 2-16 所示。

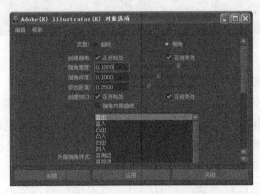

图 2-16　【Adobe(R)Illustrator(R)对象选项】对话框

提示：从【类型】选项组中可以看出使用 AI 格式的路径可以创建出【曲线】和【倒角】对象。

2.4　编辑 NURBS 曲线

展开【编辑曲线】菜单，该菜单下全是 NURBS 曲线的编辑命令，如图 2-17 所示。

图 2-17　【编辑曲线】菜单

2.4.1　复制曲面曲线

选择【编辑曲线】│【复制曲面曲线】命令，可以将 NURBS 曲面上的等参线、剪切边或曲线复制出来。单击【复制曲面曲线】命令后面的  按钮，打开【复制曲面曲线选项】对话框，如图 2-18 所示。

图 2-18 【复制曲面曲线选项】对话框

复制曲面曲线部分参数介绍如下。

- 【与原始对象分组】：启用该复选框后，可以让复制出来的曲线作为源曲面的子物体；取消启用该复选框时，复制出来的曲线将作为独立的物体。
- 【可见曲面等参线】：U、V 和【二者】单选按钮分别表示复制 U 向、V 向和两个方向上的等参线。

除了上面的复制方法，经常使用到的还有一种方法：首先进入 NURBS 曲面的等参线编辑模式，然后选择指定位置的等参线，接着选择【复制曲面曲线】命令，这样可以将指定位置的等参线单独复制出来，而不复制出其他等参线；若选择剪切边或 NURBS 曲面上的曲线进行复制，也不会复制出其他等参线。

2.4.2 附加曲线

选择【编辑曲线】|【附加曲线】命令，可以将断开的曲线合并为一条整体曲线。单击【附加曲线】命令后面的  按钮，打开【附加曲线选项】对话框，如图 2-19 所示。

图 2-19 【附加曲线选项】对话框

附加曲线部分参数介绍如下。

(1) 【附加方法】：曲线的附加模式，包括【连接】和【混合】两个选项。【连接】方法可以直接将两条曲线连接起来，但不进行平滑处理，所以会产生尖锐的角；【混合】方法可使两条曲线的附加点以平滑的方式过渡，并且可以调节平滑度。

(2) 【多点结】：用来选择是否保留合并处的结构点。【保持】选项为保留结构点；【移除】为移除结构点，移除结构点时，附加处会变成平滑的连接效果。

(3) 【混合偏移】：当选中【混合】单选按钮时，该选项用来控制附加曲线的连续性。

（4）【插入结】：当选中【混合】单选按钮时，该复选框可用来在合并处插入 EP 点，以改变曲线的平滑度。

（5）【保持原始】：当启用该复选框时，合并后将保留原始的曲线；当取消启用该复选框时，合并后将删除原始曲线。

2.4.3　分离曲线

选择【编辑曲线】│【分离曲线】命令，可以将一条 NURBS 曲线从指定的点分离出来，也可以将一条封闭的 NURBS 曲线分离成开放的曲线。单击【分离曲线】命令后面的 按钮，打开【分离曲线选项】对话框，如图 2-20 所示。

图 2-20　【分离曲线选项】对话框

分离曲线参数介绍如下。

【保持原始】：当启用该复选框时，执行【分离曲线】命令后会保留原始的曲线。

2.4.4　对齐曲线

选择【编辑曲线】│【对齐曲线】命令，可以对齐两条曲线的最近点，也可以按曲线上的指定点对齐。单击【对齐曲线】命令后面的 按钮，打开【对齐曲线选项】对话框，如图 2-21 所示。

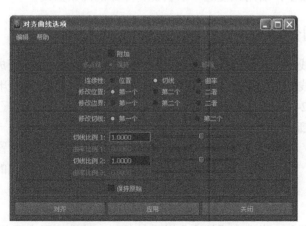

图 2-21　【对齐曲线选项】对话框

对齐曲线参数介绍如下。

（1）【附加】：将对接后的两条曲线连接为一条曲线。

（2）【多点结】：用来选择是否保留附加处的结构点。【保持】为保留结构点；【移除】为移除结构点，移除结构点时，附加处将变成平滑的连接效果。

(3) 【连续性】：决定对齐后的连接处的连续性。

● 【位置】：使两条曲线直接对齐，而不保持对齐处的连续性。

● 【切线】：将两条曲线对齐后，保持对齐处的切线方向一致。

● 【曲率】：将两条曲线对齐后，保持对齐处的曲率一致。

(4) 【修改位置】：用来决定移动哪条曲线来完成对齐操作。

● 【第一个】：移动第一个选择的曲线来完成对齐操作。

● 【第二个】：移动第二个选择的曲线来完成对齐操作。

● 【二者】：将两条曲线同时向均匀的位置上移动来完成对齐操作。

(5) 【修改边界】：以改变曲线外形的方式来完成对齐操作。

● 【第一个】：改变第一个选择的曲线来完成对齐操作。

● 【第二个】：改变第二个选择的曲线来完成对齐操作。

● 【二者】：将两条曲线同时向均匀的位置上改变外形来完成对齐操作。

(6) 【修改切线】：使用【切线】或【曲率】对齐曲线时，该项决定改变哪条曲线的切线方向或曲率来完成对齐操作。

● 【第一个】：改变第一个选择的曲线。

● 【第二个】：改变第二个选择的曲线。

(7) 【切线比例 1】：用来缩放第一个选择曲线的切线方向的变化大小。一般在使用该命令后，都要在【通道盒】里修改参数。

(8) 【切线比例 2】：用来缩放第二个选择曲线的切线方向的变化大小。一般在使用该命令后，都要在【通道盒】里修改参数。

(9) 【曲率比例 1】：用来缩放第一个选择曲线的曲率大小。

(10) 【曲率比例 2】：用来缩放第二个选择曲线的曲率大小。

(11) 【保持原始】：启用该复选框后会保留原始的两条曲线。

2.4.5 开放/闭合曲线

选择【编辑曲线】|【开放/闭合曲线】命令，可以将开放曲线变成封闭曲线，或将封闭曲线变成开放曲线。单击【开放/闭合曲线】命令后面的口按钮，打开【开放/闭合曲线选项】对话框，如图 2-22 所示。

开放/闭合曲线部分参数介绍如下。

(1) 【形状】：当执行【开放/闭合曲线】命令后，该选项用来设置曲线的形状。

● 【忽略】：执行【开放/闭合曲线】命令后，不保持原始曲线的形状。

● 【保留】：通过加入 CV 点来尽量保持原始曲线的形状。

● 【混合】：通过该单选按钮可以调节曲线的形状。

(2) 【混合偏移】：当选中【混合】单选按钮时，该选项用来调节曲线的形状。

(3) 【插入结】：当封闭曲线时，在封闭处插入点，以保持曲线的连续性。

(4) 【保持原始】：保留原始曲线。

图 2-22　【开放/闭合曲线选项】对话框

2.4.6　移动接缝

　　【移动接缝】命令主要用于移动封闭曲线的起始点。在后面学习由线成面时，封闭曲线的接缝处(也就是曲线的起始点位置)与生成曲线的 UV 走向有很大的区别。

2.4.7　切割曲线

　　选择【编辑曲线】|【切割曲线】命令，可以将多条相交曲线从相交处剪断。单击【切割曲线】命令后面的□按钮，打开【切割曲线选项】对话框，如图 2-23 所示。

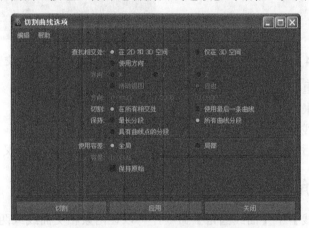

图 2-23　【切割曲线选项】对话框

切割曲线部分重要参数介绍如下。

(1)　【查找相交处】：用来选择两条曲线的投影方式。

● 　【在 2D 和 3D 空间】：在正交视图和透视图中求出投影交点。

● 　【仅在 3D 空间】：只在透视图中求出交点。

● 　【使用方向】：使用自定义方向来求出投影交点，有 X、Y、Z、【活动视图】和【自由】5 个选项可以选择。

(2)　【切割】：用来决定曲线的切割方式。

● 　【在所有相交处】：切割所有选择曲线的相交处。

● 　【使用最后一条曲线】：只切割最后选择的一条曲线。

(3) 【保持】：用来决定最终保留和删除的部分。

● 【最长分段】：保留最长线段，删除较短的线段。

● 【所有曲线分段】：保留所有的曲线段。

● 【具有曲线点的分段】：根据曲线点的分段进行保留。

2.4.8 曲线相交

选择【编辑曲线】|【曲线相交】命令，可以在多条曲线的交叉点处产生定位点。这样可以很方便地对定位点进行捕捉、对齐和定位等操作，如图 2-24 所示。

单击【曲线相交】命令后面的█按钮，打开【曲线相交选项】对话框，如图 2-25 所示。

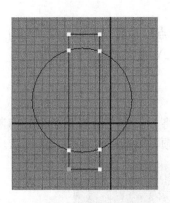

图 2-24　曲线相交点　　　　　　　　图 2-25　【曲线相交选项】对话框

曲线相交部分重要参数介绍如下。

【相交】：用来设置哪些曲线产生交叉点。

● 【所有曲线】：所有曲线都产生交叉点。

● 【仅与最后一条曲线】：只在最后选择的一条曲线上产生交叉点。

2.4.9 曲线圆角

选择【编辑曲线】|【曲线圆角】命令，可以让两条相交曲线或两条分离曲线之间产生平滑的过渡曲线。单击【曲线圆角】命令后面的█按钮，打开【圆角曲线选项】对话框，如图 2-26 所示。

图 2-26　【圆角曲线选项】对话框

曲线圆角部分参数介绍如下。

(1)　【修剪】：启用该复选框后，将在曲线倒角后删除原始曲线的多余部分。

(2)　【接合】：将修剪后的曲线合并成一条完整的曲线。

(3)　【保持原始】：保留倒角前的原始曲线。

(4)　【构建】：用来选择倒角部分曲线的构建方式。

● 　【圆形】：倒角后的曲线为规则的圆形。

● 　【自由形式】：倒角后的曲线为自由的曲线。

(5)　【半径】：设置倒角半径。

(6)　【自由形式类型】：用来设置自由倒角后曲线的连接方式。

● 　【切线】：让连接处与切线方向保持一致。

● 　【混合】：让连接处的曲率保持一致。

(7)　【混合控制】：启用该复选框后，可以设置混合控制的参数。

(8)　【深度】：控制曲线的弯曲深度。

(9)　【偏移】：用来设置倒角后曲线的左右倾斜度。

2.4.10　插入结

选择【编辑曲线】｜【插入结】命令，可以在曲线上插入编辑点，以增加曲线的可控点数量。单击【插入结】命令后面的█按钮，打开【插入结选项】对话框，如图 2-27 所示。

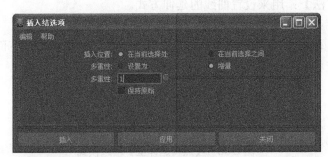

图 2-27　【插入结选项】对话框

插入结部分参数介绍如下。

【插入位置】：用来选择增加点的位置。

● 　【在当前选择处】：将编辑点插入到指定的位置。

● 　【在当前选择之间】：在选择点之间插入一定数目的编辑点。当选中该单选按钮后，会将最下面的【多重性】选项更改为【要插入的结数】选项。

2.4.11　延伸

【延伸】命令包含两个子命令，分别是【延伸曲线】和【延伸曲面上的曲线】命令，如图 2-28 所示。

图 2-28 【延伸】菜单

1. 延伸曲线

使用【延伸曲线】命令可以延伸一条曲线的两个端点，以增加曲线的长度。单击【延伸曲线】命令后面的 按钮，打开【延伸曲线选项】对话框，如图 2-29 所示。

图 2-29 【延伸曲线选项】对话框

延伸曲线参数介绍如下。

(1) 【延伸方法】：用来设置曲线的延伸方式。

● 【距离】：使曲线在设定方向上延伸一定的距离。

● 【点】：使曲线延伸到指定的点上。当选中该单选按钮时，下面的参数会自动切换到【点将延伸至】输入模式，如图 2-30 所示。

图 2-30 【点将延伸至】输入模式

(2) 【延伸类型】：设置曲线延伸部分的类型。

● 【线性】：延伸部分以直线的方式延伸。

● 【圆形】：让曲线按一定的圆形曲率进行延伸。

● 【外推】：使曲线保持延伸部分的切线方向并进行延伸。

(3) 【距离】：用来设定每次延伸的距离。

(4) 【延伸以下位置的曲线】：用来设定在曲线的哪个方向上进行延伸。

● 【起点】：在曲线的起始点方向上进行延伸。

● 【结束】：在曲线的结束点方向上进行延伸。

● 【二者】：在曲线的两个方向上进行延伸。

(5) 【接合到原始】：默认状态下该复选框处于启用状态，用来将延伸后的曲线与原始曲线合并在一起。

(6) 【移除多点结】：删除重合的结构点。

(7)　【保持原始】：保留原始曲线。

2. 延伸曲面上的曲线

使用【延伸曲面上的曲线】命令可以将曲面上的曲线进行延伸，延伸后的曲线仍然在曲面上。单击【延伸曲面上的曲线】命令后面的■按钮，打开【延伸曲面上的曲线选项】对话框，如图 2-31 所示。

图 2-31　【延伸曲面上的曲线选项】对话框

延伸曲面上的曲线部分参数介绍如下。

【延伸方法】：设置曲线的延伸方式。当选中【UV 点】单选按钮时，下面的参数将自动切换为【UV 点将延伸至】输入模式，如图 2-32 所示。

图 2-32　【UV 点将延伸至】输入模式

2.4.12　偏移

【偏移】命令包含两个子命令，分别是【偏移曲线】和【偏移曲面上的曲线】命令，如图 2-33 所示。

图 2-33　【偏移】菜单

1. 偏移曲线

单击【偏移曲线】命令后面的■按钮，打开【偏移曲线选项】对话框，如图 2-34 所示。

偏移曲线部分参数介绍如下。

(1)　【法线方向】：设置曲线偏移的方法。

● 　【活动视图】：以视图为标准来定位偏移曲线。

● 　【几何体平均值】：以法线为标准来定位偏移曲线。

图 2-34 【偏移曲线选项】对话框

(2) 【偏移距离】：设置曲线的偏移距离，该距离是曲线与曲线之间的垂直距离。

(3) 【连接断开】：在进行曲线偏移时，由于曲线偏移后的变形过大，会产生断裂现象，该选项可以用来连接断裂曲线。

- 【圆形】：断裂的曲线之间以圆形的方式连接起来。
- 【线性】：断裂的曲线之间以直线的方式连接起来。
- 【禁用】：关闭【连接断开】功能。

(4) 【循环剪切】：在偏移曲线时，曲线自身可能会产生交叉现象，该选项可以用来剪切掉多余的交叉曲线。【启用】为开启该功能；【禁用】为关闭该功能。

(5) 【切割半径】：在切割后的部位进行倒角，可以产生平滑的过渡效果。

(6) 【最大细分密度】：设置当前容差值下几何偏移细分的最大次数。

(7) 【曲线范围】：设置曲线偏移的范围。

- 【完成】：整条曲线都参与偏移操作。
- 【部分】：在曲线上指定一段曲线进行偏移。

2. 偏移曲面上的曲线

使用【偏移曲面上的曲线】命令可以偏移曲面上的曲线。单击【偏移曲面上的曲线】命令后面的￭按钮，打开【偏移曲面上的曲线选项】对话框，如图 2-35 所示。

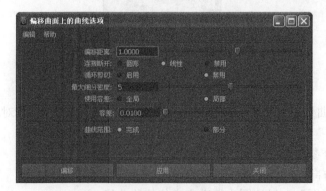

图 2-35 【偏移曲面上的曲线选项】对话框

2.4.13　反转曲线方向

选择【编辑曲线】|【反转曲线方向】命令，可以反转曲线的起始方向。单击【反转曲线方向】命令后面的按钮，打开【反转曲线选项】对话框，如图 2-36 所示。

图 2-36　【反转曲线选项】对话框

反转曲线选项参数介绍如下。

【保持原始】：启用该复选框后，将保留原始的曲线，同时原始曲线的方向也将被保留下来。

2.4.14　重建曲线

选择【编辑曲线】|【重建曲线】命令，可以修改曲线的一些属性，如结构点的数量和次数等。在使用【铅笔曲线工具】绘制曲线时，还可以使用【重建曲线】命令将曲线进行平滑处理。单击【重建曲线】命令后面的按钮，打开【重建曲线选项】对话框，如图 2-37 所示。

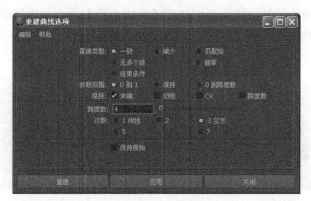

图 2-37　【重建曲线选项】对话框

重建曲线部分重要参数介绍如下。

【重建类型】：选择重建的类型。

- 【一致】：用统一方式来重建曲线。
- 【减少】：由【容差】值来决定重建曲线的精简度。
- 【匹配结】：通过设置一条参考曲线来重建原始曲线，可重复执行，原始曲线将无穷趋向于参考曲线的形状。
- 【无多个结】：删除曲线上的附加结构点，保持原始曲线的段数。
- 【曲率】：在保持原始曲线形状和度数不变的情况下，插入更多的编辑点。

- 【结束条件】：在曲线的终点指定或除去重合点。

2.4.15 拟合 B 样条线

选择【编辑曲线】|【拟合 B 样条线】命令，可以将曲线改变成三阶曲线，并且可以对编辑点进行匹配。单击【拟合 B 样条线】命令后面的 按钮，打开【拟合 B 样条线选项】对话框，如图 2-38 所示。

图 2-38 【拟合 B 样条线选项】对话框

拟合 B 样条线参数介绍如下。

【使用容差】：共有两种容差方式，分别是【全局】和【局部】。

2.4.16 平滑曲线

选择【编辑曲线】|【平滑曲线】命令，可以在不减少曲线结构点数量的前提下使曲线变得更加光滑。在使用【铅笔曲线工具】绘制曲线时，一般都要通过该命令来进行光滑处理。如果要减少曲线的结构点，可以使用【重建曲线】命令来设置曲线重建后的结构点数量。单击【平滑曲线】命令后面的 按钮，打开【平滑曲线选项】对话框，如图 2-39 所示。

图 2-39 【平滑曲线选项】对话框

平滑曲线部分参数介绍如下。

【平滑度】：设置曲线的平滑程度。数值越大，曲线越平滑。

2.4.17 CV 硬度

选择【编辑曲线】|【CV 硬度】命令，主要用来控制次数为 3 的曲线的 CV 控制点的多样性因子。单击【CV 硬度】命令后面的 按钮，打开【CV 硬度选项】对话框，如图 2-40 所示。

图 2-40 【CV 硬度选项】对话框

CV 硬度参数介绍如下。

- 【完全】：硬化曲线的全部 CV 控制点。
- 【禁用】：关闭【CV 硬度】功能。
- 【保持原始】：启用该复选框后，将保留原始的曲线。

2.4.18 添加点工具

【添加点工具】主要用于为创建好的曲线增加延长点。

2.4.19 曲线编辑工具

选择【编辑曲线】|【曲线编辑工具】命令，可以为曲线调出一个手柄控制器，通过这个手柄控制器可以对曲线进行直观操作，如图 2-41 所示。

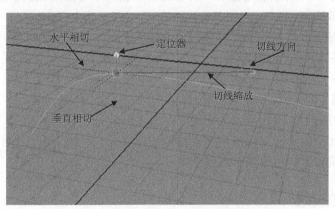

图 2-41 使用【曲线编辑工具】命令效果

曲线编辑工具各选项介绍如下。

- 【水平相切】：使曲线上某点的切线方向保持在水平方向。
- 【垂直相切】：使曲线上某点的切线方向保持在垂直方向。
- 【定位器】：用来控制【曲线编辑工具】在曲线上的位置。
- 【切线缩放】：用来控制曲线在切线方向上的缩放。
- 【切线方向】：用来控制曲线上某点的切线方向。

2.4.20 投影切线

选择【编辑曲线】|【投影切线】命令，可以改变曲线端点处的切线方向，使其与两条相交曲线或与一条曲面的切线方向保持一致。单击【投影切线】命令后面的█按钮，打开【投影切线选项】对话框，如图 2-42 所示。

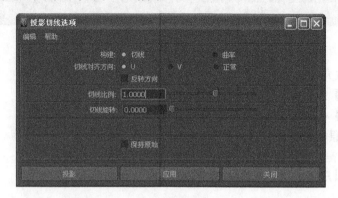

图 2-42 【投影切线选项】对话框

投影切线部分参数介绍如下。

(1) 【构建】：用来设置曲线的投影方式。

● 【切线】：以切线方式进行连接。

● 【曲率】：启用该复选框后，在下面会增加一个【曲率比例】选项，用来控制曲率的缩放比例。

(2) 【切线对齐方向】：用来设置切线的对齐方向。

● U：对齐曲线的 U 方向。

● V：对齐曲线的 V 方向。

● 【正常】：用正常方式对齐。

(3) 【反转方向】：反转与曲线相切的方向。

(4) 【切线比例】：在切线方向上进行缩放。

(5) 【切线旋转】：用来调节切线的角度。

2.4.21 修改曲线

选择【编辑曲线】|【修改曲线】命令，用于对曲线的形状进行修正，但不改变曲线点的数量。【修改曲线】命令包含 7 个子命令，分别是【锁定长度】、【解除锁定长度】、【拉直】、【平滑】、【卷曲】、【弯曲】和【缩放曲率】，如图 2-43 所示。

1. 锁定长度

使用【锁定长度】命令可以锁定曲线的长度。锁定曲线的长度后，无论对曲线的控制点进行何种操作，曲线的总长度都不会发生改变。

图 2-43　【修改曲线】菜单

2. 解除锁定长度

【解除锁定长度】命令主要用来解除对曲线长度的锁定。锁定曲线长度后，在【通道盒】中可以观察到一个【锁定长度】选项，也可以通过该选项来解除对曲线长度的锁定。

3. 拉直

使用【拉直】命令可以将一条弯曲的 NURBS 曲线拉直成一条直线。单击【拉直】命令后面的■按钮，打开【拉直曲线选项】对话框，如图 2-44 所示。

图 2-44　【拉直曲线选项】对话框

拉直参数介绍如下。

- 【平直度】：用来设置拉直的强度。数值为 1 时表示完全拉直；数值不等于 1 时表示曲线有一定的弧度。
- 【保持长度】：该复选框决定是否保持原始曲线的长度。默认为启用状态；如果取消启用该复选框，拉直后的曲线将在两端的控制点之间产生一条直线。

4. 平滑

使用【平滑】命令可以对曲线进行光滑处理。单击【平滑】命令后面的■按钮，打开【平滑曲线选项】对话框，如图 2-45 所示。

图 2-45　【平滑曲线选项】对话框

平滑参数介绍如下。

【平滑因子】：用来设置曲线的光滑度，如图 2-46 所示是对曲线进行光滑处理前后的效果对比。

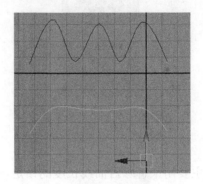

图 2-46 平滑效果

5. 卷曲

使用【卷曲】命令可以将曲线或直线进行卷曲处理。单击【卷曲】命令后面的▣按钮，打开【卷曲曲线选项】对话框，如图 2-47 所示。

图 2-47 【卷曲曲线选项】对话框

卷曲参数介绍如下。

● 【卷曲量】：用来设置曲线的卷曲度。
● 【卷曲频率】：用来设置曲线的卷曲频率。

6. 弯曲

使用【弯曲】命令可以将曲线进行弯曲处理。与【卷曲】命令不同的是，【弯曲】命令产生的效果为螺旋形变形效果。

7. 缩放曲率

使用【缩放曲率】命令可以改变曲线的曲率，单击【缩放曲率】命令后面的▣按钮，打开【缩放曲率选项】对话框，如图 2-48 所示。

图 2-48 【缩放曲率选项】对话框

缩放曲率参数介绍如下。

- 【比例因子】：用来设置曲线曲率变化的比例。值为 1 表示曲率不发生变化；大于 1 表示增大曲线的弯曲度；小于 1 表示减小曲线的弯曲度。
- 【最大曲率】：用来设置曲线的最大弯曲度。

2.4.22　Bezier 曲线

【Bezier 曲线】命令，主要用来修正曲线的形状，该命令包含两个子命令，分别是【锚点预设】和【切线选项】，如图 2-49 所示。

图 2-49　【Bezier 曲线】菜单

1. 锚点预设

【锚点预设】命令用于对 Bezier 曲线的锚点进行修正。【锚点预设】命令包含 3 个子命令，分别是 Bezier、【Bezier 角点】和【角点】，如图 2-50 所示。

(1) Bezier

选择贝塞尔曲线的控制点后，执行 Bezier 命令，可以调出贝塞尔曲线的控制手柄，如图 2-51 所示。

图 2-50　【锚点预设】菜单

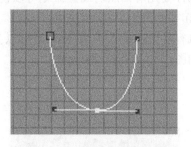

图 2-51　执行 Bezier 效果

(2) Bezier 角点

执行【Bezier 角点】命令可以使贝塞尔曲线的控制手柄只有一边受到影响，如图 2-52 所示。

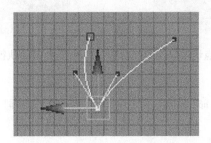

图 2-52　执行【Bezier 角点】效果

提示：当执行【Bezier 角点】命令后再执行 Bezier 命令，将恢复贝塞尔曲线控制手柄的属性。

(3) 角点

执行【角点】命令可以取消贝塞尔曲线的手柄控制，使其成为 CV 点，如图 2-53 所示。

2. 切线选项

执行【切线选项】命令可以对 Bezier 曲线的锚点进行修正。【切线选项】命令包含 4 个子命令，分别是【光滑锚点切线】、【断开锚点切线】、【平坦锚点切线】和【不平坦锚点切线】，如图 2-54 所示。

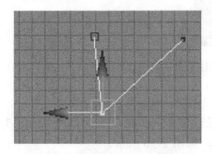

图 2-53 执行【角点】效果   图 2-54 【切线选项】菜单

(1) 光滑锚点切线

执行【光滑锚点切线】命令可以使贝塞尔曲线的手柄变得光滑，如图 2-55 所示。

(2) 断开锚点切线

执行【断开锚点切线】命令可以打断贝塞尔曲线的手柄控制，使其只有一边受到控制，如图 2-56 所示。

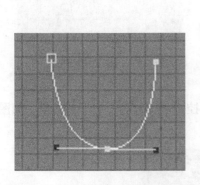

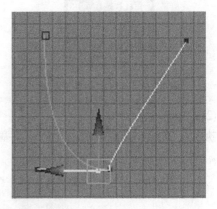

图 2-55 执行【光滑锚点切线】效果   图 2-56 执行【断开锚点切线】效果

(3) 平坦锚点切线

执行【平坦锚点切线】命令后，当调整贝塞尔曲线的控制手柄时，可以使两边调整的距离相等，如图 2-57 所示。

(4) 不平坦锚点切线

执行【不平坦锚点切线】命令后，当调整贝塞尔曲线的控制手柄时，可以使曲线只有一边受到影响，如图 2-58 所示。

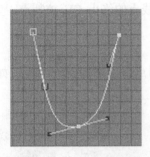

图 2-57　执行【平坦锚点切线】效果

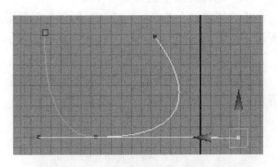

图 2-58　执行【不平坦锚点切线】效果

2.4.23　选择

【选择】命令包含 4 个子命令，分别是【选择曲线 CV】、【选择曲线上的第一个 CV】、【选择曲线上的最后一个 CV】和【簇曲线】，如图 2-59 所示。

(1)　选择曲线 CV

【选择曲线 CV】命令主要用来选择曲线上所有的 CV 控制点，如图 2-60 所示。

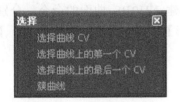

图 2-59　【选择】菜单

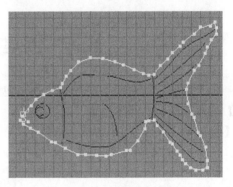

图 2-60　选择曲线 CV 控制点

(2)　选择曲线上的第一个 CV

【选择曲线上的第一个 CV】命令主要用来选择曲线上的初始 CV 控制点，如图 2-61 所示。

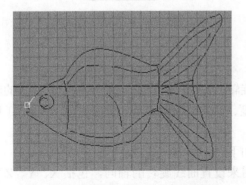

图 2-61　选择曲线上第一个 CV 控制点

(3) 选择曲线上的最后一个 CV

【选择曲线上的最后一个 CV】命令主要用来选择曲线上的终止 CV 控制点，如图 2-62 所示。

(4) 簇曲线

执行【簇曲线】可以为所选曲线上的每个 CV 控制点都分别创建一个簇，如图 2-63 所示。

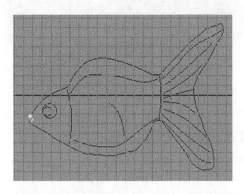
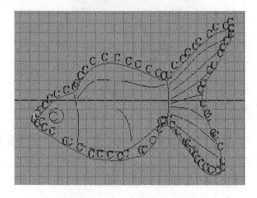

图 2-62　选择曲线上最后一个 CV 控制点　　　　图 2-63　执行【簇曲线】效果

2.5　创建 NURBS 曲面

在【曲面】模块的【曲面】菜单下包含 9 个创建 NURBS 曲面的命令，分别是【旋转】、【放样】、【平面】、【挤出】、【双轨成形】、【边界】、【方形】、【倒角】和【倒角+】命令，如图 2-64 所示。

图 2-64　【曲面】菜单

2.5.1　旋转

选择【曲面】｜【旋转】命令，可以将一条 NURBS 曲线的轮廓线生成一个曲面，并且可以随意控制旋转角度。单击【旋转】命令后面的█按钮，打开【旋转选项】对话框，如图 2-65 所示。

旋转部分参数介绍如下

(1)　【轴预设】：用来设置曲线旋转的轴向，包括 X、Y、Z 和【自由】4 个选项。

(2)　【枢轴】：用来设置旋转轴心点的位置。

- 【对象】：以自身的轴心位置作为旋转方向。
- 【预设】：通过坐标来设置轴心点的位置。

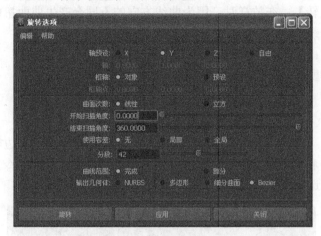

图 2-65　【旋转选项】对话框

(3)　【枢轴点】：用来设置枢轴点的坐标。

(4)　【曲面次数】：用来设置生成的曲面的次数。

- 【线性】：表示为 1 阶，可生成不平滑的曲面。
- 【立方】：可生成平滑的曲面。

(5)　【开始/结束扫描角度】：用来设置开始/结束扫描的角度。

(6)　【使用容差】：用来设置旋转的精度。

(7)　【分段】：用来设置生成曲线的段数。段数越多，精度越高。

(8)　【输出几何体】：用来选择输出几何体的类型，有 NURBS、【多边形】、【细分曲面】和 Bezier 4 种类型。

2.5.2　放样

选择【曲面】|【放样】命令，可以将多条轮廓线生成一个曲面。单击【放样】命令后面的 按钮，打开【放样选项】对话框，如图 2-66 所示。

图 2-66　【放样选项】对话框

放样部分参数介绍如下。

(1)　【参数化】：用来改变放样曲面的 V 向参数值。

- 【一致】：统一生成的曲面在 V 方向上的参数值。
- 【弦长】：使生成的曲面在 V 方向上的参数值等于轮廓线之间的距离。
- 【自动反转】：在放样时，因为曲线方向的不同会产生曲面扭曲现象，该复选框可以自动统一曲线的方向，使曲线不产生扭曲现象。
- 【关闭】：启用该复选框后，生成的曲面会自动闭合。

(2) 【截面跨度】：用来设置生成曲面的分段数。

2.5.3 平面

选择【曲面】|【平面】命令，可以将封闭的曲线、路径和剪切边等生成一个平面，但这些曲线、路径和剪切边都必须位于同一平面内。单击【平面】命令后面的 按钮，打开【平面修剪曲面选项】对话框，如图 2-67 所示。

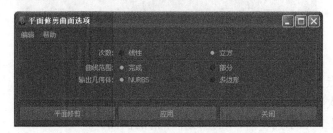

图 2-67　【平面修剪曲面选项】对话框

2.5.4 挤出

现在【曲面】|【挤出】命令，可将一条任何类型的轮廓曲线沿着另一条曲线的大小生成曲面。单击【挤出】命令后面的 按钮，打开【挤出选项】对话框，如图 2-68 所示。

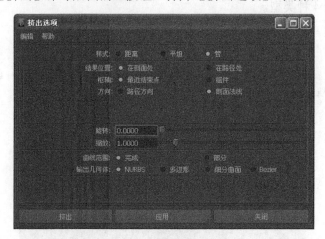

图 2-68　【挤出选项】对话框

挤出部分参数介绍如下。

(1) 【样式】：用来设置挤出的样式。

- 【距离】：将曲线沿指定距离进行挤出。

- 【平坦】：将轮廓线沿路径曲线进行挤出，但在挤出过程中始终平行于自身的轮廓线。
- 【管】：将轮廓线以与路径曲线相切的方式挤出曲面，这是默认的创建方式。
(2) 【结果位置】：决定曲面挤出的位置。
- 【在剖面处】：挤出的曲面在轮廓线上。如果轴心点没有在轮廓线的几何中心，那么挤出的曲面将位于轴心点上。
- 【在路径处】：挤出的曲面在路径上。
(3) 【枢轴】：用来设置挤出时的枢轴点类型。
- 【最近结束点】：使用路径上最靠近轮廓曲线边界盒中心的端点作为枢轴点。
- 【组件】：让各轮廓线使用自身的枢轴点。
(4) 【方向】：用来设置挤出曲面的方向。
- 【路径方向】：沿着路径的方向挤出曲面。
- 【剖面法线】：沿着轮廓线的法线方向挤出曲面。
(5) 【旋转】：设置挤出的曲面的旋转角度。
(6) 【缩放】：设置挤出的曲面的缩放量。

2.5.5　双轨成形

【双轨成形】命令包含 3 个子命令，分别是【双轨成形 1 工具】、【双轨成形 2 工具】和【双轨成形 3+工具】，如图 2-69 所示。

图 2-69　【双轨成形】菜单

1. 双轨成形 1 工具

使用【双轨成形 1 工具】命令可以让一条轮廓线沿两条路径线进行扫描，从而生成曲面。单击【双轨成形 1 工具】命令后面的█按钮，打开【双轨成形 1 选项】对话框，如图 2-70 所示。

图 2-70　【双轨成形 1 选项】对话框

双轨成形 1 工具部分参数介绍如下。

(1) 【变换控制】：用来设置轮廓线的成形方式。

● 【不成比例】：以不成比例的方式扫描曲线。

● 【成比例】：以成比例的方式扫描曲线。

(2) 【连续性】：保持曲面切线方向的连续性。

(3) 【重建】：重建轮廓线和路径曲线。

● 【第一轨道】：重建第 1 次选择的路径。

● 【第二轨道】：重建第 2 次选择的路径。

2. 双轨成形 2 工具

使用【双轨成形 2 工具】命令可以沿着两条路径线在两条轮廓线之间生成一个曲面。单击【双轨成形 2 工具】命令后面的█按钮，打开【双轨成形 2 选项】对话框，如图 2-71 所示。

图 2-71 【双轨成形 2 选项】对话框

3. 双轨成形 3+工具

使用【双轨成形 3+工具】命令可以通过两条路径曲线和多条轮廓曲线来生成曲面。单击【双轨成形 3+工具】命令后面的█按钮，打开【双轨成形 3+选项】对话框，如图 2-72 所示。

图 2-72 【双轨成形 3+选项】对话框

2.5.6　边界

现在【曲面】|【边界】命令，可以根据所选的边界曲线或等参线来生成曲面。单击【边界】命令后面的 ▣ 按钮，打开【边界选项】对话框，如图 2-73 所示。

图 2-73　【边界选项】对话框

边界部分参数介绍如下。

(1)　【曲线顺序】：用来选择曲线的顺序。

● 　【自动】：使用系统默认的方式创建曲面。

● 　【作为选定项】：使用选择的顺序来创建曲面。

(2)　【公用端点】：判断生成曲面前曲线的端点是否匹配，从而决定是否生成曲面。

● 　【可选】：在曲线端点不匹配的时候也可以生成曲面。

● 　【必需】：在曲线端点必须匹配的情况下才能生成曲面。

2.5.7　方形

选择【曲面】|【方形】命令，可以在 3 条或 4 条曲线间生成曲面，也可以在几个曲面相邻的边生成曲面，并且会保持曲面间的连续性。单击【方形】命令后面的 ▣ 按钮，打开【方形曲面选项】对话框，如图 2-74 所示。

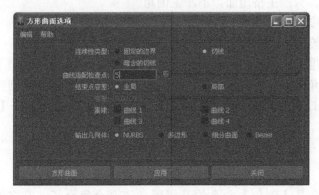

图 2-74　【方形曲面选项】对话框

方形部分参数介绍如下。

【连续性类型】：用来设置曲面间的连续类型。

- 【固定的边界】：不对曲面间进行连续处理。
- 【切线】：使曲面间保持连续。
- 【暗含的切线】：根据曲线在平面的法线上创建曲面的切线。

2.5.8 倒角

选择【曲面】|【倒角】命令，可以用曲线来创建一个倒角曲面对象，倒角对象的类型可以通过相应的参数来进行设定。单击【倒角】命令后面的 按钮，打开【倒角选项】对话框，如图 2-75 所示。

图 2-75 【倒角选项】对话框

倒角部分重要参数介绍如下。

(1) 【倒角】：用来设置在什么位置产生倒角曲面。

- 【顶边】：在挤出面的顶部产生倒角曲面。
- 【底边】：在挤出面的底部产生倒角曲面。
- 【二者】：在挤出面的两侧都产生倒角曲面。
- 【禁用】：只产生挤出面，不产生倒角。

(2) 【倒角宽度】：设置倒角的宽度。

(3) 【倒角深度】：设置倒角的深度。

(4) 【挤出高度】：设置挤出面的高度。

(5) 【倒角的角点】：用来设置倒角的类型，包括【笔直】和【圆弧】两个选项。

(6) 【倒角封口边】：用来设置倒角封口的形状，包括【凸】、【凹】和【笔直】3个选项。

2.5.9 倒角+

【倒角+】命令是【倒角】命令的升级版，该命令集合了非常多的倒角效果。单击【倒角+】命令后面的 按钮，打开【倒角+选项】对话框，如图 2-76 所示。

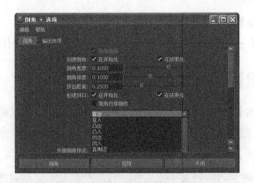

图 2-76　【倒角+选项】对话框

2.6　编辑 NURBS 曲面

在【编辑 NURBS】菜单下是一些编辑 NURBS 曲面的命令，如图 2-77 所示。

图 2-77　【编辑 NURBS】菜单

2.6.1　复制 NURBS 面片

选择【编辑 NURBS】|【复制 NURBS 面片】命令，可以将 NURBS 物体上的曲面面片复制出来，并且会形成一个独立的物体。单击【复制 NURBS 面片】命令后面的█按钮，打开【复制 NURBS 面片选项】对话框，如图 2-78 所示。

图 2-78　【复制 NURBS 面片选项】对话框

复制 NURBS 面片参数介绍如下。

【与原始对象分组】：启用该复选框后，复制出来的面片将作为原始物体的子物体。

2.6.2　在曲面上投影曲线

选择【编辑 NURBS】｜【在曲面上投影曲线】命令，可以将曲线按照某种投射方法投影到曲面上，以形成曲面曲线。单击【在曲面上投影曲线】命令后面的 □ 按钮，打开【在曲面上投影曲线选项】对话框，如图 2-79 所示。

图 2-79　【在曲面上投影曲线选项】对话框

在曲面上投影曲线部分参数介绍如下。

【沿以下项投影】：用来选择投影的方式。

● 【活动视图】：用垂直于当前激活视图的方向作为投影方向。

● 【曲面法线】：用垂直于曲面的方向作为投影方向。

2.6.3　曲面相交

使用【曲面相交】命令可以在曲面的交界处产生一条相交曲线，以用于后面的剪切操作。单击【曲面相交】命令后面的 □ 按钮，打开【曲面相交选项】对话框，如图 2-80 所示。

图 2-80　【曲面相交选项】对话框

曲面相交部分参数介绍如下。

(1)　【为以下项创建曲线】：用来决定生成曲线的位置。

● 【第一曲面】：在第一个选择的曲面上生成相交曲线。

● 【两个面】：在两个曲面上生成相交曲线。

(2)　【曲线类型】：用来决定生成曲线的类型。

● 【曲面上的曲线】：生成的曲线为曲面曲线。

- 【3D 世界】：选中该单选按钮后，生成的曲线是独立的曲线。

2.6.4　修剪工具

选择【编辑 NURBS】|【修剪工具】命令，可以根据曲面上的曲线来对曲面进行修剪。单击【修剪工具】命令后面的■按钮，打开【工具设置】对话框，如图 2-81 所示。

图 2-81　修剪工具【工具设置】对话框

修剪工具部分参数介绍如下。

【选定状态】：用来决定选择的部分是保持还是丢弃。

- 【保持】：保留选择部分，去除未选择部分。
- 【丢弃】：保留去掉部分，去除选择部分。

2.6.5　取消修剪曲面

选择【编辑 NURBS】|【取消修剪曲面】命令，主要用来取消对曲面的修剪操作，单击【取消修剪曲面】命令后面的■按钮，打开【取消修剪选项】对话框，如图 2-82 所示。

图 2-82　【取消修剪选项】对话框

2.6.6　布尔

选择【编辑 NURBS】|【布尔】命令，可以对两个相交的 NURBS 对象进行并集、差集、交集计算，确切地说也是一种修剪操作。【布尔】命令包含 3 个子命令，分别是【并集工具】、【差集工具】和【交集工具】，如图 2-83 所示。

图 2-83　【布尔】菜单

下面以【并集工具】为例来讲解【布尔】命令的使用方法。单击【并集工具】命令后面的  按钮,打开【NURBS 布尔并集选项】对话框,如图 2-84 所示。

图 2-84 【NURBS 布尔并集选项】对话框

并集工具参数介绍如下。

(1) 【删除输入】:启用该复选框后,在关闭历史记录的情况下,可以删除布尔运算的输入参数。

(2) 【工具行为】:用来选择布尔工具的特性。

● 【完成时退出】:如果取消启用该复选框,在布尔运算操作完成后,会继续使用布尔工具,这样可以不必继续在菜单中选择布尔工具就可以进行下一次的布尔运算。

● 【层级选择】:启用该复选框后,选择物体进行布尔运算时,会选中物体所在层级的根节点。如果需要对群组中的对象或者子物体进行布尔运算,需要取消启用该复选框。

> 提示:布尔运算的操作方法比较简单。首先选择相关的运算工具,然后选择一个或多个曲面作为布尔运算的第 1 组曲面,接着按 Enter 键,再选择另外一个或多个曲面作为布尔运算的第 2 组曲面就可以进行布尔运算了。
> 布尔运算有 3 种运算方式:【并集工具】可以去除两个 NURBS 物体的相交部分,保留未相交的部分;【差集工具】用来消去对象上与其他对象的相交部分,同时其他对象也会被去除;使用【交集工具】命令后,可以保留两个 NURBS 物体的相交部分,但是会去除其余部分。

2.6.7　附加曲面

选择【编辑 NURBS】|【附加曲面】命令,可以将两个曲面附加在一起形成一个曲面,也可以选择曲面上的等参线,然后在两个曲面上指定的位置进行合并。单击【附加曲面】命令后面的 按钮,打开【附加曲面选项】对话框,如图 2-85 所示。

附加曲面部分重要参数介绍如下。

(1) 【附加方法】:用来选择曲面的附加方式。

● 【连接】:不改变原始曲面的形态进行合并。

● 【混合】:让两个曲面以平滑的方式进行合并。

(2) 【多点结】:使用【连接】方式进行合并时,该选项可以用来决定曲面结合处的复合结构点是否保留下来。

(3) 【混合偏移】:设置曲面的偏移倾向。

图 2-85　【附加曲面选项】对话框

(4)　【插入结】：在曲面的合并部分插入两条等参线，使合并后的曲面更加平滑。

(5)　【插入参数】：用来控制等参线的插入位置。

2.6.8　附加而不移动

选择【编辑 NURBS】|【附加而不移动】命令，是通过选择两个曲面上的曲线，在两个曲面间产生一个混合曲面，并且不对原始物体进行移动变形操作。

2.6.9　分离曲面

选择【编辑 NURBS】|【分离曲面】命令，是通过选择曲面上的等参线将曲面从选择位置分离出来，以形成两个独立的曲面。单击【分离曲面】命令后面的█按钮，打开【分离曲面选项】对话框，如图 2-86 所示。

图 2-86　【分离曲面选项】对话框

2.6.10　对齐曲面

选择两个曲面后，选择【编辑 NURBS】|【对齐曲面】命令，可以将两个曲面进行对齐操作，也可以通过选择曲面边界的等参线来对曲面进行对齐操作。单击【对齐曲面】命令后面的█按钮，打开【对齐曲面选项】对话框，如图 2-87 所示。

对齐曲面参数介绍如下。

(1)　【附加】：将对齐后的两个曲面合并为一个曲面。

(2)　【多点结】：用来选择是否保留合并处的结构点。【保持】为保留结构点；【移除】为移除结构点，当移除结构点时，合并处会以平滑的方式进行连接。

(3)　【连续性】：决定对齐后的连接处的连续性。

●　【位置】：让两个曲面直接对齐，而不保持对接处的连续性。

●　【切线】：将两个曲面对齐后，保持对接处的切线方向一致。

●　【曲率】：将两个曲面对齐后，保持对接处的曲率一致。

图 2-87　【对齐曲面选项】对话框

(4)　【修改位置】：用来决定移动哪个曲面来完成对齐操作。

● 【第一个】：使用第一个选择的曲面来完成对齐操作。

● 【第二个】：使用第二个选择的曲面来完成对齐操作。

● 【二者】：将两个曲面同时向均匀的位置上移动来完成对齐操作。

(5)　【修改边界】：以改变曲面外形的方式来完成对齐操作。

● 【第一个】：改变第一个选择的曲面来完成对齐操作。

● 【第二个】：改变第二个选择的曲面来完成对齐操作。

● 【二者】：将两个曲面同时向均匀的位置上改变并进行变形来完成对齐操作。

(6)　【修改切线】：设置对齐后的哪个曲面发生切线变化。

● 【第一个】：改变第一个选择曲面的切线方向。

● 【第二个】：改变第二个选择曲面的切线方向。

(7)　【切线比例 1】：用来缩放第一次选择曲面的切线方向的变化大小。

(8)　【切线比例 2】：用来缩放第二次选择曲面的切线方向的变化大小。

(9)　【曲率比例 1】：用来缩放第一次选择曲面的曲率大小。

(10)　【曲率比例 2】：用来缩放第二次选择曲面的曲率大小。

(11)　【保持原始】：启用该复选框后，会保留原始的两个曲面。

2.6.11　开放/闭合曲面

选择【编辑 NURBS】｜【开放/闭合曲面】命令，可以将曲面在 U 或 V 向进行打开或闭合操作，开放的曲面执行该命令后会封闭起来，而封闭的曲面执行该命令后会变成开放的曲面。单击【开放/闭合曲面】命令后面的■按钮，打开【开放/闭合曲面选项】对话框，如图 2-88 所示。

开放/闭合曲面部分参数介绍如下。

(1)　【曲面方向】：用来设置曲面打开或闭合的方向，有 U、V 和【二者】3 个方向可以选择。

(2)　【形状】：用来设置执行【开放/闭合曲面】命令后曲面的形状变化。

● 【忽略】：不考虑曲面形状的变化，直接在起始点处打开或闭合曲面。

● 【保留】：尽量保护开口处两侧曲面的形态不发生变化。

● 　【混合】：尽量使闭合处的曲面保持光滑的连接效果，同时会产生大幅度的变形。

图 2-88　【开放/闭合曲面选项】对话框

2.6.12　移动接缝

选择【编辑 NURBS】|【移动接缝】命令，可以将曲面的接缝位置进行移动操作，在放样生成曲面时经常会用到该命令。

2.6.13　插入等参线

选择【编辑 NURBS】|【插入等参线】命令，可以在曲面的指定位置插入等参线，而不改变曲面的形状，当然也可以在选择的等参线之间添加一定数目的等参线。单击【插入等参线】命令后面的 ▣ 按钮，打开【插入等参线选项】对话框，如图 2-89 所示。

图 2-89　【插入等参线选项】对话框

插入等参线部分参数介绍如下。

【插入位置】：用来选择插入等参线的位置。

● 　【在当前选择处】：在选择的位置插入等参线。
● 　【在当前选择之间】：在选择的两条等参线之间插入一定数目的等参线。选中该单选按钮后，对话框下面会出现一个【要插入的等参线数】选项，该选项主要用来设置插入等参线的数目，如图 2-90 所示。

图 2-90　【插入等参线选项】对话框参数变化

2.6.14 延伸曲面

选择【编辑 NURBS】|【延伸曲面】命令，可以将曲面沿着 U 或 V 方向进行延伸，以形成独立的部分，同时也可以和原始曲面融为一体。单击【延伸曲面】命令后面的█按钮，打开【延伸曲面选项】对话框，如图 2-91 所示。

图 2-91　【延伸曲面选项】对话框

延伸曲面部分参数介绍如下。

(1)【延伸类型】：用来设置延伸曲面的方式。

● 【切线】：在延伸的部分生成新的等参线。

● 【外推】：直接将曲面进行拉伸操作，而不添加等参线。

(2)【距离】：用来设置延伸的距离。

(3)【延伸侧面】：用来设置侧面的哪条边被延伸。【起点】为挤出起始边；【结束】为挤出结束边；【二者】为同时挤出两条边。

(4)【延伸方向】：用来设置在哪个方向上进行挤出，有 U、V、【二者】3 个方向可以选择。

2.6.15 偏移曲面

选择【编辑 NURBS】|【偏移曲面】命令，可以在原始曲面的法线方向上平行复制出一个新的曲面，并且可以设置其偏移距离。单击【偏移曲面】命令后面的█按钮，打开【偏移曲面选项】对话框，如图 2-92 所示。

图 2-92　【偏移曲面选项】对话框

偏移曲面参数介绍如下。

(1)【方法】：用来设置曲面的偏移方式。

● 【曲面拟合】：在保持曲面曲率的情况下复制一个偏移曲面。

● 【CV 拟合】：在保持曲面 CV 控制点位置偏移的情况下复制一个偏移曲面。

(2) 【偏移距离】：用来设置曲面的偏移距离。

2.6.16 反转曲面方向

选择【编辑 NURBS】|【反转曲面方向】命令，可以改变曲面 UV 方向，以达到改变曲面法线方向的目的。单击【反转曲面方向】命令后面的■按钮，打开【反转曲面方向选项】对话框，如图 2-93 所示。

图 2-93 【反转曲面方向选项】对话框

反转曲面方向参数介绍如下。

【曲面方向】：用来设置曲面的反转方向。

● U：表示反转曲面的 U 方向。

● V：表示反转曲面的 V 方向。

● 【交换】：表示交换曲面的 UV 方向。

● 【二者】：表示同时反转曲面的 UV 方向。

2.6.17 重建曲面

【重建曲面】命令是一个经常使用到的命令，在利用【放样】等命令使曲线生成曲面时，容易造成曲面上的曲线分布不均的现象，这时就可以使用该命令来重新分布曲面的 UV 方向。单击【重建曲面】命令后面的■按钮，打开【重建曲面选项】对话框，如图 2-94 所示。

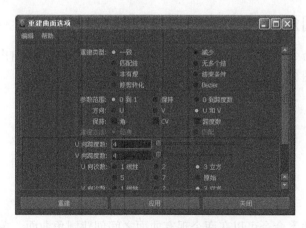

图 2-94 【重建曲面选项】对话框

重建曲面部分参数介绍如下。

(1) 【重建类型】：用来设置重建的类型，这里提供了 8 种重建类型，分别是【一致】、【减少】、【匹配结】、【无多个结】、【非有理】、【结束条件】、【修剪转化】和 Bezier。

(2) 【参数范围】：用来设置重建曲面后 U/V 的参数范围。

● 【0 到 1】：将 U/V 参数值的范围定义在 0～1 之间。

● 【保持】：重建曲面后，U/V 方向的参数值范围保留原始，范围值不变。

● 【0 到跨度数】：重建曲面后，U/V 方向的范围值是 0 到实际的段数。

(3) 【方向】：用来设置沿着曲面的哪个方向来重建曲面。

(4) 【保持】：用来设置重建后要保留的参数。

● 【角】：让重建后的曲面的边角保持不变。

● CV：让重建后的曲面的控制点数目保持不变。

● 【跨度数】：让重建后的曲面的分段数保持不变。

(5) 【U/V 向跨度数】：用来设置重建后的曲面的 U/V 方向上的段数。

(6) 【U/V 向次数】：用来设置重建后的曲面的 U/V 方向上的次数。

2.6.18 圆化工具

选择【编辑 NURBS】|【圆化工具】命令，可以圆化 NURBS 曲面的公共边，在倒角过程中可以通过手柄来调整倒角半径。单击【圆化工具】命令后面的◻按钮，打开【工具设置】对话框，如图 2-95 所示。

图 2-95　圆化工具【工具设置】对话框

2.6.19 曲面圆角

【曲面圆角】命令包含 3 个子命令，分别是【圆形圆角】、【自由形式圆角】和【圆角混合工具】，如图 2-96 所示。

图 2-96　【曲面圆角】对话框

1. 圆形圆角

使用【圆形圆角】命令可以在两个现有曲面之间创建圆角曲面。单击【圆形圆角】命令后面的◻按钮，打开【圆形圆角选项】对话框，如图 2-97 所示。

图 2-97　【圆形圆角选项】对话框

圆形圆角部分参数介绍如下。

- 【在曲面上创建曲线】：启用该复选框后，在创建光滑曲面的同时会在曲面与曲面的交界处创建一条曲面曲线，以方便修剪操作。
- 【反转主曲面法线】：该复选框用于反转主要曲面的法线方向，并且会直接影响到创建的光滑曲面的方向。
- 【反转次曲面法线】：该复选框用于反转次要曲面的法线方向。
- 【半径】：设置圆角的半径。

2. 自由形式圆角

【自由形式圆角】命令是通过选择两个曲面上的等参线、曲面曲线或修剪边界来产生光滑的过渡曲面。单击【自由形式圆角】命令后面的■按钮，打开【自由形式圆角选项】对话框，如图 2-98 所示。

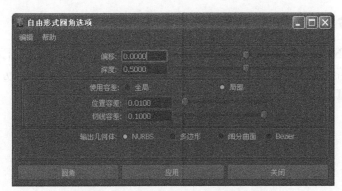

图 2-98　【自由形式圆角选项】对话框

自由形式圆角部分参数介绍如下。

- 【偏移】：设置圆角曲面的偏移距离。
- 【深度】：设置圆角曲面的曲率变化。

3. 圆角混合工具

【圆角混合工具】命令可以使用手柄直接选择等参线、曲面曲线或修剪边界来定义想要倒角的位置。单击【圆角混合工具】命令后面的■按钮，打开【圆角混合选项】对话框，如图 2-99 所示。

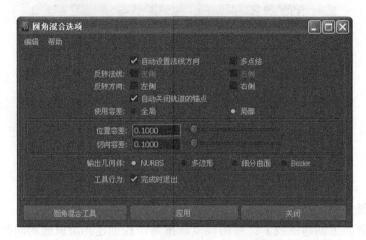

图 2-99 【圆角混合选项】对话框

圆角混合工具部分参数介绍如下。

- 【自动设置法线方向】：启用该复选框后，Maya 会自动设置曲面的法线方向。
- 【反转法线】：当取消启用【自动设置法线方向】复选框后，该选项才可选，主要用来反转曲面的法线方向。【左侧】表示反转第 1 次选择曲面的法线方向；【右侧】表示反转第 2 次选择曲面的法线方向。
- 【反转方向】：当取消启用【自动设置法线方向】复选框后，该选项可以用来纠正圆角的扭曲效果。
- 【自动关闭轨道的锚点】：用于纠正两个封闭曲面之间圆角产生的扭曲效果。

2.6.20　缝合

选择【编辑 NURBS】|【缝合】命令，可以将多个 NURBS 曲面进行光滑过渡的缝合处理，该命令在角色建模中非常重要。【缝合】命令包含 3 个子命令，分别是【缝合曲面点】、【缝合边工具】和【全局缝合】，如图 2-100 所示。

图 2-100 【缝合】菜单

1. 缝合曲面点

【缝合曲面点】命令可以通过选样曲面边界上的控制顶点、CV 点或曲面点来进行缝合操作。单击【缝合曲面点】命令后面的■按钮，打开【缝合曲面点选项】对话框，如图 2-101 所示。

缝合曲面点部分参数介绍如下。

- 【指定相等权重】：为曲面之间的顶点分配相等的权重值，使其在缝合后的变动处于相同位置。
- 【层叠缝合节点】：启用该复选框后，缝合运算将忽略曲面上的任何优先运算。

图 2-101　【缝合曲面点选项】对话框

2. 缝合边工具

使用【缝合边工具】可以将两个曲面的边界(等参线)缝合在一起，并且在缝合处可以产生光滑过渡效果，在 NURBS 生物建模中常常使用到该命令。单击【缝合边工具】命令后面的■按钮，打开【工具设置】对话框，如图 2-102 所示。

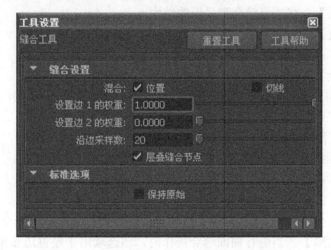

图 2-102　缝合工具【工具设置】对话框

缝合边工具部分参数介绍如下。

(1)　【混合】：设置曲面在缝合时缝合边界的方式。

● 　【位置】：直接缝合曲面，不对缝合后的曲面进行光滑过渡处理。

● 　【切线】：将缝合后的曲面进行光滑处理，以产生光滑的过渡效果。

(2)　【设置边 1/2 的权重】：用于控制两条选择边的权重变化。

(3)　【沿边采样数】：用于控制在缝合边时的采样精度。

提示：【缝合边工具】只能选择曲面边界(等参线)来进行缝合，而其他类型的曲线都不能进行缝合。

3. 全局缝合

使用【全局缝合】命令可以将多个曲面同时进行缝合操作，并且曲面与曲面之间可以产生光滑的过渡，以形成光滑无缝的表面效果。单击【全局缝合】命令后面的■按钮，打开【全局缝合选项】对话框，如图 2-103 所示。

图 2-103　【全局缝合选项】对话框

全局缝合部分参数介绍如下。

(1)　【缝合角】：设置边界上的端点以何种方式进行缝合。

● 【禁用】：不缝合端点。

● 【最近点】：将端点缝合到最近的点上。

● 【最近结】：将端点缝合到最近的结构点上。

(2)　【缝合边】：用于控制缝合边的方式。

● 【禁用】：不缝合边。

● 【最近点】：缝合边界的最近点，并且不受其他参数的影响。

● 【匹配参数】：根据曲面与曲面之间的参数一次性对应起来，以产生曲面缝合效果。

(3)　【缝合平滑度】：用于控制曲面缝合的平滑方式。

● 【禁用】：不产生平滑效果。

● 【切线】：让曲面缝合边界的方向与切线方向保持一致。

● 【法线】：让曲面缝合边界的方向与法线方向保持一致。

(4)　【缝合部分边】：当曲面在允许的范围内，让部分边界产生缝合效果。

(5)　【最大间隔】：当进行曲面缝合操作时，该选项用于设置边和角点能够进行缝合的最大距离，超过该值将不能进行缝合。

(6)　【修改阻力】：用于设置缝合后曲面的形状。数值越小，缝合后的曲面越容易产生扭曲变形；若其值过大，在缝合处可能会不产生平滑的过渡效果。

(7)　【采样密度】：设置在曲面缝合时的采样密度。

2.6.21　雕刻几何体工具

【雕刻几何体工具】是一个很有特色的工具，可以用画笔直接在三维模型上进行雕刻。【雕刻几何体工具】其实就是对曲面上的 CV 控制点进行推、拉等操作来达到变形效果。单击【雕刻几何体工具】命令后面的 █ 按钮，打开【工具设置】对话框，如图 2-104 所示。

雕刻几何体工具部分参数介绍如下。

● 【半径(U)】：用来设置笔刷的最大半径上限。

● 【半径(L)】：用来设置笔刷的最小半径下限。

● 【不透明度】：用来控制笔刷压力的不透明度。

图 2-104 雕刻几何体工具【工具设置】对话框

- 【轮廓】：用来设置笔刷的形状。
- 【操作】：用来设置笔刷的绘制方式，共有 6 种绘制方式。

2.6.22 曲面编辑

【曲面编辑】命令包含 3 个子命令，分别是【曲面编辑工具】、【断开切线】和【平滑切线】，如图 2-105 所示。

图 2-105 【曲面编辑】菜单

1. 曲面编辑工具

使用【曲面编辑工具】可以对曲面进行编辑(推、拉操作)。单击【曲面编辑工具】命令后面的■按钮，打开【工具设置】对话框，如图 2-106 所示。

图 2-106 曲面编辑工具【工具设置】对话框

曲面编辑工具参数介绍如下。

【切线操纵器大小】：设置切线操纵器的控制力度。

2. 断开切线

使用【断开切线】命令可以沿所选等参线插入若干条等参线，以断开表面切线。

3. 平滑切线

使用【平滑切线】命令可以将曲面上的切线变得平滑。

2.6.23 选择

【选择】命令，包含 4 个子命令，分别是【扩大当前选择的 CV】、【收缩当前选择的 CV】、【选择 CV 选择边界】和【选择曲面边界】，如图 2-107 所示。

图 2-107　【选择】菜单

1. 扩大当前选择的 CV

使用【扩大当前选择的 CV】命令可以扩大当前选择的 CV 控制点区域，如图 2-108 所示。

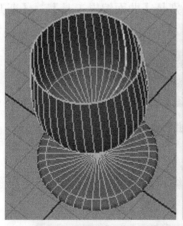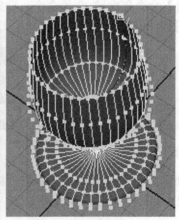

图 2-108　扩大当前选择的 CV 效果

2. 收缩当前选择的 CV

使用【收缩当前选择的 CV】命令可以收缩当前选择的 CV 控制点区域，如图 2-109 所示。

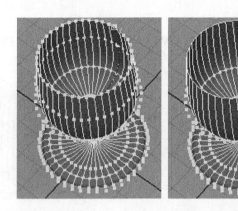

图 2-109　收缩当前选择的 CV 效果

3. 选择 CV 选择边界

当选择了一个区域内的 CV 控制点时，执行【选择 CV 选择边界】命令可以只选择 CV 控制点区域边界上的 CV 控制点，如图 2-110 所示。

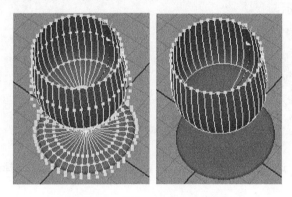

图 2-110　选择 CV 选择边界效果

4. 选择曲面边界

使用【选择曲面边界】命令可以选择当前所选 CV 控制点所在曲面的各条边界上的 CV 控制点。单击【选择曲面边界】命令后面的■按钮，打开【选择曲面边界选项】对话框，如图 2-111 所示。

图 2-111　【选择曲面边界选项】对话框

选择曲面边界参数介绍如下。

● 【选择第一个 U】：选择所选 CV 区域所在曲面的 U 向首列的 CV 控制点，如

图 2-112 所示。

- 【选择最后一个 U】：选择所选 CV 区域所在曲面的 U 向末列的 CV 控制点，如
  图 2-113 所示。

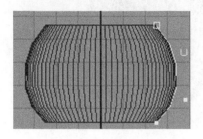 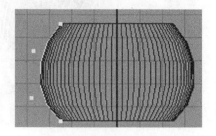

图 2-112　选择第一个 U　　　　　　　图 2-113　选择最后一个 U

- 【选择第一个 V】：选择所选 CV 区域所在曲面的 V 向首列的 CV 控制点，如
  图 2-114 所示。
- 【选择最后一个 V】：选择所选 CV 区域所在曲面的 V 向末列的 CV 控制点，如
  图 2-115 所示。

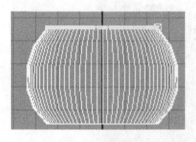 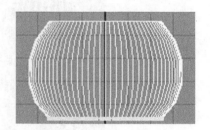

图 2-114　选择第一个 V　　　　　　　图 2-115　选择最后一个 V

2.7　创建 NURBS 基本体

在【创建】|【NURBS 基本体】菜单下是 NURBS 基本几何体的创建命令，用这些命令可以创建出 NURBS 最基本的几何体对象，如图 2-116 所示。

图 2-116　【NURBS 基本体】菜单

Maya 提供了两种建模方法：一种是直接创建一个几何体在指定的坐标上，几何体的

大小也是提前设定的；另一种是交互式创建方法，这种创建方法是在选择命令后在视图中拖曳光标才能创建出几何体对象，大小和位置由光标的位置决定，这是 Maya 默认的创建方法。

1. 球体

选择【球体】命令后在视图中拖曳光标就可以创建出 NURBS 球体，拖曳的距离就是球体的半径。单击【球体】命令后面的■按钮，打开【工具设置】对话框，如图 2-117 所示。

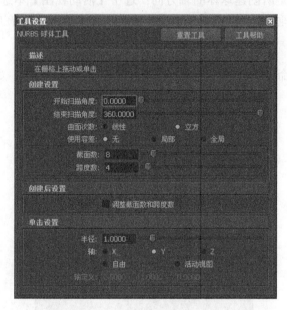

图 2-117　NURBS 球体工具【工具设置】对话框

球体主要参数介绍如下。

- 【开始扫描角度】：设置球体的起始角度，其值在 0～360 之间，可以产生不完整的球面。

> 提示：【开始扫描角度】值不能等于 360 度。如果等于 360 度，【开始扫描角度】就等于【结束扫描角度】，这时候创建球体，系统将会提示错误信息，在视图中也观察不到创建的对象。

- 【结束扫描角度】：用来设置球体终止的角度，其值在 0～360 之间，可以产生不完整的球面，与【开始扫描角度】正好相反。
- 【曲面次数】：用来设置曲面的平滑度。【线性】为直线型，可形成尖锐的棱角；【立方】会形成平滑的曲面。
- 【使用容差】：该选项默认状态处于关闭状态，是另一种控制曲面精度的方法。
- 【截面数】：用来设置 V 向的分段数，最小值为 4。
- 【跨度数】：用来设置 U 向的分段数，最小值为 2。

- 【调整截面数和跨度数】：启用该复选框时，创建球体后不会立即结束命令，再次拖曳光标可以改变 U 方向上的分段数，结束后再次拖曳光标可以改变 V 方向上的分段数。
- 【半径】：用来设置球体的大小。设置好半径后直接在视图中单击可以创建出球体。
- 【轴】：用来设置球体中心轴的方向，有 X、Y、Z、【自由】和【活动视图】5 个选项可以选择。选中【自由】单选按钮可激活下面的坐标设置，该坐标与原点连线方向就是所创建球体的轴方向；选中【活动视图】单选按钮后，所创建球体的轴方向将垂直于视图的工作平面，也就是视图中网格所在的平面。

2. 立方体

单击【立方体】命令后面的 按钮，打开【工具设置】对话框，如图 2-118 所示。

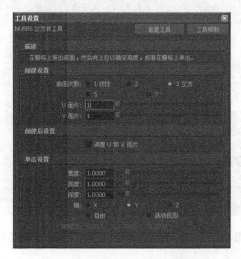

图 2-118　NURBS 立方体工具【工具设置】对话框

立方体部分参数介绍如下。

- 【曲面次数】：该选项比球体的创建参数多了 2、5、7 这 3 个次数。
- 【U/V 面片】：设置 U/V 方向上的分段数。
- 【调整 U 和 V 面片】：这里与球体不同的是，添加 U 向分段数的同时也会增加 V 向的分段数。
- 【宽度】/【高度】/【深度】：分别用来设置立方体的长、宽、高。设置好相应的参数后，在视图里单击就可以创建出立方体。

提示：创建的立方体是由 6 个独立的平面组成，整个立方体为一个组。

---

3. 圆柱体

单击【圆柱体】命令后面的 按钮，打开【工具设置】对话框，如图 2-119 所示。

圆柱体部分参数介绍如下。

- 【封口】：用来设置是否为圆柱体添加盖子，或者在哪一个方向上添加盖子。

【无】选项表示不添加盖子；【底】选项表示在底部添加盖子，而顶部镂空；
【顶】选项表示在顶部添加盖子，而底部镂空；【二者】选项表示在顶部和底部
都添加盖子。

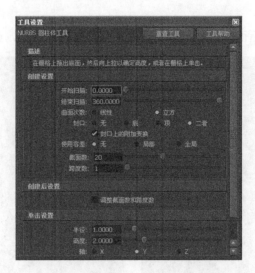

图 2-119　NURBS 圆柱体工具【工具设置】对话框

- 【封口上的附加变换】：启用该复选框，盖子和圆柱体会变成一个整体；如果取消启用该复选框，盖子将作为圆柱体的子物体。
- 【半径】：用来设置圆柱体的半径。
- 【高度】：用来设置圆柱体的高度。

提示：在创建圆柱体时，并且只有在使用单击鼠标左键的方式创建时，设置的半径和高度值才起作用。

4. 圆锥体

单击【圆锥体】命令后面的■按钮，打开【工具设置】对话框，如图 2-120 所示。

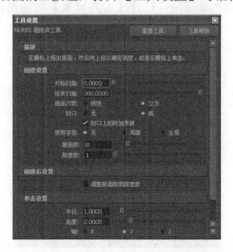

图 2-120　NURBS 圆锥体工具【工具设置】对话框

5. 平面

单击【平面】命令后面的■按钮，打开【工具设置】对话框，如图 2-121 所示。

6. 圆环

单击【圆环】命令后面的■按钮，打开【工具设置】对话框，如图 2-122 所示。

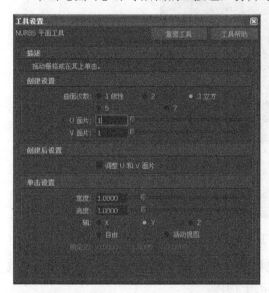 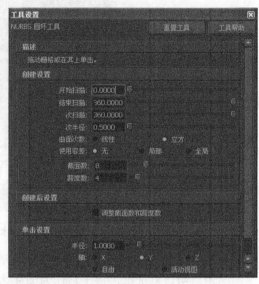

图 2-121　NURBS 平面工具【工具设置】对话框　　图 2-122　NURBS 圆环工具【工具设置】对话框

圆环部分参数介绍如下。

- 【次扫描】：该选项表示在圆环截面上的角度。
- 【次半径】：用来设置圆环在截面上的半径。
- 【半径】：用来设置圆环整体半径的大小。

7. 圆形

单击【圆形】命令后面的■按钮，打开【工具设置】对话框，如图 2-123 所示。

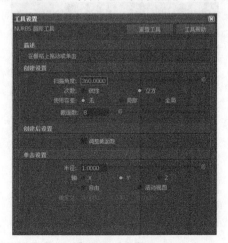

图 2-123　NURBS 圆形工具【工具设置】对话框

圆形部分参数介绍如下。

- 【截面数】：用来设置圆的段数。
- 【调整截面数】：启用该复选框后，创建完模型后不会立即结束命令，再次拖曳光标可以改变圆的段数。

8. 方形

单击【方形】命令后面的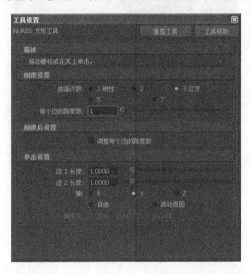按钮，打开【工具设置】对话框，如图 2-124 所示。

图 2-124　NURBS 方形工具【工具设置】对话框

方形部分参数介绍如下。

- 【每个边的跨度数】：用来设置每条边上的段数。
- 【调整每个边的跨度数】：启用该复选框后，在创建完矩形后可以再次对每条边的段数进行修改。
- 【边 1/2 长度】：分别用来设置两条对边上的长度。

提示：在实际工作中，经常会遇到切换显示模式的情况。如要将实体模式切换为【控制顶点】模式，这时可以在对象上按住鼠标右键，然后在弹出的快捷菜单中选择【控制顶点】命令。

2.8　上机实践操作——绘制静物组合

 本范例完成文件：/02/2-1.mb

 多媒体教学路径：光盘→多媒体教学→第 2 章

2.8.1　实例介绍与展示

本章实例主要使用 NURBS 曲线的创建和编辑方法以及 NUBRS 曲面的创建方法得到多个静物组合的效果，如图 2-125 所示。

图 2-125　静物效果

2.8.2　创建酒杯

(1)　最大化【右】视图。

(2)　选择【创建】|【CV 曲线工具】命令，在【右】视图中创建酒杯的剖面形状，如图 2-126 所示。

(3)　选择 CV 曲线并右击，在弹出的快捷菜单中选择【编辑点】命令，使用移动命令调整 CV 点的位置，如图 2-127 所示。

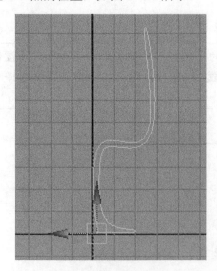

图 2-126　酒杯的剖面形状

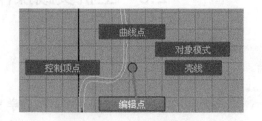

图 2-127　右键菜单编辑点

(4)　选择曲线，选择【曲面】|【旋转】命令，在【旋转选项】对话框中设置参数，

如图 2-128 所示，然后将曲线转换为曲面。

(5) 选中新建的曲面，按组合键 Ctrl+H，将这个杯子隐藏，效果如图 2-129 所示。

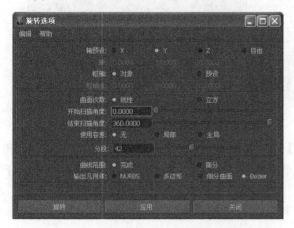

图 2-128　【旋转选项】对话框参数设置

图 2-129　杯子完成

2.8.3　创建盘子

(1) 最大化【顶】视图。

(2) 选择【创建】|【NURBS 基本体】|【圆形】命令，创建 NURBS 圆形。

(3) 选择 NURBS 圆形，按组合键 Ctrl+D，复制 3 个圆形。

(4) 切换至【右】视图，按创建顺序在 Y 轴上依次排列 4 个圆形，如图 2-130 所示。

(5) 使用移动命令和缩放命令放大或缩小圆形，如图 2-131 所示。

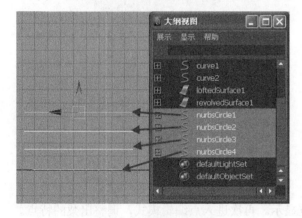

图 2-130　排列 4 个圆形

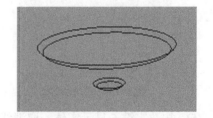

图 2-131　调整圆形

(6) 依次选择 4 个圆形，选择【曲面】|【放样】命令进行放样操作，如图 2-132 所示。

(7) 选择曲面，按 F8 键进入编辑模式，选择盘子曲面盘底部位的等参线。

(8) 选择【曲面】|【平面】命令创建平面，作为盘子封底，如图 2-133 所示。

图 2-132　放样成面

图 2-133　创建盘底

(9) 选择【窗口】|【大纲视图】命令，配合 Shift 键选择 loftedSurface2 和 planarTrimmedSurface1 两项。选择【编辑】|【分组】命令，新建一个组，完成盘子创建。

(10) 选中曲面，按组合键 Ctrl+H，将其隐藏。

2.8.4　创建梨

(1) 最大化【右】视图。

(2) 使用【创建】|【CV 曲线工具】命令在右视图中创建梨的剖面形状。

(3) 选择 CV 曲线并右击，在弹出的快捷菜单中选择【编辑点】命令，使用移动命令调整 CV 点的位置，如图 2-134 所示。

(4) 选择曲面，选择【曲面】|【旋转】命令，将曲面转换为曲面，如图 2-135 所示。

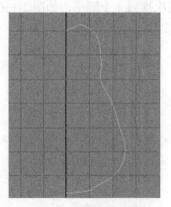

图 2-134　绘制剖面

图 2-135　旋转成面

(5) 按数字键 5 显示实体，取消线框显示。再次进入点编辑模式，调整出梨的特点。

(6) 使用以上方法制作梨的柄，将其移动到合适位置。

2.8.5　组建静物组合

(1) 选择【显示】|【全部】命令，将隐藏对象全部显示出来。

(2) 选择【编辑】|【按类型删除全部】|【历史】命令，将所有对象的历史记录删除。

(3) 将创建时产生的曲线删除。

(4) 使用移动、旋转和缩放命令将模型进行摆放，完成范例制作，最终效果如图 2-136 所示。

图 2-136　静物组合

2.9　操　作　练　习

课后练习创建简单的铅笔模型，练习效果如图 2-137 所示。

图 2-137　练习效果

第 3 章　多边形建模技术

教学目标

本章介绍多边形建模技术的基础知识。通过学习，可以掌握基本的多边形建模方法；掌握创建多边形曲面和编辑多边形曲面的各项命令；掌握多边形建模中由大到小、由粗到细的建模流程。

教学重点和难点

1. 掌握多边形基础知识。
2. 掌握多边形基本几何体的创建方法。
3. 掌握多边形的编辑方法。

3.1　多边形基础知识

在 Maya 中，多边形建模是我们目前最为常用的一种建模方式，它被电影特效、电脑游戏等众多行业广泛运用，如图 3-1 所示。下面我们就针对多边形知识展开学习。

图 3-1　多边形建模效果

3.1.1　多边形的概念

多边形是由一组有序顶点和顶点之间的边构成的 N 边形。一个多边形物体是面(多边形面)的集合。

假设三维空间中有多个点，将这些点用线段首尾相连，形成一个封闭空间，填充该封闭空间，就产生一个多边形面。很多这种多边形面在一起，相邻的两个面都有一条公共边，就形成一个空间网架结构，这就是 Polygon 对象，我们称之为多边形。

多边形与 NURBS 的区别：NURBS 对象是参数化的曲面，有严格的 U/V 走向，除了剪切边外，NURBS 对象仅有一种四边面的呈现方式；多边形是三维空间一系列离散的点构成的拓扑结构，可以出现复杂的形态。

多边形组成元素。顶点、边和面是多边形的基本构成元素。选择并修改这些构成元素即可修改多边形对象。

1. 顶点

它是构成多边形对象最基本的元素，是处于三维空间中的一系列点，如图 3-2 所示。

2. 边

多边形的一条边是由两个有序顶点定义而成的。在多边形模型上，Maya 使用两个顶点之间的一条线段来描述它，如图 3-3 所示。

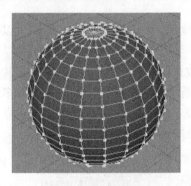

图 3-2 选择顶点

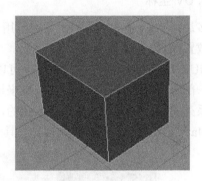

图 3-3 选择边

3. 面

将 3 个或 3 个以上的点用直线连接而形成的闭合图形，我们称之为面。一个面是实体基础单位，如图 3-4 所示。

4. 法线

多边形面的方向由顶点的顺序决定。一个多边形面的方向使用一个称为法线的矢量来描述，法线是具有方向的线，并且它总是垂直于多边形的面。法线可以显示在面的中心、顶点，或同时显示在两者上，如图 3-5 所示。法线是一条理论线，它不会在渲染中出现。

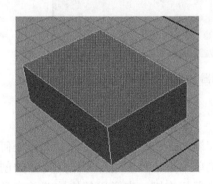

图 3-4 选择面

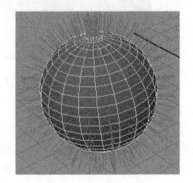

图 3-5 选择法线

5. 边界边

多边形网格或壳边缘处的边叫作边界边，如图 3-6 所示。

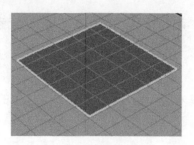

图 3-6 选择边界边

6. UV 坐标

多边形 UVs 是在多边形上的点，用于对面映射纹理。用户通过设置 UVs，可以在多边形上放置纹理。

NURBS 对象是参数化的表面，可以用二维参数来描述，因此 UV 坐标就是其形状描述的一部分，不需要用户专门在三维坐标与 UV 坐标之间建立相对应的关系；而多边形是由一系列离散点构成的，是非参数化的，需要人为在三维坐标与 UV 坐标之间建立关联关系。Maya 提供【UV 纹理编辑器】工具对对象进行 UV 编辑，如图 3-7 所示。

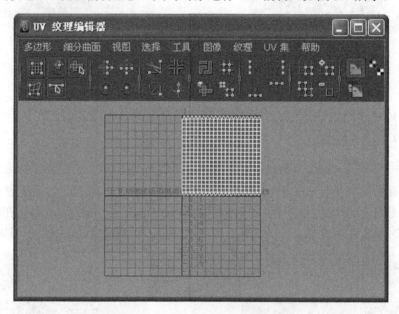

图 3-7 【UV 纹理编辑器】对话框

3.1.2 多边形右键菜单

使用多边形的右键快捷菜单可以快速地创建和编辑多边形对象。在没有选择任何对象时，按住 Shift 键单击鼠标右键，在弹出的快捷菜单中是一些多边形原始几何体的创建命令，如图 3-8 所示；在选择了多边形对象时，单击鼠标右键，在弹出的快捷菜单中是一些多边形的次物体级别命令，如图 3-9 所示；如果已经进入了次物体级别，比如进入了面级别，按住 Shift 键单击鼠标右键，在弹出的快捷菜单中是一些编辑面的工具与命令，如图 3-10 所示。

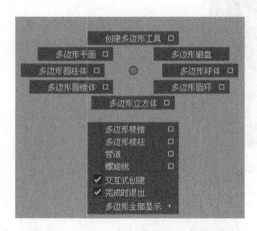

图 3-8　多边形原始几何体的创建命令

图 3-9　多边形的次物体级别命令

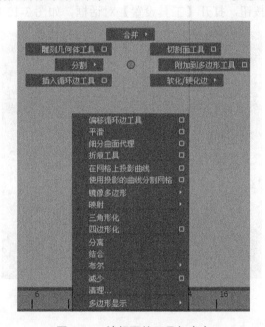

图 3-10　编辑面的工具与命令

3.2　创建新多边形

切换到【多边形】模块，在【创建】|【多边形基本体】菜单下是一系列创建多边形对象的命令，通过该菜单可以创建出最基本的多边形对象，如图 3-11 所示。

图 3-11 【多边形基本体】菜单

3.2.1 球体

选择【创建】｜【多边形基本体】｜【球体】命令，可以创建出多边形球体。单击【球体】命令后面的 ■ 按钮，打开【工具设置】对话框，如图 3-12 所示。

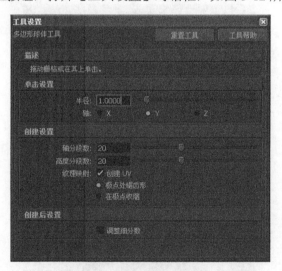

图 3-12 多边形球体工具【工具设置】对话框

球体部分参数介绍如下。

- 【半径】：设置球体的半径。
- 【轴】：设置球体的轴方向。
- 【轴分段数】：设置经方向上的分段数。
- 【高度分段数】：设置纬方向上的分段数。

3.2.2 立方体

选择【创建】｜【多边形基本体】｜【立方体】命令，可以创建出多边形立方体，如

图 3-13 所示的立方体形状。

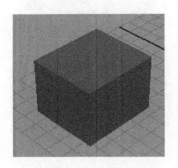

图 3-13　立方体

3.2.3　圆柱体

选择【创建】｜【多边形基本体】｜【圆柱体】命令，可以创建出多边形圆柱体，如图 3-14 所示的圆柱体形状。

图 3-14　圆柱体

3.2.4　圆锥体

选择【创建】｜【多边形基本体】｜【圆锥体】命令，可以创建出多边形圆锥体，如图 3-15 所示的圆锥体形状。

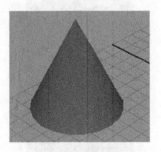

图 3-15　圆锥体

3.2.5　平面

选择【创建】｜【多边形基本体】｜【平面】命令，可以创建出多边形平面，如图 3-16 所示的多边形平面形状。

图 3-16 平面

3.2.6 特殊多边形

特殊多边形包含圆环、棱柱、棱锥、管道、螺旋线、足球和柏拉图多面体，如图 3-17 所示。

图 3-17 特殊多边形

3.3 多边形网格

展开【网格】菜单，如图 3-18 所示。该菜单下是一些对多边形层级模式进行编辑的命令。

图 3-18 【网格】菜单

3.3.1　结合

选择【网格】|【结合】命令，可以将多个多边形对象组合成为一个多边形对象，组合前的每个多边形称为一个"壳"。单击【结合】命令后面的█按钮，打开【组合选项】对话框，如图 3-19 所示。

图 3-19　【组合选项】对话框

结合参数介绍如下。

【合并 UV 集】：对合并对象的 UV 集进行合并操作。

- 【不合并】：对合并对象的 UV 集不进行合并操作。
- 【按名称合并】：依照合并对象的名称进行合并操作。
- 【按 UV 链接合并】：依照合并对象的 UV 链接进行合并操作。

3.3.2　分离

选择【网格】|【分离】命令，作用与【结合】命令刚好相反。比如，将模型结合在一起以后，执行该命令可以将结合在一起的模型分离开。

3.3.3　提取

使用【提取】命令可以将多边形对象上的面提取出来作为独立的部分，也可以作为壳和原始对象。单击【提取】命令后面的█按钮，打开【提取选项】对话框，如图 3-20 所示。

图 3-20　【提取选项】对话框

提取参数介绍如下。

- 【分离提取的面】：启用该复选后，提取出来的面将作为一个独立的多边形对象；如果取消启用该复选框，提取出来的面与原始模型将是一个整体。
- 【偏移】：设置提取出来的面的偏移距离。

3.3.4　布尔

【布尔】命令包含 3 个子命令，分别是【并集】、【差集】和
【交集】，如图 3-21 所示。

1．并集

使用【并集】命令可以合并两个多边形，相比于【合并】命
令来说，【并集】命令可以做到无缝拼合。

图 3-21　【布尔】菜单

2．差集

使用【差集】可以将两个多边形对象进行相减运算，以消去对象与其他对象的相交部
分，同时也会消去其他对象。

3．交集

使用【交集】命令可以保留两个多边形对象的相交部分，但是会去除其余部分。

提示：关于【布尔】命令的具体用法请参考 "NURBS 建模技术" 中的 "布尔" 内容。

3.3.5　平滑

选择【网格】|【平滑】命令，可以将粗糙的模型通过细分面的方式对模型进行平滑
处理，细分的面越多，模型就越光滑。单击【平滑】命令后面的 □ 按钮，打开【平滑选
项】对话框，如图 3-22 所示。

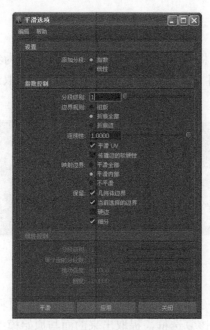

图 3-22　【平滑选项】对话框

平滑部分参数介绍如下。

(1)　【添加分段】：在平滑细分面时，设置分段的添加方式。

● 　【指数】：这种细分方式可以将模型网格全部拓扑成四边形。

● 　【线性】：这种细分方式可以在模型上产生部分三角面，如图 3-23 所示。

(2)　【分段级别】：控制物体的平滑程度和细分段的数目。该参数值越高，物体越平滑，细分面也越多。

(3)　【连续性】：用来调整模型的平滑程度。当该值为 0 时，面与面之间的转折连接处都是线性的，模型效果比较生硬，如图 3-24 所示；当该值为 1 时，面与面之间的转折连接处都比较平滑，如图 3-25 所示。

 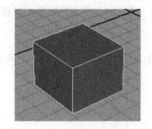 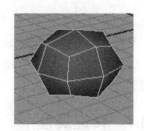

图 3-23　线性效果　　　　图 3-24　值为 0 时的连续性效果　　　图 3-25　值为 1 时的连续性效果

(4)　【平滑 UV】：启用该复选框后，在平滑细分模型的同时，还会平滑细分模型的 UV。

(5)　【传播边的软硬性】：启用该复选框后，细分的模型的边界会比较生硬。

(6)　【映射边界】：设置边界的平滑方式。

● 　【平滑全部】：平滑细分所有的 UV 边界。

● 　【平滑内部】：平滑细分内部的 UV 边界。

● 　【不平滑】：所有的 UV 边界都不会被平滑细分。

(7)　【保留】：当平滑细分模型时，保留哪些对象不被细分。

● 　【几何体边界】：保留几何体的边界不被平滑细分。

● 　【当前选择的边界】：保留选择的边界不被平滑细分。

● 　【硬边】：如果已经设置了硬边和软边，可以启用该复选框以保留硬边不被转换为软边。

(8)　【分段级别】：控制物体的平滑程度和细分面数目。参数值越高，物体越平滑，细分面也越多。

(9)　【每个面的分段数】：设置细分边的次数。该数值为 1 时，每条边只被细分 1 次；该数值为 2 时，每条边会被细分两次。

(10)　【推动强度】：控制平滑细分的结果。该数值越大，细分模型越向外扩张；该数值越小，细分模型越内缩。

(11)　【圆度】：控制平滑细分的圆滑度。该数值越大，细分模型越向外扩张，同时模型也比较圆滑；该数值越小，细分模型越内缩，同时模型的圆滑度也不是很理想。

3.3.6　平均化顶点

选择【网格】|【平均化顶点】命令，可以通过均化顶点的值来平滑几何体，而且不

会改变拓扑结构。单击【平均化顶点】命令后面的■按钮，打开【平均化顶点选项】对话框，如图 3-26 所示。

图 3-26 　【平均化顶点选项】对话框

平均化顶点参数介绍如下。

【平滑量】：该数值越小，产生的效果越精细；该数值越大，每次均化时的平滑程度也越大。

3.3.7　传递属性

选择【网格】|【传递属性】命令，可以将一个多边形的相关信息应用到另一个相似的多边形上，当传递完信息后，它们就有了相同的信息。单击【传递属性】命令后面的■按钮，打开【传递属性选项】对话框，如图 3-27 所示。

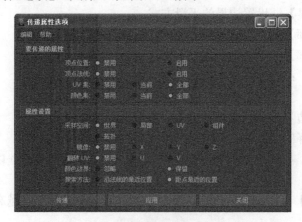

图 3-27 　【传递属性选项】对话框

传递属性部分参数介绍如下。

- 【顶点位置】：控制是否开启多边形顶点位置的信息传递。
- 【顶点法线】：控制开启多边形顶点法线的信息传递。
- 【UV 集】：设置多边形 UV 集信息的传递方式。
- 【颜色集】：设置多边形顶点颜色集信息的传递方式。

3.3.8　绘制传递属性权重工具

选择【网格】|【绘制传递属性权重工具】命令，可以通过绘制权重来决定多边形传

递属性的多少。单击【绘制传递属性权重工具】命令后面的□按钮，打开【工具设置】对话框(该对话框中的参数含义可参考第 2 章中【雕刻几何体工具】的参数介绍)，如图 3-28 所示。

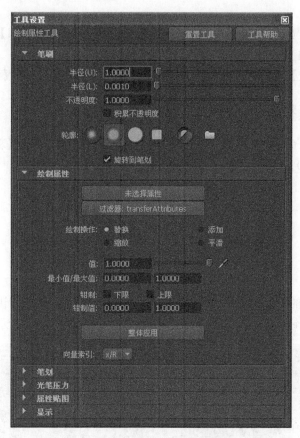

图 3-28　绘制属性工具【工具设置】对话框

提示：绘制权重时必须选择原始模型，不可以选择简化后的模型。另外，白色区域表示传递的属性要多一些；黑色区域表示传递的属性要少一些。

3.3.9　传递着色集

选择【网格】|【传递着色集】命令，可以对多边形之间的着色集进行传递。单击【传递着色集】命令后面的□按钮，打开【传递属性选项】对话框，如图 3-29 所示。

图 3-29　【传递属性选项】对话框

传递着色集部分参数介绍如下。

(1) 【采样空间】：设置多边形之间采样空间类型，共有以下两种。

● 【世界】：使用基于世界空间的传递，可确保属性传递与在场景视图中看到的内容相匹配。

● 【局部】：如果要并列比较源网格和目标网格，使用【局部】设置。只有当对象具有相同的变换值时，【局部】空间传递才可以正常工作。

(2) 【搜索方法】：控制将点从源网格关联到目标网格的空间搜索方法。

3.3.10　剪贴板操作

【剪贴板操作】命令包含 3 个子命令，分别是【复制属性】、【粘贴属性】和【清空剪贴板】，如图 3-30 所示。

图 3-30　【剪贴板操作】菜单

由于 3 个命令的参数都相同，这里用【复制属性】命令来进行讲解。单击【复制属性】命令后面的■按钮，打开【复制属性选项】对话框，如图 3-31 所示。

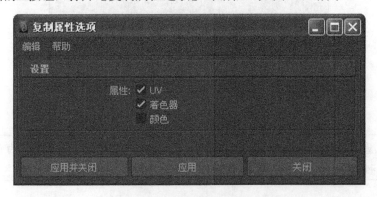

图 3-31　【复制属性选项】对话框

复制属性参数介绍如下。

【属性】：选择要复制的属性。

● UV：复制模型的 UV 属性。

● 【着色器】：复制模型的材质属性。

● 【颜色】：复制模型的颜色属性。

3.3.11　减少

选择【网格】|【减少】命令，可以简化多边形的面。如果一个模型的面太多，就可以使用该命令来对其进行简化。单击【减少】命令后面的■按钮，打开【减少选项】对话

框，如图 3-32 所示。

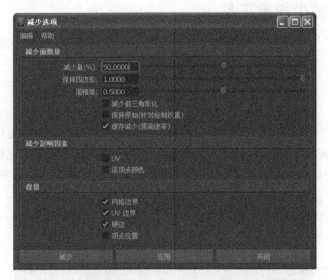

图 3-32　【减少选项】对话框

减少选项的主要参数介绍如下。

- 【减少量(%)】：设置简化多边形的百分比。该数值越大，简化效果越明显。
- 【保持四边形】：该数值越大，简化后的多边形的面都尽可能以四边面形式进行转换；该数值越小，简化后的多边形的面都尽可能以三边面形式进行转换。
- 【面精简】：该数值越接近 0，简化多边形时 Maya 将尽量保持原始模型的形状，但可能会产生尖锐的、非常不规则的三角面，这样的三角面很难编辑；该参数为 1，简化多边形时 Maya 将尽量产生规则的三角面，但是和原始模型的形状有一定的偏差。
- 【减少前三角形化】：启用该复选框后，在简化模型前，模型会以三角面的形式显示出来。
- 【保持原始(针对绘制权重)】：启用该复选框后，简化模型后会保留原始模型。
- UV：启用该复选框后，可以在精简多边形的同时尽量保持模型的 UV 纹理设置。
- 【逐顶点颜色】：启用该复选框后，可以在精简多边形的同时尽量保持顶点的颜色信息。
- 【网格边界】：启用该复选框后，可以在精简多边形的同时尽量保留模型的边界。
- 【UV 边界】：启用该复选框后，可以在精简多边形的同时尽量保留模型的 UV 边界。
- 【硬边】：启用该复选框后，可以在精简多边形的同时尽量保留模型的硬边。
- 【顶点位置】：启用该复选框后，可以在精简多边形的同时尽量保留模型的硬顶点位置。

3.3.12 绘制减少权重工具

选择【网格】|【绘制减少权重工具】命令，可以通过绘制权重来决定多边形的简化情况。

3.3.13 清理

选择【网格】|【清理】命令，可以清理多边形的某些部分，也可以使用该命令的标识匹配功能匹配标准的多边形，或使用这个功能移除或修改不匹配指定标准的那个部分。单击【清理】命令后面的█按钮，打开【清理选项】对话框，如图3-33所示。

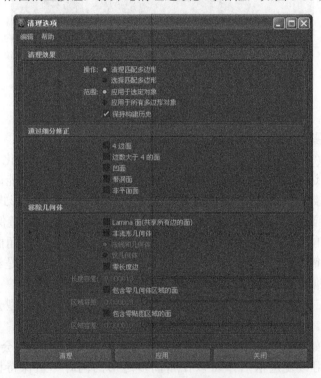

图3-33 【清理选项】对话框

清理参数介绍如下。

(1) 【操作】：选择是要清理多边形还是仅将其选中。

- 【清理匹配多边形】：使用该选项可以重复清理选定的多边形几何体(使用相同的选项设置)。

- 【选择匹配多边形】：使用该选项可以选择符合设定标准的任何多边形，但不执行清理。

(2) 【范围】：选择要清理的对象范围。

- 【应用于选定对象】：选中该单选按钮后，仅在场景中清理选定的多边形，这是默认设置。

- 【应用于所有多边形对象】：选中该单选按钮后，可以清理场景中所有的多边形对象。

(3)　【保持构建历史】：启用该复选框后，可以保持与选择的多边形几何体相关的构建历史。

(4)　【通过细分修正】：可以使用一些多边形编辑操作来修改多边形网格，并且生成具有不需要的属性的多边形面。可以通过细分修正的面包括【4 边面】、【边数大于 4 的面】、【凹面】、【带洞面】和【非平面面】。

(5)　【移除几何体】：指定在清理操作期间要移除的几何体，以及要移除的几何体中的容差。

- 【Lamina 面(共享所有边的面)】：如果启用该复选框，则 Maya 会移除共享所有边的面。通过移除这些类型的面，可以避免不必要的处理时间，特别是当将模型导出到游戏控制台时。
- 【非流形几何体】：启用该复选框可以清理非流形几何体。如果选中【法线和几何体】单选按钮，则在清理非流形顶点或边时，可以让法线保持一致；如果选中【仅几何体】单选按钮，则清理非流形几何体，但无须更改结果法线。
- 【零长度边】：当选择移除具有零长度的边时，非常短的边将在指定的容差内被删除。
- 【长度容差】：指定要移除的边的最小长度。
- 【包含零几何体区域的面】：当选择移除具有零几何体区域的面(例如，移除面积介于 0～0.0001 的面)时，会通过合并顶点来移除面。
- 【区域容差】：指定要删除的面的最小几何体区域。
- 【具有零贴图区域的面】：选择移除具有零贴图区域的面时，检查面的相关 UV 纹理坐标，并移除 UV 不符合指定的容差范围内的面。
- 【区域容差】：指定要删除的面的最小零贴图区域。

3.3.14　三角形化

选择【网格】|【三角形化】命令，可以将多边形面细分为三角形面。

3.3.15　四边形化

选择【网格】|【四边形化】命令，可以将多边形物体的三边面转换为四边面。单击【四边形化】命令后面的 ▣ 按钮，打开【四边形化面选项】对话框，如图 3-34 所示。

图 3-34　【四边形化面选项】对话框

四边形化参数介绍如下。

【角度阈值】：设置两个合并三角形的极限参数(极限参数是两个相邻三角形的面法线之间的角度)。当该值为 0 时，只有共面的三角形被转换；当该值为 180 时，表示有相邻的三角形面都有可能会被转换为四边形面。

- 【保持面组边界】：启用该复选框后，可以保持面组的边界；取消启用该复选框时，面组的边界可能会被修改。
- 【保持硬边】：启用该复选框后，可以保持多边形的硬边；取消启用该复选框时，在两个三角形面之间的硬边可能会被修改。
- 【保持纹理边界】：启用该复选框后，可以保持纹理的边界；取消启用该复选框时，Maya 将修改纹理的边界。
- 【世界空间坐标】：启用该复选框后，设置的【角度阈值】处于世界坐标系中的两个相邻三角形面法线之间的角度上；取消启用该复选框后，【角度阈值】处于局部坐标空间中的两个相邻三角形面法线之间的角度上。

3.3.16　填充洞

选择【网格】|【填充洞】命令，可以填充多边形上的洞，并且可以一次性填充多个洞。

3.3.17　生成洞工具

选择【网格】|【生成洞工具】命令，可以在一个多边形的一个面上利用另外一个面来创建一个洞。单击【生成洞工具】命令后面的■按钮，打开【工具设置】对话框，如图 3-35 所示。

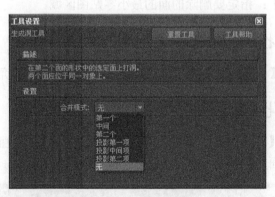

图 3-35　生成洞工具【工具设置】对话框

生成洞工具参数介绍如下。

【合并模式】：用来设置合并模式的方式，共有以下 7 种模式。

- 【第一个】：变换选择的第二个面，以匹配中心。
- 【中间】：变换选择的两个面，以匹配中心。
- 【第二个】：变换选择的第一个面，以匹配中心。
- 【投影第一项】：将选择的第二个面投影到选择的第一个面上，但不匹配两个面的中心。

- 【投影中间项】：将选择的两个面都投影到一个位于它们之间的平面上，但不匹配两个面的中心。
- 【投影第二项】：将选择的第一个面投影到选择的第二个面上，但不匹配两个面的中心。
- 【无】：直接将【图章面】投影到选择的第一个面上。

3.3.18　创建多边形工具

选择【网格】|【创建多边形工具】命令，可以在指定的位置建一个多边形，该工具是通过单击多边形的顶点完成创建工作。单击【创建多边形工具】命令后面的▣按钮，打开【工具设置】对话框，如图 3-36 所示。

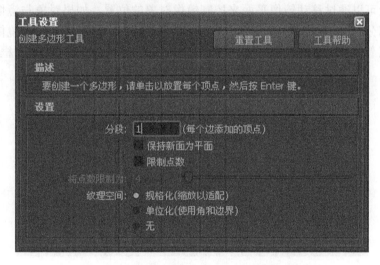

图 3-36　创建多边形工具【工具设置】对话框

创建多边形工具参数介绍如下。

(1) 【分段】：指定要创建的多边形的边的分段数量。

(2) 【保持新面为平面】：默认情况下，使用【创建多边形工具】添加的任何面位于附加到的多边形网格的相同平面上。如果要将多边形附加在其他平面上，可以取消启用该复选框。

(3) 【限制点数】：指定新多边形所需的顶点数量。值为 4 可以创建 4 条边的多边形(四边形)；值为 3 可以创建 3 条边的多边形(三角形)。

(4) 【将点数限制为】：启用【限制点数】复选框用来设置点数的最大数量。

(5) 【纹理空间】：指定如何为新多边形创建 UV 纹理坐标。

- 【规格化(缩放以适配)】：选中该单选按钮后，纹理坐标将缩放以适合 0～1 范围内的 UV 纹理空间，同时保持 UV 面的原始形状。
- 【单位化(使用角和边界)】：选中该单选按钮后，纹理坐标将放置在纹理空间 0～1 的角点和边界上。具有 3 个顶点的多边形将具有一个三角形 UV 纹理贴图(等边)，而具有 3 个以上顶点的多边形将具有方形 UV 纹理贴图。

● 【无】：不为新的多边形创建 UV。

3.3.19　雕刻几何体工具

选择【网格】|【雕刻几何体工具】命令，可以雕刻多边形的细节，与 NURBS 的【雕刻几何体工具】一样，都是采用画笔的形式来进行雕刻。

> 提示：多边形的【雕刻几何体工具】参数与 NURBS【雕刻几何体工具】相同，这里不再赘述。

3.3.20　镜像切割

选择【网格】|【镜像切割】命令，可以让对象在设置的镜像平面的另一侧镜像出一个对象，并且可以通过移动镜像平面来控制镜像对象的位置。如果对象与镜像平面有相交部分，相交部分将会被剪掉，同时还可以通过删除历史记录来打断对象与镜像平面之间的关系。单击【镜像切割】命令后面的▣按钮，打开【镜像切割选项】对话框，如图 3-37 所示。

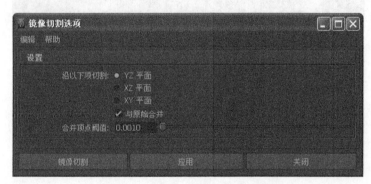

图 3-37　【镜像切割选项】对话框

镜像切割参数介绍如下。

● 【沿以下项切割】：用来选择镜像的平面，共有【YZ 平面】、【XZ 平面】和【XY 平面】3 个选项可以选择。这 3 个平面都是世界坐标轴两两相交所在的平面。
● 【与原始合并】：启用该复选框后，镜像出来的平面会与原始平面合并在一起。
● 【合并顶点阈值】：处于该值范围内的顶点会相互合并，只有【与原始合并】复选框处于启用状态时该选项才可用。

3.3.21　镜像几何体

选择【网格】|【镜像几何体】命令，可以将对象紧挨着自身进行镜像。单击【镜像几何体】命令后面的▣按钮，打开【镜像选项】对话框，如图 3-38 所示。

图 3-38　【镜像选项】对话框

镜像几何体主要参数介绍如下。

【镜像方向】：用来设置镜像的方向，都是沿世界坐标轴的方向。如+X 表示沿着 X 轴的正方向进行镜像；-X 表示沿着 X 轴的负方向进行镜像。

3.4　编辑多边形网格

展开【编辑网格】菜单，如图 3-39 所示。该菜单全部为编辑多边形网格的命令。具体介绍如下。

图 3-39　【编辑网格】菜单

3.4.1　保持面的连接性

选择【编辑网格】|【挤出】命令时，【保持面的连接性】复选框用来决定挤出的面

是否与原始物体保持在一起。当启用该复选框时，挤出的面保持为一个整体；当取消启用该复选框时，挤出的面则是分离出来的。

3.4.2 挤出

选择【编辑网格】|【挤出】命令，可以沿多边形面、边或顶点进行挤出，从而得到新的多边形面。该命令在建模中非常重要，使用频率相当高。单击【挤出】命令后面的□按钮，打开【挤出面选项】对话框，如图 3-40 所示。

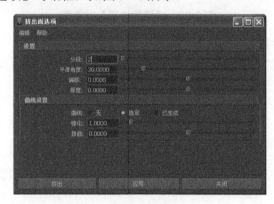

图 3-40 【挤出面选项】对话框

挤出参数介绍如下。

(1) 【分段】：用来设置挤出的多边形面的段数。

(2) 【平滑角度】：用来设置挤出后的面的点法线，可以得到平面的效果，一般情况下使用默认值。

(3) 【偏移】：用来设置挤出面的偏移量。正值表示将挤出面进行缩小；负值表示将挤出面进行扩大。

(4) 【厚度】：用来设置挤出面的厚度。

(5) 【曲线】：用来设置是否沿曲线挤出面。

● 【无】：不沿曲线挤出面。

● 【选定】：表示沿曲线挤出面，但前提是必须创建有的曲线。

● 【已生成】：选中该单选按钮后，挤出时将创建曲线，并会将曲线与组件法线的平均值对齐。

(6) 【锥化】：控制挤出面的另一端的大小，使其从挤出位置到终点位置形成一个过渡的变化效果。

(7) 【扭曲】：使挤出的面产生螺旋状效果。

3.4.3 桥接

选择【编辑网格】|【桥接】命令，可以在一个多边形对象内的两个洞口之间产生桥梁式的连接效果，连接方式可以是线性连接，也可以是平滑连接。单击【桥接】命令后面的□按钮，打开【桥接选项】对话框，如图 3-41 所示。

图 3-41　【桥接选项】对话框

桥接参数介绍如下。

(1) 【桥接类型】：用来选择桥接的方式。

● 【线性路径】：以直线的方式进行桥接。

● 【平滑路径】：使连接的部分以光滑的形式进行桥接。

● 【平滑路径+曲线】：以平滑的方式进行桥接，并且会在内部产生一条曲线。可以通过曲线的弯曲度来控制桥接部分的弧度。

(2) 【扭曲】：当选中【平滑路径+曲线】单选按钮时，该选项才可用，可使连接部分产生扭曲效果，并且以螺旋的方式进行扭曲。

(3) 【锥化】：当选中【平滑路径+曲线】单选按钮时，该选项才可用，主要用来控制连接部分的中间部分的大小，可以与两头形成渐变的过渡效果。

(4) 【分段】：控制连接部分的分段数。

(5) 【平滑角度】：用来改变连接部分的点的法线的方向以达到平滑的效果，一般使用默认值。

3.4.4　附加到多边形工具

选择【编辑网格】|【附加到多边形工具】命令，可以在原有多边形基础上继续进行扩展，以添加更多的多边形。单击【附加到多边形工具】命令后面的按钮，打开【工具设置】对话框，如图 3-42 所示。

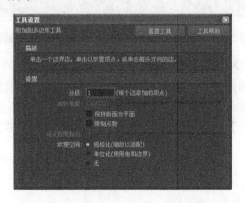

图 3-42　附加到多边形工具【工具设置】对话框

3.4.5 在网格上投影曲线

选择【编辑网格】|【在网格上投影曲线】命令，可以将曲线投影到多边形面上，类似于 NURBS 曲面的【在曲面上投影曲线】命令。单击【在网格上投影曲线】命令后面的 按钮，打开【在网格上投影曲线选项】对话框，如图 3-43 所示。

图 3-43　【在网格上投影曲线选项】对话框

在网格上投影曲线参数介绍如下。

- 【沿以下项投影】：指定投影在网格上的曲线的方向，包括【当前视图方向】、【YZ 平面】、【XY 平面】4 个选项。
- 【仅投影到边】：将编辑点放置到多边形的边上，否则编辑点可能会出现在沿面和边的不同点处。

3.4.6 使用投影的曲线分割网格

选择【编辑网格】|【使用投影的曲线分割网格】命令，可以在多边形曲面上进行分割，或者在分割的同时分离面。单击【使用投影的曲线分割网格】命令后面的 按钮，打开【使用投影的曲线分割网格选项】对话框，如图 3-44 所示。

图 3-44　【使用投影的曲线分割网格选项】对话框

使用投影的曲线分割网格参数介绍如下。

- 【分割】：分割多边形的曲面。分割了多边形的面，但是其组件仍连接在一起，而且只有一组顶点。
- 【分割并分离边】：沿分割的边分离多边形。分离了多边形的组件，有两组或更多组顶点。

3.4.7 切割面工具

选择【编辑网格】|【切割面工具】命令，可以切割指定的一组多边形对象的面，让

这些面在切割处产生一个分段。单击【切割面工具】命令后面的██按钮，打开【切割面工具选项】对话框，如图 3-45 所示。

图 3-45　【切割面工具选项】对话框

切割面工具部分参数介绍如下。

(1)　【切割方向】：用来选择切割的方向。可以在视图平面上绘制一条直线来作为切割方向，也可以通过世界坐标来确定一个平面作为切割方向。

● 【交互式(单击可显示切割线)】：通过拖曳光标来确定一条切割线。

● 【YZ 平面】：以平行于 YZ 轴所在的平面作为切割平面。

● 【ZX 平面】：以平行于 ZX 轴所在的平面作为切割平面。

● 【XY 平面】：以平行于 XY 轴所在的平面作为切割平面。

(2)　【删除切割面】：启用该复选框后，会产生一条垂直于切割平面的虚线，并且垂直于虚线方向的面将被删除。

(3)　【提取切割面】：启用该复选框后，会产生一条垂直于切割平面的虚线，并且垂直于虚线方向的面将被偏移一段距离。

3.4.8　交互式分割工具

选择【编辑网格】|【交互式分割工具】命令，可以在网格上指定分割位置，然后将多边形网格上的一个或多个面分割为多个面。单击【交互式分割工具】命令后面的██按钮，打开【工具设置】对话框，如图 3-46 所示。

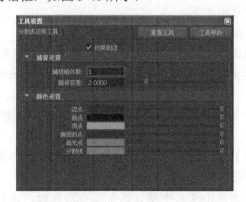

图 3-46　分割多边形工具【工具设置】对话框

交互式分割工具部分参数介绍如下。

(1)【约束到边】：将所创建的任何点约束到边。如果要让点在面上，可以取消启用该复选框。

(2)【捕捉设置】：包含两个选项，分别是【捕捉磁体数】和【磁体容差】。

● 【捕捉磁体数】：控制边内的捕捉点数。例如，5 表示每端都有磁体点，中间有5 个磁体点。

● 【磁体容差】：控制点在捕捉到磁体之前必须与磁体达到的接近程度。将该值设定为 10 时，可以约束点使其始终位于磁体点处。

(3)【颜色设置】：设置分割时的区分颜色。单击色块即可更改区分颜色。

3.4.9　插入循环边工具

选择【编辑网格】|【插入循环边工具】命令，可以在多边形对象上的指定位置插入一条环形线，该工具通过判断多边形的对边来产生线。如果遇到三边形或大于四边的多边形将结束命令，因此在很多时候会遇到使用该命令后不能产生环形边的现象。单击【插入循环边工具】命令后面的■按钮，打开【工具设置】对话框，如图 3-47 所示。

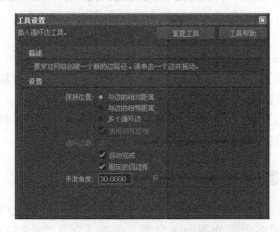

图 3-47　插入循环边工具【工具设置】对话框

插入循环边工具参数介绍如下。

(1)【保持位置】：指定如何在多边形网格上插入新边。

● 【与边的相对距离】：基于选定边上的百分比距离，沿着选定边放置点插入边。

● 【与边的相等距离】：沿着选定边按照基于单击第一条边的位置的绝对距离放置点插入边。

● 【多个循环边】：根据【循环边数】中指定的数量，沿选定边插入多个等距循环边。

(2)【使用相等倍增】：该选项与剖面曲线的高度和形状相关。使用该选项的时候应用最短边的长度来确定偏移高度。

(3)【循环边数】：当选中【多个循环边】单选按钮时，【循环边数】选项用来设置要创建的循环边数量。

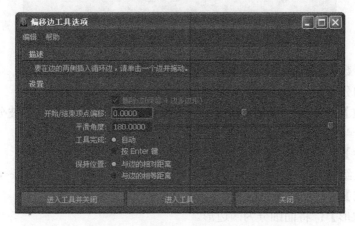

（4）【自动完成】：启用该复选框后，只要单击并拖曳到相应的位置，然后释放鼠标，就会在整个环形边上立即插入新边。

（5）【固定的四边形】：启用该复选框后，会自动分割由插入循环边生成的三边形和五边形区域，以生成四边形区域。

（6）【平滑角度】：指定在操作完成后，是否自动软化或硬化沿环形边插入的边。

3.4.10　偏移循环边工具

选择【编辑网格】|【偏移循环边工具】命令，可以在选择的任意边的两侧插入两个循环边。单击【偏移循环边工具】命令后面的█按钮，打开【偏移边工具选项】对话框，如图 3-48 所示。

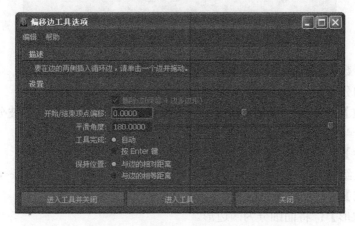

图 3-48　【偏移边工具选项】对话框

偏移循环边工具部分参数介绍如下。

（1）【删除边(保留 4 边多边形)】：在内部循环边上偏移边时，在循环的两端创建的新多边形可以是三边的多边形。

（2）【开始/结束顶点偏移】：确定两个顶点在选定边(或循环边中一系列连接的边)两端上的距离将从选定边的原始位置向内偏移还是向外偏移。

（3）【平滑角度】：指定完成操作后是否自动软化或硬化沿循环边插入的边。

（4）【保持位置】：指定在多边形网格上插入新边的方法。

● 【与边的相对距离】：基于沿选定边的百分比距离沿选定边定位点预览定位器。

● 【与边的相等距离】：点预览定位器基于单击第一条边的位置沿选定边在绝对距离处进行定位。

3.4.11　添加分段

选择【编辑网格】|【添加分段】命令，可以对选择的面或边进行细分，并且可以通过【分段级别】来设置细分的级别。单击【添加分段】命令后面的█按钮，打开【添加面的分段数选项】对话框，图 3-49 所示。

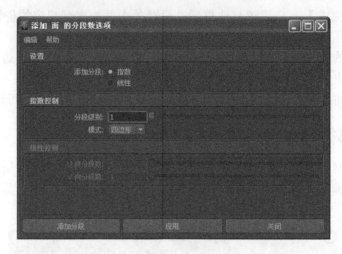

图 3-49　【添加面的分段数选项】对话框

添加分段参数介绍如下。

(1)　【添加分段】：设置选定面的细分方式。

● 　【指数】：以递归方式细分选定的面。也就是说，选定的面将被分割成两半，然后每一半进一步分割成两半，依此类推。

● 　【线性】：将选定面分割为绝对数量的分段。

(2)　【分段级别】：用来设置选定面上细分的级别，其取值范围从 1～4。

(3)　【模式】：用来设置细分面的方式。

● 　【四边形】：将面细分为四边形。

● 　【三角形】：将面细分为三角形。

(4)　【U/V 向分段数】：当【添加分段】设置为【线性】时这两个选项才可用。这两个选项主要用来设置沿多边形 U 向和 V 向细分的分段数量。

提示：【添加分段】命令不仅可以细分面，还可以细分边。进入边级别以后，选择一条边，【添加面的分段数选项】对话框将自动切换为【添加边的分段数选项】对话框，如图 3-50 所示。

图 3-50　【添加边的分段数选项】对话框

3.4.12　滑动边工具

选择【编辑网格】｜【滑动边工具】命令，可以将选择的边滑动到其他位置。在滑动过程中是沿着对象原来的走向进行滑动的，这样可使滑动操作更加方便。单击【滑动边工具】命令后面的■按钮，打开【工具设置】对话框，如图 3-51 所示。

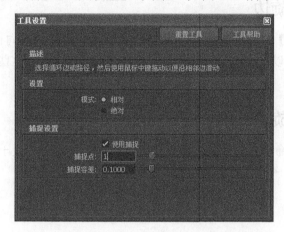

图 3-51 滑动边工具【工具设置】对话框

滑动边工具参数介绍如下。

- 【模式】：确定如何重新定位选定边或循环边。
- 【使用捕捉】：确定是否使用捕捉设置。
- 【捕捉点】：控制滑动顶点将捕捉的捕捉点数量，取值范围从 0～10。默认【捕捉点】值为 1，表示将捕捉到中点。
- 【捕捉容差】：控制捕捉到顶点之前必须距离捕捉点的靠近程度。

3.4.13 变换组件

选择【编辑网格】|【变换组件】命令，可以在选定顶点/边/面上调出一个控制手柄，通过这个控制手柄可以很方便地在物体坐标和世界坐标之间进行切换。单击【变换组件】命令后面的■按钮，打开【变换组件-面选项】对话框，如图 3-52 所示。

图 3-52 【变换组件-面选项】对话框

变换组件参数介绍如下。

【随机】：随机变换组件，其取值范围从 0～1。

3.4.14 翻转三角形边

选择【编辑网格】|【翻转三角形边】命令，可以变换拆分两个三角形多边形的边，

以便于连接对角。该命令经常用在生物建模中。

3.4.15 正向自旋边

选择【编辑网格】|【正向自旋边】命令，可以朝其缠绕方向自旋选定边(快捷键为 Ctrl+Alt+→)，这样可以一次性更改其连接的顶点。为了能够自旋这些边，必须保证它们只附加在两个面上。

3.4.16 反向自旋边

【反向自旋边】命令，与【正向自旋边】命令相反，它是相反于其缠绕方向自旋选定边(快捷键为 Ctrl+Alt+←)。

3.4.17 刺破面

选择【编辑网格】|【刺破面】命令，可以在选定面的中心产生一新的顶点，并将该顶点与周围的顶点连接起来。在将该顶点处有个控制手柄，可以通过调整手柄来对顶点进行移动操作。单击【刺破面】命令后面的■按钮，打开【刺破面选项】对话框，如图 3-53 所示。

图 3-53　【刺破面选项】对话框

刺破面参数介绍如下。
- 【顶点偏移】：偏移【刺破面】命令得到的顶点。
- 【偏移空间】：设置偏移的坐标系。【世界】表示在世界坐标空间中偏移；【局部】表示布局在坐标空间中偏移。

3.4.18 楔形面

选择【编辑网格】|【楔形面】命令，可以通过选择一个面和一条边来生成扇形效果。单击【楔形面】命令后面的■按钮，打开【楔形面选项】对话框，如图 3-54 所示。

楔形面参数介绍如下。
- 【弧形角度】：用来设置产生的弧形的角度。
- 【分段】：用来设置生成的部分的段数。

图 3-54　【楔形面选项】对话框

3.4.19　复制面

选择【编辑网格】|【复制面】命令，可以将多边形上的面复制出来作为一个独立部分。单击【复制面】命令后面的▣按钮，打开【复制面选项】对话框，如图 3-55 所示。

图 3-55　【复制面选项】对话框

复制面参数介绍如下。

- 　【分离复制的面】：启用该复选框后，复制出来的面将成为一个独立部分。
- 　【偏移】：用来设置复制出来的面的偏移距离。

3.4.20　连接组件

选择顶点和/或边后，选择【编辑网格】|【连接组件】命令，可以通过边将其连接起来。顶点将直接连接到连接边，而边将在其中的顶点处进行连接。

3.4.21　分离组件

选择顶点后，根据顶点共享的面的数目，选择【编辑网格】|【分离组件】命令，可以将多个面共享的所有选定顶点拆分为多个顶点。

3.4.22　合并

选择【编辑网格】|【合并】命令，可以将选择的多个顶点/边合并成一个顶点/边，合并后的位置在选择对象的中心位置上。单击【合并】命令后面的▣按钮，打开【合并顶点选项】对话框(如果选择的是边，那么打开的是【合并边界边选项】对话框)，如图 3-56所示。

图 3-56　【合并顶点选项】对话框

合并参数介绍如下。

- 【阈值】：在合并顶点时，该选项可以指定一个极限值，凡距离小于该值的顶点都会被合并在一起，而距离大于该值的顶点不会合并在一起。
- 【始终为两个顶点合并】：当启用该复选框并且只选择两个顶点时，无论【阈值】是多少，它们都将被合并在一起。

3.4.23　合并到中心

选择【编辑网格】|【合并到中心】命令，可以将选择的顶点、边、面合并到它们的几何中心位置。

3.4.24　收拢

选择【编辑网格】|【收拢】命令，可以将组件的边收拢，然后单独合并每个收拢边关联的顶点。【收拢】命令还适用于面，但在用于边时能够产生更理想的效果。如果要收拢并合并所选的面，首先应选择【编辑网格】|【合并到中心】菜单命令，将面合并到中心。

3.4.25　合并顶点工具

选择【编辑网格】|【合并顶点工具】命令，选择一个顶点，将其拖曳到另外一个顶点上，可以将这两个顶点合并为一个顶点，如图 3-57 所示。单击【合并顶点工具】命令后面的□按钮，打开【工具设置】对话框，如图 3-58 所示。

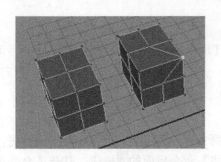
图 3-57　合并顶点工具效果

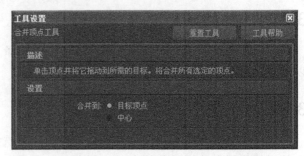
图 3-58　合并顶点工具【工具设置】对话框

合并顶点工具参数介绍如下。

【合并到】：设置合并顶点的方式。

- 【目标顶点】：将合并中心定位在目标顶点上，源顶点将被删除。
- 【中心】：将合并中心定位在两个顶点之间的中心处，然后移除源顶点和目标顶点。

3.4.26　合并边工具

选择【编辑网格】|【合并边工具】命令，可以将两条边合并为一条新边。在合并边之前，要先选中该工具，然后选择要进行合并的边。单击【合并边工具】命令后面的█按钮，打开【工具设置】对话框，如图 3-59 所示。

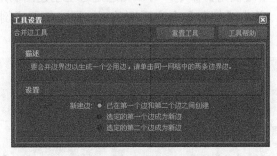

图 3-59　合并边工具【工具设置】对话框

合并边工具参数介绍如下。

- 【已在第一个边和第二个边之间创建】：选中该单选按钮后，会在选择的两条边之间创建一条新的边，其他两条边将被删除。
- 【选定的第一个边成为新边】：选中该单选按钮后，被选择的第一条边将成为新边，第二条边将被删除：
- 【选定的第二个边成为新边】：选中该单选按钮后，被选择的第二条边将成为新边，而第一条边将被删除。

3.4.27　删除边/点

选择【编辑网格】|【删除边/点】命令，可以删除选择的边或顶点，与删除后的边或顶点相关的边或顶点也将被删除。

3.4.28　切角顶点

选择【编辑网格】|【切角顶点】命令，可以将选择的顶点分裂成 4 个顶点，这 4 个顶点可以围成一个四边形，同时也可以删除 4 个顶点围成的面，以实现【打洞】效果。单击【切角顶点】命令后面的█按钮，打开【切角顶点选项】对话框，如图 3-60 所示。

切角顶点参数介绍如下。

- 【宽度】：设置顶点分裂后顶点与顶点之间的距离。
- 【执行切角后移除面】：启用该复选框后，由 4 个顶点围成的四边面将被删除。

图 3-60 【切角顶点选项】对话框

3.4.29 倒角

选择【编辑网格】|【倒角】命令，可以在选定边上创建出倒角效果，同时也可以消除渲染时的尖锐棱角。单击【倒角】命令后面的■按钮，打开【倒角选项】对话框，如图 3-61 所示。

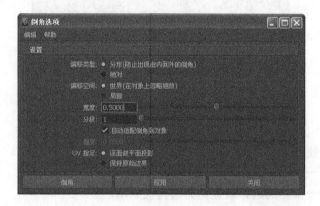

图 3-61 【倒角选项】对话框

倒角部分参数如下。

- 【宽度】：设置倒角的大小。
- 【分段】：设置执行倒角操作后生成的面的段数。段数越多，产生的圆弧效果越明显。

3.4.30 折痕工具

选择【编辑网格】|【折痕工具】命令，可以在多边形网格上生成边和顶点的折痕。这样可以用来修改多边形网格，并获取在生硬和平滑之间过渡的形状，而不会过度增大基础网格的分辨率。单击【折痕工具】命令后面的■按钮，打开【工具设置】对话框，如图 3-62 所示。

折痕工具参数介绍如下。

(1)【模式】：设置折痕的创建模式。

- 【绝对】：让多个边和顶点的折痕保持一致。也就是说，如果选择多个边或顶点来生成折痕，且它们具有已存在的折痕，那么完成之后，所有选定组件都将具有相似的折痕值。

- 【相对】：如果需要增加或减少折痕的总体数量，可以选择该选项。

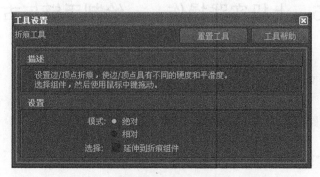

图 3-62　折痕工具【工具设置】对话框

(2) 【延伸到折痕组件】：将折痕边的当前选择自动延伸并连接到当前选择的任何折痕。

3.4.31　移除选定对象

创建折痕以后，选择【编辑网格】|【移除选定对象】命令，可以将选定的折痕移除掉。

3.4.32　移除全部

创建折痕以后，选择【编辑网格】|【移除全部】命令，可以移除所有的折痕效果。

3.4.33　折痕集

选择【编辑网格】|【折痕集】命令，可以为经过折痕处理的任何组件创建【折痕集】。通过【折痕集】可以轻松选择和管理经过折痕处理的组件。

3.4.34　指定不可见面

选择【编辑网格】|【指定不可见面】命令，可以将选定面切换为不可见。指定为不可见的面不会显示在场景中，但是这些面仍然存在，仍然可以对其进行操作。单击【指定不可见面】命令后面的■按钮，打开【指定细分曲面洞选项】对话框，如图 3-63 所示。

图 3-63　【指定细分曲面洞选项】对话框

指定细分曲面洞参数介绍如下。

- 【取消指定】：选中该单选按钮后，将取消对选择面的分配隐形部分。
- 【指定】：用来设置需要分配的面。

3.5 上机实践操作——绘制手链与古塔

本范例完成文件：/03/3-1.mb，3-2.mb

多媒体教学路径：光盘→多媒体教学→第3章

3.5.1 实例介绍与展示

本章实例中通过绘制手链与古塔进一步巩固多边形建模技术知识。效果如图3-64所示。

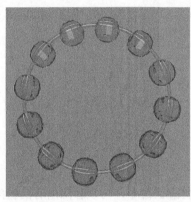

图3-64 制作效果

3.5.2 创建珠子

(1) 选择【创建】|【多边形基本体】|【球体】命令，创建球体，在通道盒中修改参数，如图3-65所示。

(2) 右击，在弹出的快捷菜单中选择【面】命令；再右击，在弹出的快捷菜单中选择【选择】|【绘制选择工具】命令，选择球体上方和下方的面(上下多选面积相同)，如图3-66所示。

图3-65 修改参数

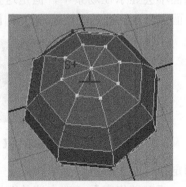

图3-66 选择面

(3)　使用缩放命令，同时修改球体的所选面，如图 3-67 所示。

(4)　撤销一步，恢复球体原先形状，把所选面删除，如图 3-68 所示。

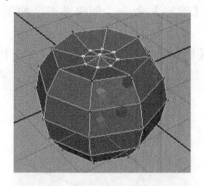

图 3-67　修改所选面

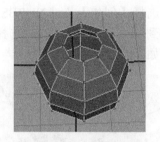

图 3-68　删除所选面

(5)　使用缩放命令，调整洞口大小，切换到顶视图，调整大小一致，如图 3-69 所示。

(6)　同时选择上下洞口边，选择【编辑网格】 | 【挤出】命令，给洞口一个挤出厚度，如图 3-70 所示。

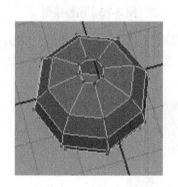

图 3-69　调整洞口大小

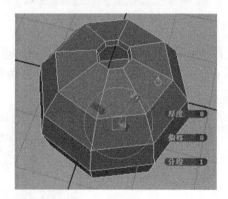

图 3-70　挤出洞口

(7)　使用移动命令，向下垂直拉伸上个洞口边，到下个洞口，再选择【编辑网格】 | 【合并顶点工具】命令，连接合并下端洞口，如图 3-71 所示。

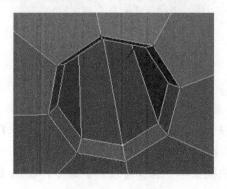

图 3-71　合并顶点

3.5.3　制作手链

（1）选择【创建】|【NURBS 基本体】|【圆形】命令，创建圆形，如图 3-72 所示。

（2）选择【创建】|【NURBS 基本体】|【圆形】命令，创建圆形，使用移动命令，移动到所绘制的圆形路径；选择【曲面】|【挤出】命令，再使用旋转命令，调整珠子方向，如图 3-73 所示。

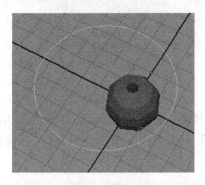

图 3-72　创建圆形

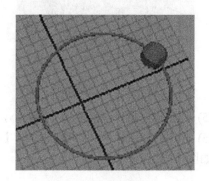

图 3-73　调整模型

（3）按住 D 键，把坐标移动到中心点位置，在通道盒中设置旋转 X 值为 30，再使用旋转命令，按住 Shift+D 组合键，旋转复制球体，完成手链创建，最终效果如图 3-74 所示。

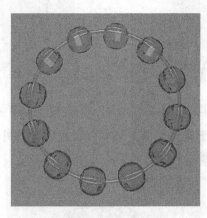

图 3-74　完成手链

3.5.4　制作古塔

（1）建立新场景，选择【创建】|【NURBS 基本体】|【平面】命令，建立一个多边形圆柱体，并将柱子高度细分成 4，如图 3-75 所示。

（2）右击，在弹出的快捷菜单中选择【顶点】命令，使用【移动】和【缩放】命令调整圆柱体，如图 3-76 所示。

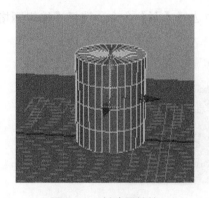

图 3-75　创建圆柱体

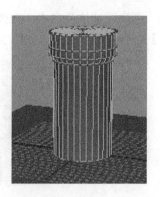

图 3-76　设置参数

(3)　创建一个立方体，并将细分改为 3，拉长立方体，如图 3-77 所示。

(4)　选择立方体并右击，在弹出的快捷菜单中选择【面】命令，然后选择【编辑网格】|【挤出】命令，调整立方体，如图 3-78 所示。

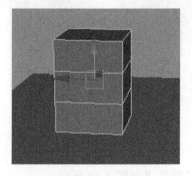

图 3-77　创建立方体

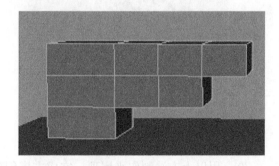

图 3-78　调整立方体

(5)　将立方体移动到圆柱外围，把立方体的坐标移动到圆柱中心，如图 3-79 所示。接下来做环绕复制，选择【编辑】|【特殊复制】命令，打开【特殊复制选项】对话框，参数设置如图 3-80 所示。

图 3-79　移动立方体

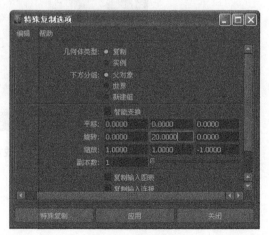

图 3-80　参数设置

(6) 选择圆柱体并右击，在弹出的快捷菜单中选择【面】命令，选择【编辑网格】｜
【挤出】命令，制作窗户，如图 3-81 所示。

图 3-81 制作窗户

(7) 创建多边形圆锥体，细分曲面与之前圆柱体相同，并将底部伸长，如图 3-82 所示。

(8) 创建多边形圆柱体，细分曲面为 4，调整如图 3-83 所示。

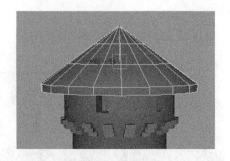

图 3-82 创建圆锥体

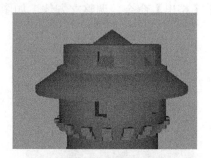

图 3-83 调整圆柱体

(9) 用以上方法制作小屋顶，完成古塔创建，最终效果如图 3-84 所示。

图 3-84 完成古塔

3.6 操作练习

课后练习制作可乐瓶子，练习效果如图 3-85 所示。

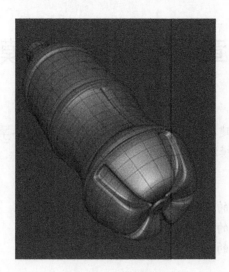

图 3-85　练习效果

第 4 章　细分曲面建模技术

教学目标

本章将介绍细分曲面建模技术的基础知识；读者通过对本章的学习，可以掌握基本的细分曲面建模方法以及建模流程。

教学重点和难点

1. 掌握细分曲面建模的基础知识。
2. 掌握细分曲面建模的编辑方法。
3. 掌握细分曲面建模的操作命令。

4.1　细分曲面特性与建模

【细分曲面】建模是一种新的建模方式，它兼具 NURBS 和多边形的优点，得到了广泛的运用。

4.1.1　细分曲面基础知识

细分曲面建模是一种结合了 NURBS 建模和多边形建模优点的一种建模方式。它既具有 NURBS 对象的光滑显示，又具有多边形对象易编辑的特点。在建模过程中，用户可以在细分曲面的标准模式下使用 Maya 自带的编辑工具，同时也可以将细分模型转换为多边形模型，然后使用多边形的编辑工具对细分曲面模型进行调整，如图 4-1 所示的就是使用细分曲面建模技术创建的模型。

图 4-1　细分曲面建模

细分曲面对象可以像 NURBS 对象一样，通过键盘上的 1、2、3 键来切换细分模型的显示级别。在编辑模型时，细分曲面模型的控制点可以灵活显示出来，在同一对象上可以显示不同数量的控制点，而且控制点就像 NURBS 对象一样，具有弹性，可以方便精确地对其进行拉点操作。

细分曲面对象可以通过【显示】|【细分曲面】菜单下的命令控制显示方式，包括【壳线】、【粗糙】、【中等】和【精细】4 种显示级别，如图 4-2 所示。【粗糙】、【中等】和【精细】级别所对应的快捷键分别是 1、2、3，类似于 NURBS 对象。

图 4-2　【细分曲面】菜单

细分曲面模型具有较灵活的 UV 编辑方式，不同于 NURBS 模型具有固定的 UV，一般不对 UV 进行编辑；细分曲面模型更像多边形模型，可以随意编辑 UV，也可以将细分模型转换为多边形模型；然后使用多边的编辑工具来编辑 UV；最后再转回细分曲面模型即可。细分曲面模型有两种编辑方式，分别是标准模式和多边形代理模式。在多边形代理模式下，可以在标准曲面的基础上生成多边形代理网格。

4.1.2　创建细分曲面对象

创建细分曲面对象主要有以下三种方法。

- 选择【创建】|【细分曲面基本体】菜单下的命令来创建细分曲面基本体，如图 4-3 所示。这些细分曲面基本体如图 4-4 所示。

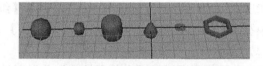

图 4-3　【细分曲面基本体】菜单　　　　　图 4-4　创建细分曲面基本体

提示：细分曲面对象不能提前设置好参数进行创建，执行相应命令后会立即在视图中创建出相应的细分曲面对象。

- 先选择【创建】|【NURBS 基本体】菜单下的命令创建 NURBS 对象，然后通过【修改】|【转化】|【NURBS 到细分曲面】菜单命令，将 NURBS 模型转化成细分曲面模型，如图 4-5 所示。

- 先选择【创建】|【多边形基本体】菜单下的命令创建出多边形对象，然后通过【修改】|【转化】|【多边形到细分曲面】菜单命令将多边形对象转化成细分曲面对象，如图 4-6 所示。

图 4-5　NURBS 到细分曲面　　　　　　　　图 4-6　多边形到细分曲面

4.1.3　细分曲面的编辑模式

在 Maya 中，细分曲面模型有两种编辑模式：一种是细分曲面标准编辑模式，可以编辑细分曲面的元素；另一种是多边形代理模式，可以通过代理元素进行编辑。

两种编辑模式之间的切换是通过在细分曲面模型上右击，然后在弹出的快捷菜单中选择【标准】或【多边形】命令来实现的。

1. 标准编辑模式

在创建细分曲面后，默认状态下就是标准编辑模式。在创建的细分曲面模型上右击，在弹出的快捷菜单中包括【顶点】、【面】、UV 和【多边形】等编辑级别，如图 4-7 所示。

在选择细分曲面对象时，通过【显示】|【细分曲面】菜单下的命令可以显示出细分曲面模型的组成元素，分别是【顶点】、【边】、【面】、UV、【法线(着色模式)】和【UV 边界(纹理编辑器)】，如图 4-8 所示。

细分曲面模型可以根据当前所处的细分级别显示不同级别的点、线、面和 UV 元素。例如，在 0(基础)级别下选择一个顶点，然后右击，在弹出的快捷菜单中选择【细化选定项】命令将选择的区域进行细分，而细分顶点的同时，细分模型已切换到 1 级的细分显示状态；再次选择该区域的顶点并右击，在弹出的快捷菜单中选择【细化选定项】命令，细分级别将提升到 2 级，如图 4-9 所示。

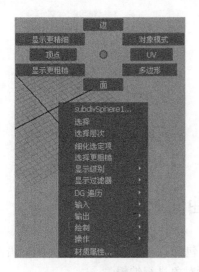

图 4-7　鼠标右键菜单　　　　　　　　　图 4-8　【细分曲面】菜单

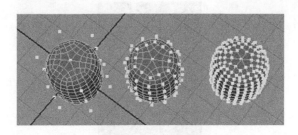

图 4-9　细化选定项

2. 多边形代理模式

在场景中选择细分模型并右击，在弹出的快捷菜单中选择【多边形】命令，如图 4-10 所示；可以进入多边形代理模式，此时会在 0 级曲面级别下生成多边形代理网格，如图 4-11 所示。

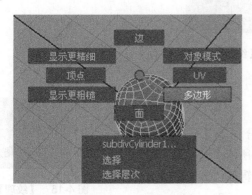

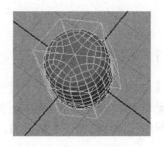

图 4-10　选择多边形　　　　　　　　　图 4-11　选择多边形效果

在多边形代理模式下，在对象上右击，在弹出的快捷菜单中选择【标准】命令，如图 4-12 所示；对象会由多边形代理模式转换到标准模式，生成的多边形代理网格也会自动消失，如图 4-13 所示。

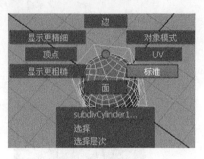

图 4-12　选择标准

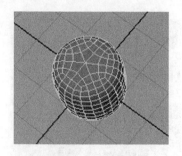

图 4-13　选择标准效果

4.2　编辑细分曲面对象

切换到【曲面】模块，在【细分曲面】菜单中包含一系列关于细分曲面的编辑命令，如图 4-14 所示。通过这些命令可以直接对细分曲面对象进行编辑。

图 4-14　【细分曲面】菜单

4.2.1　纹理

【纹理】命令，包含 3 个子命令，分别是【平面映射】、【自动映射】和【排布 UV】，如图 4-15 所示。这些命令主要用于编辑细分曲面模型的 UV 分布，类似于编辑多边形对象的 UV。

图 4-15　【纹理】菜单

4.2.2　完全折痕边/顶点

选择【细分曲面】|【完全折痕边/顶点】命令，可以使边或顶点产生折痕效果，形成硬边。

4.2.3 部分折痕边/顶点

在细分曲面模型元素编辑模式下，选择接近折痕的边或点后选择【细分曲面】|【部分折痕边/顶点】命令，在折痕处产生的倒角不会出现生硬效果，也不会在折痕处形成硬边。

4.2.4 取消折痕边/顶点

选择【细分曲面】|【取消折痕边/顶点】命令，主要用于去除折痕效果。当执行【完全折痕边/顶点】或【部分折痕边/顶点】命令产生折痕效果后，执行【取消折痕边/顶点】命令就可以去除折痕效果。

4.2.5 镜像

选择【细分曲面】|【镜像】命令，可以在设置的镜像轴上复制出一个细分曲面模型。单击【镜像】命令后面的■按钮，打开【细分曲面镜像选项】对话框，如图 4-16所示。

图 4-16 【细分曲面镜像选项】对话框

4.2.6 附加

选择【细分曲面】|【附加】命令，可以将两个独立的细分曲面模型合并成一个细分曲面模型。单击【附加】命令后面的■按钮，打开【细分曲面附加选项】对话框，如图 4-17所示。

图 4-17 【细分曲面附加选项】对话框

附加参数介绍如下。
- 【同时合并 UV】：启用该复选框后，在合并模型的同时也会合并模型的 UV。
- 【阈值】：设置合并的极限值。
- 【保持原始】：启用该复选框后，将保留原来的细分曲面模型；反之则不保留。

4.2.7　匹配拓扑

选择【细分曲面】|【匹配拓扑】命令，可以将两个细分曲面的拓扑结构匹配起来。匹配的拓扑结构常用于变形对象。

4.2.8　清理拓扑

选择【细分曲面】|【清理拓扑】命令，可以清除在细分建模过程中产生的多余拓扑结构。

4.2.9　收拢层次

选择【细分曲面】|【收拢层次】命令，可以降低细分曲面模型的细分级别，即将模型指定的细分级别收拢成 0 级。单击【收拢层次】命令后面的◻按钮，打开【细分曲面收拢选项】对话框，如图 4-18 所示。

图 4-18　【细分曲面收拢选项】对话框

收拢层次参数介绍如下。

【级别数】：设置要收拢的级别数。

4.2.10　标准模式/多边形代理模式

如果当前编辑模式是多边形代理模式，选择【细分曲面】|【标准模式】命令，可以切换换标准编辑模式。另外，也可以通过右键菜单进行切换。

如果当前编辑模式是标准模式，选择【细分曲面】|【多边形代理模式】命令，可以切换到多边形代理模式。另外，也可以通过右键菜单进行切换。

4.2.11　雕刻几何体工具

【细分曲面】的【雕刻几何体工具】命令，类似于 NURBS 和多边形的【雕刻几何体工具】，可以使用笔刷直接在模型上进行雕刻。

4.2.12　选择命令集合

选择命令包含 7 个命令，分别是【将当前选择转化为面】、【将当前选择转化为边】、【将当前选择转化为顶点】、【将当前选择转化为 UV】、【细化选定组件】、【选择更粗糙组件】和【展开选定组件】，如图 4-19 所示。

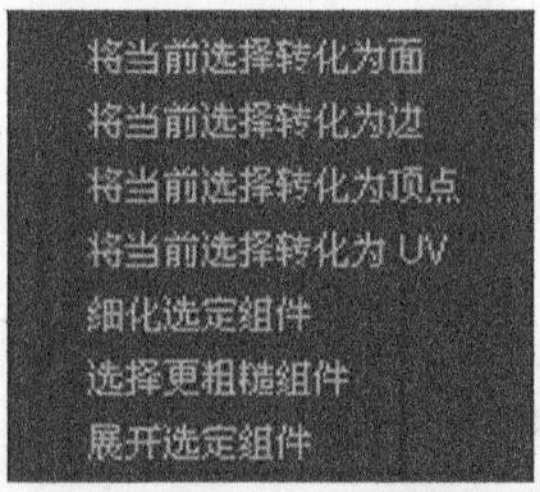

图 4-19　选择命令集合

选择命令集合介绍如下。

- 【将当前选择转化为面】：将选择的元素转换成对面的选择。
- 【将当前选择转化为边】：将选择的元素转换成对边的选择。
- 【将当前选择转化为顶点】：将选择的元素转换成对顶点的选择。
- 【将当前选择转化为 UV】：将选择的元素转换成对 UV 的选择。
- 【细化选定组件】：细化选择的元素。
- 【选择更粗糙组件】：将选择高细分层级元素转换为选择低细分层级元素。
- 【展开选定组件】：使所选成分临近的区域与所选成分具有相同的细化水平。

4.2.13　组件显示级别

选择【细分曲面】|【组件显示级别】命令，主要用来切换细分曲面的显示级别，包含 3 个子命令，分别是【更精细】、【更粗糙】和【基础】，如图 4-20 所示。

图 4-20　【组件显示级别】菜单

组件显示级别命令介绍如下。

- 【更精细】：将当前显示级别向更高层级转换。
- 【更粗糙】：将当前显示级别向更低层级转换。
- 【基础】：将当前显示级别直接转换为基础级别。

4.2.14　组件显示过滤器

选择【细分曲面】|【组件显示过滤器】命令，主要用于过滤当前选择的元素，包含两个子命令，分别是【全部】和【编辑】，如图 4-21 所示。

组件显示过滤器命令介绍如下。

- 【全部】：显示所有组成元素。
- 【编辑】：只显示当前选择编辑的元素。

图 4-21　【组件显示过滤器】菜单

4.3 上机实践操作——创建沙发

本范例完成文件：/04/4-1.mb

多媒体教学路径：光盘→多媒体教学→第 4 章

4.3.1 实例介绍与展示

本章实例是利用细分曲面的建模方法来制作沙发。最终如图 4-22 所示。

图 4-22 制作效果

4.3.2 创建沙发靠背

(1) 选择【创建】|【细分曲面基本体】|【立方体】命令，创建一个细分曲面的立方体，如图 4-23 所示。

(2) 使用【缩放】命令，将立方体向 X 轴方向挤压，使其接近一个面片的形状，如图 4-24 所示。

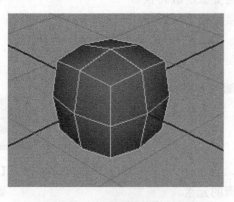

图 4-23 创建细分曲面立方体

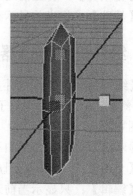

图 4-24 挤压立方体

（3）选择模型，选择【细分曲面】|【多边形代理模式】命令进入多边形代理模式。

（4）选择【细分曲面】|【标准模式】命令进入标准模式，右击，在弹出的快捷菜单中选择【顶点】命令，进入编辑点模式，然后使用【移动】命令，编辑形状。按数字键 3 进入模型的高精度显示，如图 4-25 所示。

（5）在标准模式下选择模型周围的边，选择【细分曲面】|【部分折痕边/顶点】命令，将这些边作半硬边处理，如图 4-26 所示。

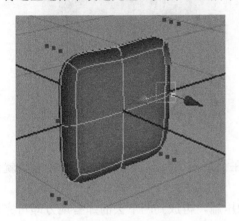

图 4-25   编辑模型(1)

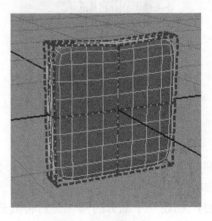

图 4-26   编辑模型(2)

（6）选择【细分曲面】|【多边形代理模式】命令进入多边形代理模式。切换到【多边形】模块，选择【编辑网格】|【插入循环边工具】命令为模型添加线。然后使用【移动】命令，编辑形状，如图 4-27 所示。

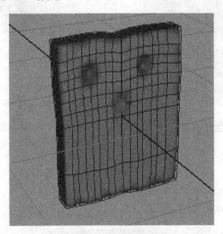

图 4-27   编辑模型(3)

4.3.3   支撑坐垫

接下来制作一个支撑坐垫。

（1）先创建一个细分的立方体，再将其调整成大致现状，如图 4-27 所示。最重要的是把握好支撑坐垫与靠背的比例。

（2）在标准模式下选择模型周围的边，选择【细分曲面】|【部分折痕边/顶点】命

令，将这些边作半硬边处理，如图 4-28 所示。

(3) 制作两边的扶手。创建细分的立方体，并按以上步骤编辑立方体，如图 4-29 所示，再选择【编辑】|【复制】命令，复制出另一个扶手。

图 4-28　编辑模型(1)

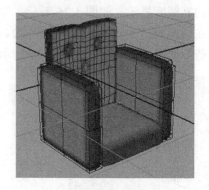

图 4-29　编辑模型(2)

(4) 制作坐垫。先建一个立方体，然后在模型上下处各加几条边，这样坐垫就做好了，如图 4-30 所示。

(5) 创建一个细分的圆，然后将其适当的压扁，再放到凹下去的那些地方即可完成沙发创建，沙发的最终效果如图 4-31 所示。

图 4-30　坐垫模型

图 4-31　完成沙发

4.4　操作练习

课后练习制作轮胎，如图 4-32 所示。

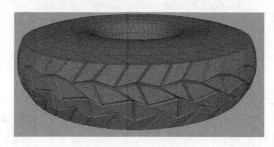

图 4-32　练习效果

第5章 灯光和摄影机

教学目标

本章将介绍 Maya 中各类灯光的属性和灯光的布置方法，以及摄影机的使用方法。读者通过本章的学习，可以掌握场景布光原理以及灯光的应用，并且可以精确地设置摄影机。

教学重点和难点

1. 掌握各种类型灯光的基本属性。
2. 掌握灯光的布置方法。
3. 掌握摄影机布置方案。
4. 掌握不同类型的摄影机的使用方法。

5.1 灯 光 概 述

光是作品中最重要的组成部分之一，也是作品的灵魂所在。物体的造型与质感都需要用光来刻画和体现，没有灯光的场景将是一片漆黑，什么也观察不到。

在现实生活中，一盏灯光可以照亮一个空间，并且会产生衰减，而物体也会反射光线，从而照亮灯光无法直接照射到的地方。在三维软件的空间中(在默认情况下)，灯光中的光线只能照射到直接到达的地方，因此要想得到现实生活中的光照效果，就必须创建多盏灯光从不同角度来对场景进行照明，如图 5-1 所示的是一张 Maya 布光的作品。

图 5-1　灯光渲染

Maya 中有 6 种灯光类型，分别是【环境光】、【平行光】、【点光源】、【聚光灯】、【区域光】和【体积光】，如图 5-2 所示。

图 5-2　各种类型灯光

5.2　摄影布光原则

在为场景布光时不能只注重软件技巧，还要了解摄影学中灯光照明方面的知识。布光的目的就是在二维空间中表现出三维空间的真实感与立体感。

实际生活中的空间感是由物体表面的明暗对比产生的。灯光照射到物体上时，物体表面并不是均匀受光，可以按照受光表面的明暗程度分成亮部(高光)、过渡区和暗部 3 个部分，如图 5-3 所示。通过明暗的变化而产生物体的空间尺度和远近关系，即亮部离光源近一些，暗部离光源远一些，或处于物体的背光面。

图 5-3　灯光明暗变化

场景灯光通常分为自然光、人工光以及混合光(自然光和人工光结合的灯光)3 种类型。

5.2.1　自然光

自然光一般指太阳光，当使用自然光时，需要考虑在不同的时段内的自然光的变化。

5.2.2　人工光

人工光是以电灯、炉火或二者一起使用进行照明的灯光。人工光是 3 种灯光中最常用的灯光。在使用人工光时一定要注意灯光的质量、方向和色彩 3 个方面，如图 5-4 所示。

图 5-4　人工光

5.2.3　混合光

混合光是将自然光和人工光完美结合在一起，让场景色调更加丰富、更加富有活力的一种照明灯光，如图 5-5 所示。

图 5-5　混合光

5.2.4 主光、辅助光、背景光

灯光有助于表达场景的情感和氛围。若按灯光在场景中功能可以将灯光分为主光、辅助光和背景光 3 种类型。这 3 种类型的灯光经常需要在场景中配合运用才能完美地体现出场景的氛围。

1) 主光

在一个场景中，主光是对画面起主导作用的光源。主光不一定只有一个光源，但它一定是起主要照明作用的光源，因为它决定了画面的基本照明和情感氛围。

2) 辅助光

辅助光是对场景起辅助照明的灯光，它可以有效地调和物体的阴影和细节区域。

3) 背景光

背景光也叫边缘光，它是通过照亮对象的边缘将目标对象从背景中分离出来，通常放置在四分之三关键光的正对面，并且只对物体的边缘起作用，可以产生很小的高光反射区域。

除了以上 3 种灯光外，在实际工作中还经常使用到轮廓光、装饰光和实际光。

1) 轮廓光

轮廓光是用于勾勒物体轮廓的灯光，它可以使物体更加突出，拉开物体与背景的空间距离，以增强画面的纵深感。

2) 装饰光

装饰光一般用来补充画面中布光不足的地方，以及增强某些物体的细节效果。

3) 实际光

实际光是指在场景中实际出现的照明来源，如台灯、车灯、闪电和野外燃烧的火焰等。

由于场景中的灯光与自然界中的灯光是不同的，在能达到相同效果的情况下，应尽量减少灯光的数量和降低灯光的参数值，这样可以节省渲染时间。同时，灯光越多，灯光管理也更加困难，所以最好将不需要的灯光删除。使用灯光排除也是提高渲染效率的好方法，因为从一些光源中排除一些物体可以节省渲染时间。

5.3 灯光的类型

选择【创建】|【灯光】菜单命令，可以观察到 Maya 的 6 种内置灯光，如图 5-6 所示。

图 5-6 【灯光】菜单

5.3.1　环境光

环境光发出的光线能够均匀地照射场景中所有的物体，可以模拟现实生活中物体受周围环境照射的效果，类似于漫反射光照，如图 5-7 所示。

图 5-7　环境光

提示：环境光的一部分光线可以向各个方向进行传播，并且是均匀地照射物体，而另外一部分光线则是从光源位置发射出来的。环境光多用于室外场景，使用了环境光后，凹凸贴图可能无效或不明显，并且环境光只有光线跟踪阴影，而没有深度贴图阴影。

5.3.2　平行光

平行光的照明效果只与灯光的方向有关，与其位置没有任何关系，就像太阳光一样，其光线是相互平行的，不会产生夹角，如图 5-8 所示。当然这是理论概念，现实生活中的光线很难达到绝对的平行，只要光线接近平行，就默认为是平行光。

图 5-8　平行光

提示：平行光没有一个明显的光照范围，经常用于室外全局光照来模拟太阳光照。平行光没有灯光衰减，所以要使用灯光衰减时只能用其他的灯光来代替平行光。

5.3.3 点光源

点光源就像一个灯泡，从一个点向外均匀地发射光线，所以点光源产生的阴影是发散状的，如图 5-9 所示。

图 5-9 点光源

> 提示：点光源是一种衰减类型的灯光，离点光源越近，光照强度越大。点光源实际上是一种理想的灯光，因为其光源体积是无限小的。它在 Maya 中是使用最频繁的一种灯光。

5.3.4 聚光灯

聚光灯是一种非常重要的灯光，在实际工作中经常被使用到。聚光灯具有明显的光照范围，类似于手电筒的照明效果，在三维空间中形成一个圆锥形的照射范围，如图 5-10 所示。聚光灯能够突出重点，在很多场景中都被使用到，如室内、室外和单个的物体。在室内和室外均可以用模拟太阳的光照射效果，同时也可以突出单个产品，强调某个对象的存在。

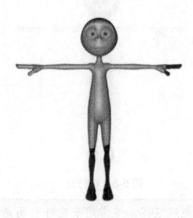

图 5-10 聚光灯

提示：聚光灯不但可以实现衰减效果，使光线的过渡变得更柔和，同时还可以通过参数来
控制它的半影效果，从而产生柔和的过渡边缘。

5.3.5　区域光

区域光是一种矩形状的光源，在使用光线跟踪阴影时可以获得很好的阴影效果，如
图 5-11 所示。区域光与其他灯光有很大的区别，比如聚光灯或光源的发光点都只有一个，
而区域光的发光点是一个区域，可以产生很真实的柔和阴影。

图 5-11　区域光

5.3.6　体积光

体积光是一种特殊的灯光，可以认为灯光的照明空间约束一个特定的区域，只对这个
特定区域内的物体产生照明，而其他的空间则不会产生照明，如图 5-12 所示。

体积光的体积大小决定了光照范围和灯光的强度衰减，只有体积光范围内的对象才会
被照亮。体积光还可以作为负灯使用，以吸收场景中多余的光线。

图 5-12　体积光

5.4 灯光的基本操作及属性

5.4.1 灯光基本操作

在 Maya 中，灯光的操作方法主要有以下 3 种。

(1) 创建灯光后，使用【移动工具】■、【旋转工具】■和【缩放工具】■对灯光的位置、大小和方向进行调整，这种方法控制起来不是很方便，如图 5-13 所示。

(2) 创建灯光后，按 T 键打开灯光的目标点和发光点的控制手柄，这样可以很方便地调整灯光的照明方式，能够准确地确定目标点的位置，如图 5-14 所示。同时还有一个扩展手柄，可以对灯光的一些特殊属性进行调整，如光照范围和灯光雾等。

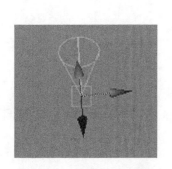

图 5-13 第一种灯光控制

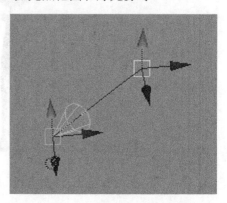

图 5-14 第二种灯光控制

(3) 创建灯光后，可以通过视图菜单中【面板】|【沿选定对象观看】命令将灯光作为视觉出发点来观察整个场景，如图 5-15 所示。这种方法准确且直观，在实际操作中经常使用到。

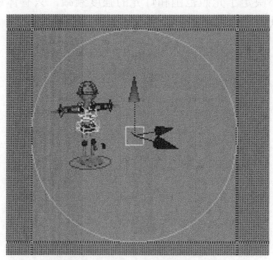

图 5-15 第三种灯光控制

5.4.2　灯光属性

因为 6 种灯光的基本属性都大同小异，这里选用最典型的聚光灯来讲解灯光的属性设置。首先选择【创建】|【灯光】|【聚光灯】菜单命令，在场景中创建一盏聚光灯，然后按下 Ctrl+A 组合键打开聚光灯的【属性编辑器】对话框，如图 5-16 所示。

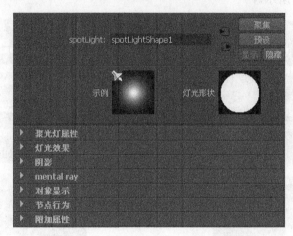

图 5-16　聚光灯【属性编辑器】对话框

5.4.3　聚光灯属性

展开【聚光灯属性】卷展栏，如图 5-17 所示。在该卷展栏可以对聚光灯的基本属性进行设置。

聚光灯属性参数介绍如下。

(1)　【类型】：选择灯光的类型。这里讲的是聚光灯，可以通过【类型】将聚光灯设置为点光源、平行光或体积光等。

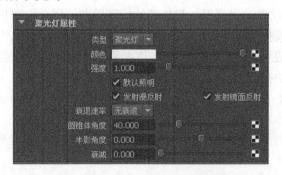

图 5-17　【聚光灯属性】卷展栏

提示：当改变灯光类型时，相同部分的属性将被保留下来，而不同的部分将使用默认参数来代替。

(2)　【颜色】：设置灯光的颜色。Maya 中的颜色模式有 RGB 和 HSV 两种，双击色块可以打开调色板，如图 5-18 所示。系统默认的是 HSV 颜色模式，这种模式是通过色相、饱和度和明度来控制颜色。这种颜色调节方法的好处是明度值可以无限提高，而且可以是负值。

另外，调色板还支持用吸管来吸取加载的图像的颜色作为灯光颜色。具体操作方法是切换到【图像】选项卡，然后单击【加载】按钮，接着用吸管吸取图像上的颜色即可，如图 5-19 所示。

图 5-18　调色板

图 5-19　调色板【图像】选项卡

当灯光颜色的 V 值为负值时，表示灯光吸收光线，可以用这种方法来降低某处的亮度。单击【颜色】属性后面的按钮可以打开【创建渲染节点】对话框，在该对话框中可以加载 Maya 的程序纹理，也可以加载外部的纹理贴图。因此，可以使用颜色来产生复杂的纹理，同时还可以模拟出阴影纹理，例如太阳光穿透树林在地面产生的阴影。

(3)　【强度】：设置灯光的发光强度。该参数同样也可以为负值，为负值时表示吸收光线，用来降低某处的亮度。

(4)　【默认照明】：启用该复选框后，灯光才起照明作用；如果取消启用该复选框，灯光将不起任何照明作用。

(5)　【发射漫反射】：启用该复选框后，灯光会在物体上产生漫反射效果；反之将不会产生漫反射效果。

(6)　【发射镜面反射】：启用该复选框后，灯光将在物体上产生高光效果；反之灯光将不会产生高光效果。

(7)　【衰退速率】：设置灯光强度的衰退方式，共有以下 4 种。

● 【无衰减】：除了衰减类灯光外，其他的灯光将不会产生衰减效果。

● 【线性】：灯光呈线性衰减，衰减速度相对较慢。

● 【二次方】：灯光与现实生活中的衰减方式一样，以二次方的方式进行衰减。

● 　【立方】：灯光衰减速度很快，以三次方的方式进行衰减。

(8)【圆锥体角度】：用来控制聚光灯照射的范围。该参数是聚光灯特有属性，默认值为 40，其数值不宜设置太大。

如果使用视图菜单中【面板】|【沿选定对象观看】命令将灯光作为视角出发点，那么【圆锥体角度】就是视野的范围。

(9)【半影角度】：用来控制聚光灯在照射范围内产生向内或向外的扩散效果。

> 提示：【半影角度】也是聚光灯特有的属性，其有效范围为-179.994°～179.994°。该值为正时，表示向外扩散；为负时表示向内扩散，该属性可以使光照范围的边界产生非常自然的过渡效果。

(10)【衰减】：用来控制聚光灯在照射范围内从边界到中心衰减效果，其取值范围为0～255。值越大，衰减的强度越大。

5.4.4　灯光效果

展开【灯光效果】卷展栏，如图 5-20 所示。该卷展栏下的参数主要用来制作灯光特效，如灯光雾和灯光辉光等。

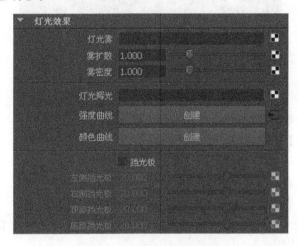

图 5-20　【灯光效果】卷展栏

1. 灯光雾

【灯光雾】可产生雾状的体积光。如在一个黑暗的房间里，从顶部照射一束阳光进来，通过空气里的灰尘可以观察到阳光的路径。

灯光雾参数介绍：

● 　【灯光雾】：单击其右边的■按钮，可以创建灯光雾。
● 　【雾扩散】：用来控制灯光雾边界的扩散效果。
● 　【雾密度】：用来控制灯光雾的密度。

2. 灯光辉光

【灯光辉光】主要用来制作光晕效果。单击【灯光辉光】右边的■按钮，打开辉光参数设置面板，如图 5-21 所示。

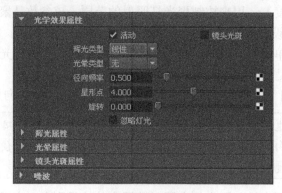

图 5-21　辉光参数设置面板

(1)　【光学效果属性】卷展栏

展开【光学效果属性】卷展栏，其参数如图 5-22 所示。

图 5-22　【光学效果属性】卷展栏

光学效果属性参数介绍如下。

①　【辉光类型】：选择辉光的类型，共有以下 6 种。

● 【无】：表示不产生辉光。

● 【线性】：表示辉光从中心向四周以线性的方式进行扩展。

● 【指数】：表示辉光从中心向四周以指数的方式进行扩展。

● 【球】：表示辉光从灯光中心在指定的距离内迅速衰减，衰减距离由【辉光扩
　散】参数决定。

● 【镜头光斑】：主要用来模拟灯光照射生成的多个摄影机镜头的效果。

● 【边缘光晕】：表示在辉光的周围生成环形状的光晕，环的大小由【光晕扩散】
　参数决定。

②　【光晕类型】：选择光晕的类型，共有以下 6 种。

● 【无】：表示不产生光晕。

● 【线性】：表示光晕从中心向四周以线性的方式进行扩展。

● 【指数】：表示光晕从中心向四周以指数的方式进行扩展。

● 【球】：表示光晕从灯光中心在指定的距离内迅速衰减。

● 【镜头光斑】：主要用来模拟灯光照射生成的多个摄影机镜头的效果。

● 【边缘光晕】：表示在光晕的周围生成环形状的光晕，环的大小由【光晕扩散】
　参数决定。

③　【径向频率】：控制辉光在辐射范围内的光滑程度，默认值为 0.5。

④　【星形点】：用来控制向外发散的星形辉光的数量，如图 5-23 所示，分别是【星形点】为 6 和 25 时的辉光效果对比。

图 5-23　星形点辉光效果对比

⑤　【旋转】：用来控制辉光以光源为中心旋转的角度，其取值范围在 0～360 之间。

(2)　【辉光属性】卷展栏

展开【辉光属性】卷展栏，其参数如图 5-24 所示。

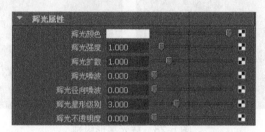

图 5-24　【辉光属性】卷展栏

辉光属性参数介绍如下。

- 【辉光颜色】：用来设置辉光的颜色。
- 【辉光强度】：用来控制辉光的亮度。如图 5-25 所示的分别是【辉光强度】为 2 和 6 的效果对比。

图 5-25　辉光强度效果对比

- 【辉光扩散】：用来控制辉光的大小。
- 【辉光噪波】：用来控制辉光噪波的强度，如图 5-26 所示。
- 【辉光径向噪波】：用来控制辉光在径向方向的光芒长度，如图 5-27 所示。

- 【辉光星形级别】：用来控制辉光光芒的中心光晕的比例，如图 5-28 所示的是不同数值下的光芒中心辉光效果。
- 【辉光不透明度】：用来控制辉光光芒透明度。

图 5-26　辉光噪波

图 5-27　辉光径向噪波

图 5-28　辉光星形级别

(3)　【光晕属性】卷展栏

展开【光晕属性】卷展栏，其参数如图 5-29 所示。

图 5-29　【光晕属性】卷展栏

光晕属性参数介绍如下。

- 【光晕颜色】：用来设置光晕的颜色。
- 【光晕强度】：用来设置光晕的强度。
- 【光晕扩散】：用来控制光晕的大小。

(4)　【镜头光斑属性】卷展栏

展开【镜头光斑属性】卷展栏，其参数如图 5-30 所示。

提示：【镜头光斑属性】卷展栏下的参数只有在【光学效果属性】卷展栏下启用了【镜头光斑】复选框后才会被激活，如图 5-31 所示。

图 5-30　【镜头光斑属性】卷展栏

图 5-31　启用【镜头光斑】复选框

镜头光斑属性参数介绍如下：

- 【光斑颜色】：用来设置镜头光斑的颜色。
- 【光斑强度】：用来控制镜头光斑的强度，如图 5-32 所示的分别是【光斑强度】为 1 和 5 时的效果对比。

图 5-32　光斑强度效果对比

- 【光斑圈数】：用来设置镜头光斑光圈的数量。数值越大，渲染时间越长。
- 【光斑最小值/最大值】：用来设置镜头光斑范围的最小值和最大值。
- 【六边形光斑】：启用该复选框后，可以生成六边形的光斑，如图 5-33 所示。
- 【光斑颜色扩散】：用来控制镜头光斑扩散后的颜色。
- 【光斑聚焦】：用来控制镜头光斑的聚焦效果。
- 【光斑垂直/水平】：用来控制光斑在垂直/水平方向上的延伸量。
- 【光斑长度】：用来控制镜头光斑的长度。

图 5-33　六边形光斑

(5)　【噪波】卷展栏

展开【噪波】卷展栏，其参数如图 5-34 所示。

图 5-34　【噪波】卷展栏

噪波参数介绍如下。

- 【噪波 U/V 向比例】：用来调节噪波在 U/V 坐标方向上的缩放比例。
- 【噪波 U/V 向偏移】：用来调节噪波在 U/V 坐标方向上的偏移量。
- 【噪波阈值】：用来设置噪波的终止值。

5.4.5　阴影

阴影在场景中具有非常重要的地位，它可以增强场景的层次感与真实感。Maya 有【深度贴图阴影】和【光线跟踪阴影】两种阴影模式，如图 5-35 所示。【深度贴图阴影】是使用阴影贴图来模拟阴影效果；【光线跟踪阴影】是通过跟踪光线路径来生成阴影，可以使透明物体产生透明的阴影效果。

图 5-35　【阴影】卷展栏

阴影参数介绍如下。

【阴影颜色】：用于设置灯光阴影的颜色。

1. 深度贴图阴影属性

展开【深度贴图阴影属性】卷展栏，其参数如图 5-36 所示。

图 5-36　【深度贴图阴影属性】卷展栏

深度贴图阴影属性参数介绍如下。

(1)　【使用深度贴图阴影】：控制是否开启【深度贴图阴影】功能。

(2)　【分辨率】：控制深度贴图阴影的大小。数值越小，阴影质量越粗糙，渲染速度越快；反之阴影质量越高，渲染速度也就越慢。

(3)　【使用中间距离】：如果未启用该复选框，Maya 会为深度贴图中的每个像素计算灯光与最近阴影投射曲面之间的距离。如果灯光与另一个阴影投射曲面之间的距离大于深度贴图距离，则该曲面位于阴影中。

(4)　【使用自动聚焦】：启用该复选框后，Maya 会自动缩放深度贴图，使其仅填充灯光所照明的区域中包含阴影投射对象的区域。

(5)　【聚焦】：用于在灯光照明的区域内缩放深度贴图的角度。

(6)　【过滤器大小】：用来控制阴影边界的模糊程度。

(7)　【偏移】：设置深度贴图移向或远离灯光的偏移距离。

(8)　【雾阴影强度】：控制出现在灯光雾中的阴影的黑暗度，有效范围为1～10。

(9)　【雾阴影采样】：控制出现在灯光雾中的阴影的精度。

(10)【基于磁盘的深度贴图】：包含以下 3 个选项。

- 【禁用】：Maya 会在渲染过程中创建新的深度贴图。
- 【覆盖现有深度贴图】：Maya 会创建新的深度贴图，并将其保存到磁盘。如果磁盘上已经存在深度贴图，Maya 会覆盖这些深度贴图。
- 【重用现有深度贴图】：Maya 会进行检查以确定深度贴图在先前已保存到磁盘。如果已保存到磁盘，Maya 会使用这些深度贴图，而不是创建新的深度贴图。如果未保存到磁盘，Maya 会创建新的深度贴图，然后将其保存到磁盘。

(11)【阴影贴图文件名】：Maya 保存到磁盘的深度贴图文件的名称。

(12)【添加场景名称】：将场景名添加到 Maya 并保存到磁盘的深度贴图文件的名称中。

(13)【添加灯光名称】：将灯光名添加到 Maya 并保存到磁盘的深度贴图文件的名称中。

(14)【添加帧扩展名】：如果启用该复选框，Maya 会为每个帧保存一个深度贴图，然后将帧扩展名添加到深度贴图文件的名称中。

(15)【使用宏】：仅当【基于磁盘的深度贴图】设定为【重用现有深度贴图】时才可用。它是指宏脚本的路径和名称，Maya 会运行该宏脚本，以从磁盘中读取深度贴图时更新该深度贴图。

(16)【仅使用单一深度贴图】：仅适用于聚光灯。如果启用该复选框，Maya 会为聚光灯生成单一深度贴图。

(17)【使用 X/Y/Z+贴图】：控制 Maya 为灯光生成的深度贴图的数量和方向。

(18)【使用 X/Y/Z-贴图】：控制 Maya 为灯光生成的深度贴图的数量和方向。

2. 光线跟踪阴影属性

展开【光线跟踪阴影属性】卷展栏，其参数如图 5-37 所示。

图 5-37 【光线跟踪阴影属性】卷展栏

光线跟踪阴影属性参数介绍如下。

(1)【使用光线跟踪阴影】：控制是否开启【光线跟踪阴影】功能。

(2)【灯光半径】：控制阴影边界模糊的程度。数值越大，阴影边界越模糊；反之阴影边界就越清晰。

(3)【阴影光线数】：用来控制光线跟踪阴影的质量。数值越大，阴影质量越高，渲染速度就越慢。

(4)【光线深度限制】：用来控制光线在投射阴影前被折射或反射的最大次数限制。

5.5 摄影机概述

摄影机是 Maya 中一项比较基本的设置，在每一个新建的文件中，一开始 Maya 就自动给这个场景创建了 4 个摄影机。由这 4 个摄影机在场景中组成了 4 个不同的视图，3 个正视图摄影机，即前视图、顶视图、侧视图，1 个透视图摄影机。选择【窗口】|【视图大纲】命令，打开【大纲视图】对话框，可以看到顶部的 4 架默认摄影机，默认为蓝色隐藏状态，如图 5-38 所示。正视图摄影机拍摄出的场景没有透视变化，在建模的时候用于定位；透视图摄影机拍摄出的是模拟真实世界的效果，便于在渲染前进行观察。

图 5-38 【大纲视图】对话框

在现实生活中，摄影机有一个开始按钮，如果不按开始按钮，摄影机只能作为观察的工具；只有按下按钮，摄影机才开始进行记录。Maya 中的摄影机和现实中的摄影机一样，在没有按动画设定按钮之前，摄影机只是一个观察和定位的工具。

5.5.1　摄影机

摄影机是最基本的摄影机，可以用于静态场景和简单的动画场景，如图 5-39 所示。选择【创建】|【摄影机】|【摄影机】命令，单击【摄影机】命令后面的■按钮，打开【创建摄影机选项】对话框，如图 5-40 所示。

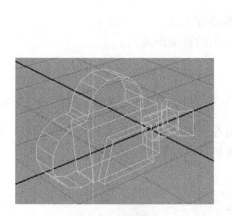

图 5-39　摄影机 　　　　　　　　　图 5-40　【创建摄影机选项】对话框

创建摄影机参数介绍如下。

(1)　【兴趣中心】：设置摄影机到兴趣中心的距离(以场景的线性工作单位为测量单位)。

(2)　【焦距】：设置摄影机的焦距(以 mm 为测量单位)，有效值范围为 2.5～3500。增加焦距值可以拉近摄影机镜头，并放大对象在摄影机视图中的大小。减小焦距可拉远摄影机镜头，并缩小对象在摄影机视图中的大小。

(3)　【镜头挤压比】：设置摄影机镜头水平压缩图像的程度，大多数摄影机不会压缩所录制的图像，因此其【镜头挤压比】为 1。但是有些摄影机(如变形摄影机)会水平压缩图像，使大纵横比(宽度)的图像落在胶片的方形区域内。

(4)　【摄影机比例】：根据场景缩放摄影机的大小。

(5)　【水平/垂直胶片光圈】：摄影机光圈或胶片背的高度和宽度(以"英寸"为测量单位)。

(6)【水平/垂直胶片偏移】：在场景的垂直和水平方向上偏移分辨率门和胶片门。

(7)【胶片适配】：控制分辨率门相对于胶片门的大小。如果分辨率门和胶片门具有相同的纵横比，则【胶片适配】的设置不起作用。

- 【水平/垂直】：使分辨率门水平/垂直适配胶片门。
- 【填充】：使分辨率门适配胶片门。
- 【过扫描】：使胶片门适配分辨率门。

(8)【胶片适配偏移】：设置分辨率门相对于胶片门的偏移，测量单位为"英寸"。

(9)【过扫描】：仅缩放摄影机视图(非渲染图像)中的场景大小。调整【过扫描】值可以查看比实际渲染更多或更少的场景。

(10)【快门角度】：会影响运动模糊对象的对象模糊度。快门角度设置越大，对象越模糊。

(11)【近/远剪裁平面】：对于硬件渲染、矢量渲染和 mentalray 渲染，这两个选项表示透视摄影机或正交摄影机的近裁剪平面和远剪裁平面的距离。

(12)【正交】：如果启用该复选框，则摄影机为正交摄影机。

(13)【正交宽度】：设置正交摄影机的宽度(以"英寸"为单位)。正交摄影机宽度可以控制摄影机的可见场景范围。

(14)【已启用平移/缩放】：用来启用二维平移/缩放工具。

(15)【水平/竖直平移】：设置在水平/垂直方向上的移动距离。

(16)【缩放】：对视图进行缩放。

5.5.2 摄影机和目标

选择【创建】|【摄影机】|【摄影机和目标】命令可以创建一台带目标点的摄影机，如图 5-41 所示。这种摄影机主要用于比较复杂的动画场景，如追踪鸟的飞行路线。

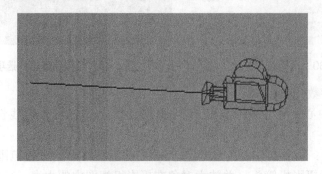

图 5-41 摄影机和目标

5.5.3 摄影机、目标和上方向

选择【创建】|【摄影机】|【摄影机、目标和上方向】命令可以创建一台带两个目标点的摄影机，一个目标点朝向摄影机的前方，另外一个位于摄影机的上方，如图 5-42 所示。这种摄影机可以指定摄影机的哪一端必须朝上，适用于更为复杂的动画场景，如让摄影机随着飞驰的过山车一起移动。

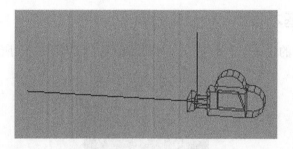

图 5-42　摄影机、目标和上方向

5.5.4　立体摄影机

　　选择【创建】|【摄影机】|【立体摄影机】命令可以创建一台立体摄影机，如图 5-43 所示。使用立体摄影机可以创建三维景深的渲染效果。当渲染立体场景时，Maya 会考虑所有的立体摄影机属性，并执行计算以生成可被其他程序合成的立体图像或平行图像。

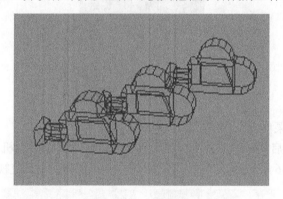

图 5-43　立体摄影机

5.5.5　多重摄影机装配

　　选择【创建】|【摄影机】|【Multi Stereo Rig(多重摄影机装配)】命令可以创建由两个或两个以上立体摄影机组成的多重摄影机装配，如图 5-44 所示。

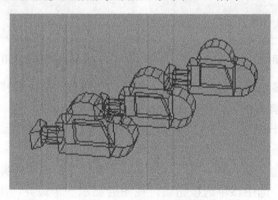

图 5-44　多重摄影机装配

5.5.6 摄影机基本设置

展开视图菜单中的【视图】|【摄影机设置】菜单，如图 5-45 所示。该菜单下的命令可以用来设置摄影机。

图 5-45 【摄影机设置】菜单

【摄影机设置】菜单介绍如下。

- 【透视】：启用该复选框后，摄影机将变成为透视摄影机，视图也会变成透视图，如图 5-46 所示；若取消启用该复选框，视图将变为正交视图，如图 5-47 所示。

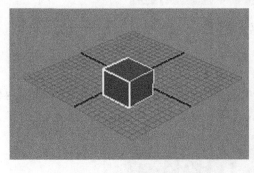
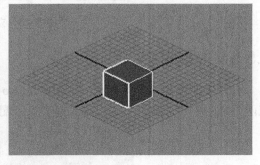

图 5-46 启用【透视】复选框　　　　图 5-47 取消启用【透视】复选框

- 【可撤消的移动】：如果启用该复选框，则所有的摄影机移动(如翻滚、平移和缩放)将写入【脚本编辑器】，如图 5-48 所示。
- 【忽略二维平移/缩放】：启用该复选框后，可以忽略【二维平移/缩放】的设置，从而使场景视图显示在完整摄影机视图中。
- 【无门】：选中该单选按钮，不会显示【胶片门】和【分辨率门】。
- 【胶片门】：选中该单选按钮后，视图会显示一个边界，用于指示摄影机视图的区域，如图 5-49 所示。

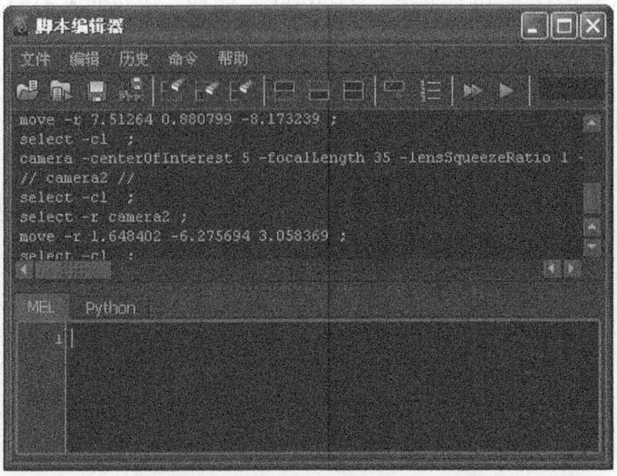

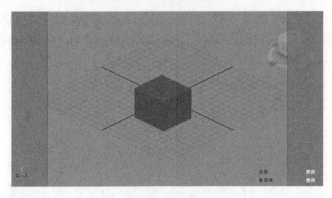

图 5-48　【脚本编辑器】窗口

图 5-49　选择胶片门

- 【分辨率门】：选中该单选按钮后，可以显示出摄影机的渲染框。在这个渲染框内的物体都会被渲染出来，而超出渲染框的区域将不会被渲染出来，如图 5-50 所示为 640×480。

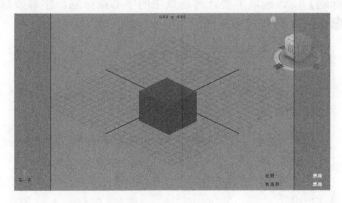

图 5-50　分辨率门

- 【门遮罩】：启用该复选框后，可以更改【胶片门】或【分辨率门】之外的区域的不透明度和颜色。

● 【区域图】：启用该复选框后，可以显示栅格，如图 5-51 所示。该栅格表示 12 个标准单元动画区域的大小。

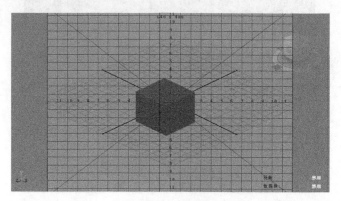

图 5-51　区域图

● 【安全动作】：该选项主要针对场景中的人物对象。在一般情况下，场景中的人物都不要超出安全动作框的范围(占渲染画面的 90%)，如图 5-52 所示。

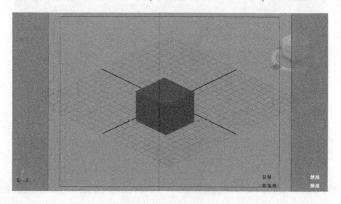

图 5-52　安全动作

● 【安全标题】：该选项主要针对场景中的字幕或标题。字幕或标题一般不要超出安全标题框的范围(占渲染画面的 80%)，如图 5-53 所示。

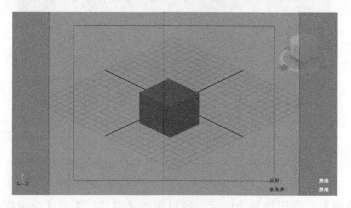

图 5-53　安全标题

- 【胶片原点】：在通过摄影机查看时，显示胶片原点助手，如图 5-54 所示。

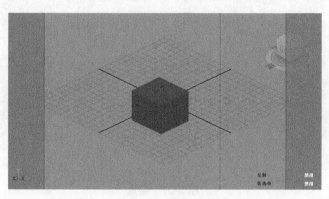

图 5-54　胶片原点

- 【胶片枢轴】：在通过摄影机查看时，显示胶片枢轴助手，如图 5-55 所示。

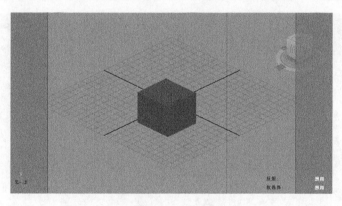

图 5-55　胶片枢轴

- 【填充】：选中该单选按钮后，可以使【分辨率门】尽量充满【胶片门】，但不会超出【胶片门】的范围。
- 【水平/垂直】：选中【水平】单选按钮，可以使【分辨率门】在水平方向上尽量充满视图，如图 5-56 所示；选中【垂直】单选按钮，可以使【分辨率门】在垂直方向上尽量充满视图，如图 5-57 所示。

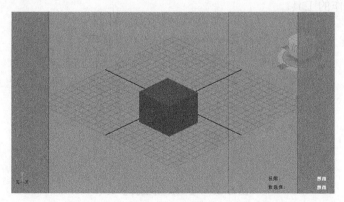

图 5-56　水平

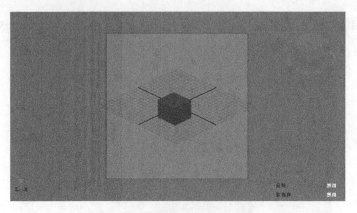

图 5-57　垂直

● 　【过扫描】：选中该单选按钮后，可以使【胶片门】适配【分辨率门】，也就是将图像按照实际分辨率显示出来，如图 5-58 所示。

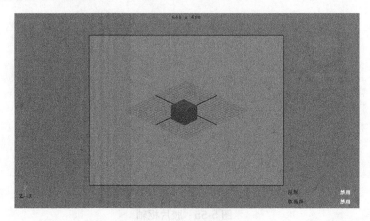

图 5-58　过扫描

5.6　摄影机工具

展开视图菜单中的【视图】|【摄影机工具】菜单，如图 5-59 所示。该菜单下全部是对摄影机进行操作的工具。

图 5-59　【摄影机工具】菜单

5.6.1　翻滚工具

【翻滚工具】主要用来旋转视图摄影机，快捷键为 Alt+鼠标左键。单击【翻滚工具】命令后面的█按钮，打开【工具设置】对话框，如图 5-60 所示。

图 5-60　翻滚工具【工具设置】对话框

翻滚工具参数介绍如下。

(1)　【翻滚比例】：设置摄影机移动的速度，默认值为 1。

(2)　【绕对象翻滚】：启用该复选框后，在开始翻滚时，【翻滚工具】图标位于某个对象上，则可以使用该对象作为翻滚枢轴。

(3)　【翻滚中心】：控制摄影机翻滚时围绕的点。

● 　【兴趣中心】：摄影机绕其兴趣中心翻滚。

● 　【翻滚枢轴】：摄影机绕其枢轴点翻滚。

(4)　【正交视图】：包含【锁定】和【已锁定】两个选项。

● 　【已锁定】：启用该复选框后，则无法翻滚正交摄影机；如果取消启用该复选框，则可以翻滚正交摄影机。

● 　【阶跃】：启用该复选框后，则能够以离散步数翻滚正交摄影机。通过【阶跃】操作，可以轻松返回到默认视图位置。

(5)　【正交步长】：在取消启用【已锁定】复选框并启用【阶跃】复选框的情况下，该选项用来设置翻滚正交摄影机时所用的步长角度。

技巧：【翻滚工具】的快捷键是 Alt+鼠标左键，按住 Alt+Shift+鼠标左键可以在一个方向上翻转视图。

5.6.2　平移工具

【平移工具】可以在水平线上移动视图摄影机，快捷键为 Alt+鼠标中键。单击【平移工具】命令后面的█按钮，打开【工具设置】对话框，如图 5-61 所示。

平移工具参数介绍如下。

● 　【平移几何体】：启用该复选框后，视图中的物体与光标的移动是同步的。在移动视图时，光标相对于视图中的对象位置不会再发生变化。

● 　【移动比例】：用来设置移动视图的速度，系统默认的移动速度为 1。

图 5-61　平移工具【工具设置】对话框

> **技巧：**【平移工具】的快捷键是 Alt+鼠标中键，按住 Alt+Shift+鼠标中键可以在一个方向上移动视图。

5.6.3　推拉工具

【推拉工具】可以推拉视图摄影机，快捷键为 Alt+鼠标右键或 Alt+鼠标左键+鼠标中键。单击【推拉工具】命令后面的█按钮，打开【工具设置】对话框，如图 5-62 所示。

图 5-62　推拉工具【工具设置】对话框

推拉工具参数介绍如下。

(1)　【缩放】：用来设置推拉视图的速度，系统默认的推拉速度为 1。

(2)　【局部】：启用该复选框后，可以在摄影机视图中进行拖曳，并且可以让摄影机朝向或远离其兴趣中心移动。如果取消启用该复选框，也可以在摄影机视图中进行拖曳，但可以让摄影机及其兴趣中心同沿摄影机的视线移动。

(3)　【兴趣中心】：启用该复选框后，在摄影机视图中使用鼠标中键进行拖曳，可以让摄影机的兴趣中心朝向或远离摄影机移动。

(4)　【朝向中心】：如果取消启用该复选框，可以在开始推拉时朝向【推拉工具】图标的当前位置进行推拉。

(5)　【捕捉长方体推拉到】：当使用 Ctrl+Alt 组合键推拉摄影机时，可以把兴趣中心移动到蚂蚁线区域。

- 【表面】：选中该单选按钮后，在对象上执行长方体推拉时，兴趣中心将移动到对象的曲面上。
- 【边界框】：选中该单选按钮后，在对象上执行长方体推拉时，兴趣中心将移动到对象边界框的中心。

5.6.4　缩放工具

　　【缩放工具】主要用来缩放视图摄影机，以改变视图摄影机的焦距。单击【缩放工具】命令后面的█按钮，打开【工具设置】对话框，如图 5-63 所示。

图 5-63　缩放工具【工具设置】对话框

　　缩放工具参数介绍如下。

- 　　【缩放比例】：用来设置缩放视图的速度，系统默认的缩放速度为 1。

5.6.5　二维平移/缩放工具

　　【二维平移/缩放工具】可以在二维视图中平移和缩放摄影机，并且可以在场景视图中查看结果。使用该功能可以在进行精确跟踪、放置或对位工作时查看特定区域中的详细信息，而无须实际移动摄影机。单击【二维平移/缩放工具】命令后面的█按钮，打开【工具设置】对话框，如图 5-64 所示。

图 5-64　二维平移/缩放工具【工具设置】对话框

　　二维平移/缩放工具参数介绍如下。

- (1)　【缩放比例】：用来设置缩放视图的速度，系统默认的缩放速度为 1。
- (2)　【模式】：包含【二维平移】和【二维缩放】两种模式。
- 　　【二维平移】：对视图进行移动操作。
- 　　【二维缩放】：对视图进行缩放操作。

5.6.6　侧滚工具

　　运用【侧滚工具】可以左右摇晃视图摄影机。单击【侧滚工具】命令后面的█按钮，打开【工具设置】对话框，如图 5-65 所示。

　　侧滚工具参数介绍如下。

- 　　【侧滚比例】：用来设置摇晃视图的速度，系统默认的滚动速度为 1。

图 5-65　侧滚工具【工具设置】对话框

5.6.7　方位角仰角工具

【方位角仰角工具】可以对正交视图进行旋转操作。单击【方位角仰角工具】命令后面的 ⊡ 按钮，打开【工具设置】对话框，如图 5-66 所示。

图 5-66　方位角仰角工具【工具设置】对话框

方位角仰角工具参数介绍如下。

(1)　【比例】：用来旋转正交视图的速度，系统默认值为1。

(2)　【旋转类型】：包含【偏转俯仰】和【方位角仰角】两种类型。

● 【偏转俯仰】：摄影机向左或向右的旋转角度称为偏转；向上或向下的旋转角度称为俯仰。

● 【方位角仰角】：摄影机视线相对于地平面垂直平面的角称为方位角；摄影机视线相对于地平面的角称为仰角。

5.6.8　偏转-俯仰工具

【偏转-俯仰工具】可以向上或向下旋转摄影机视图，也可以向左或向右地旋转摄影机视图。单击【偏转-俯仰工具】命令后面的 ⊡ 按钮，打开【工具设置】对话框，如图 5-67 所示。

图 5-67　偏转-俯仰工具【工具设置】对话框

5.6.9　飞行工具

【飞行工具】可以让摄影机飞行穿过场景，不会受几何体约束。按住 Ctrl 键并向上拖曳可以向前飞行，向下拖曳可以向后飞行。若要更改摄影机方向，可以松开 Ctrl 键然后拖曳鼠标左键。

5.7　上机实践操作——灯光及摄影机设置

本范例完成文件：/05/5-1.mb

多媒体教学路径：光盘→多媒体教学→第 5 章

5.7.1　实例介绍与展示

本章实例运用灯光、摄影机技术，设置不同类型的灯光、摄影机。其效果如图 5-68 所示。

图 5-68　渲染效果

5.7.2　灯光设置

(1) 选择【创建】|【灯光】|【聚光灯】命令，在视图中创建一盏聚光灯，使用移动命令移动聚光灯到合适的位置，在场景中按住快捷键 7，场景呈现灯光显示模式，在这个模式下可以进行灯光的调节。

(2) 选中聚光灯，按住快捷键 Ctrl+A 打开聚光灯的参数设置对话框，在【聚光灯属性】卷展栏中，设置【圆锥体角度】为 60，【半影角度】为 2，【衰减】值为 5，如图 5-69 所示。

图 5-69　参数设置

(3) 双击【颜色】色块，在调色板中设置灯光的颜色为(H:180，S:0.55，V:0.9)，从而表现出冷色特征，如图 5-70 所示。

图 5-70　参数设置

(4) 单击【强度】右侧的■按钮，打开灯光贴图通道窗口，为灯光选择【噪波】贴图，打开噪波【属性编辑器】对话框，设置颜色增益为灰色，渲染效果如图 5-71 所示。

图 5-71　渲染效果

(5) 在【灯光属性设置】对话框中，展开【灯光效果】卷展栏，单击【灯光雾】右侧的■按钮，创建雾灯效果，设置【雾扩散】值为 1，【雾密度】值为 1.5，如图 5-72 所示。

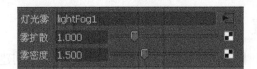

图 5-72　参数设置

(6) 观察渲染图片，发现场景中没有灯光投影。打开【聚光灯的属性设置】对话框，展开【阴影】卷展栏的【光线跟踪阴影属性】卷展栏，启用【使用光线跟踪阴影】复选框，打开光线跟踪开关，如图 5-73 所示。

图 5-73　【光线跟踪阴影属性】卷展栏设置

(7) 单击【渲染设置】按钮 ，打开【渲染设置】对话框，在【软件渲染器】中展开【光线跟踪】卷展栏，启用【光线跟踪】复选框，如图 5-74 所示。

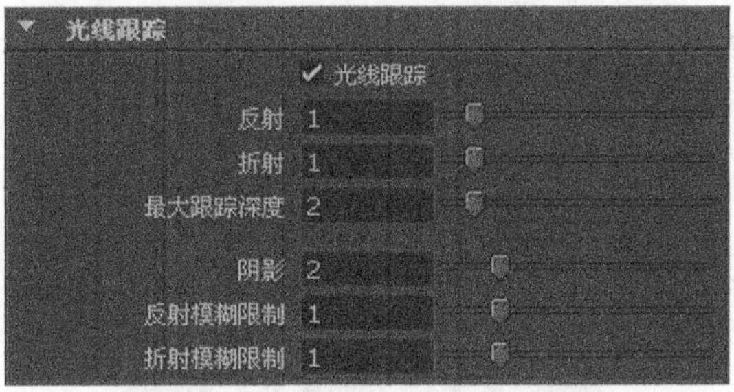

图 5-74　【光线跟踪】卷展栏设置

(8) 渲染场景的效果，如图 5-75 所示。

图 5-75　光线跟踪阴影

5.7.3 摄影机设置

(1) 选择【创建】|【摄影机】|【摄影机和目标】命令，创建两点摄影机，如图 5-76 所示。

(2) 在场景中使用【创建】|【CV 曲线工具】命令创建一条 CV 曲线，使曲线在机器人从上到下分布，如图 5-77 所示。

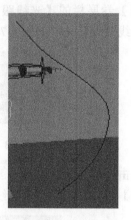

图 5-76　创建摄影机　　　　　　　　　　图 5-77　CV 曲线工具

(3) 在透视图中选择【面板】|【透视】| camera 命令，切换为新建的摄影机视图，如图 5-78 所示。

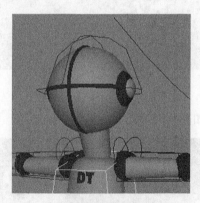

图 5-78　摄影机切换视图

(4) 依次选择摄影机目标点和刚刚创建的曲线，选择【动画】|【运动路径】|【连接到运动路径】命令，将摄影机的目标点连接到绘制的运动路径上，如图 5-79 所示。

图 5-79　连接到运动路径

（5）播放动画，可以看到摄影机的位置保持不变，但是目标点跟随着运动路径移动。对视图进行动画渲染，就可以得到一段运动摄影动画了。至此，本范例制作完成。

5.8　操　作　练　习

课后练习室内灯光的调节，如图 5-80 所示。

图 5-80　练习效果

第6章 材质操作

教学目标

本章将介绍简单的 Maya 材质与纹理技术。读者通过对本章的学习，可以使单调的模型披上华丽的外衣，从而使模型具有真实的感觉。

教学重点和难点

1. 掌握材质编辑器的使用方法。
2. 掌握材质的基本类型。
3. 掌握材质的通用属性、高光属性、折射率和反射率等重要参数的设置方法。
4. 掌握玻璃、木纹、金属等常用材质的制作方法。

6.1 材质概述与基础

材质主要用于表现物体的颜色、质地、纹理、透明度和光泽等特性，依靠各种类型的材质可以制作出现实世界中的任何物体，如图 6-1 所示。一幅完美的作品除了需要优秀的模型和良好的光照外，同时也需要具有精美的材质。材质不仅可以模拟现实和超现实的质感，同时也可以增强模型的细节，如图 6-2 所示。

图 6-1　材质应用

图 6-2　材质细节

6.1.1 材质编辑器

要在 Maya 中创建和编辑材质，首先要学会使用 Hypershade 对话框(Hypershade 就是材质编辑器)。Hypershade 对话框是以节点网络的方式来编辑材质，使用起来非常方便。在 Hypershade 对话框中可以很清楚地观察到一个材质的网络结构，并且可以随时在任意两个材质节点之间创建或打断链接。

选择【窗口】|【渲染编辑器】| Hypershade 菜单命令，打开 Hypershade 对话框，如图 6-3 所示。

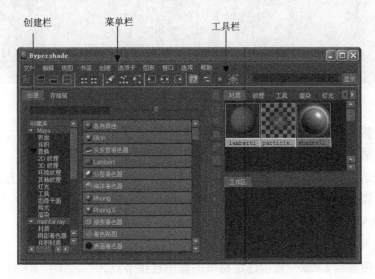

图 6-3　Hypershade 对话框

6.1.2 工具栏

工具栏提供了编辑材质的常用工具。用户可以通过这些工具来编辑材质和调整材质节点的显示方式。

工具栏中的工具介绍如下。

* 【开启/关闭创建栏】：用来显示或隐藏创建栏，如图 6-4 所示的是隐藏了创建栏的 Hypershade 对话框。
* 【仅显示顶部选项卡】：单击该按钮，只显示分类区域，工作区域会被隐藏。
* 【仅显示底部选项卡】：单击该按钮，只显示工作区域，分类区域会被隐藏。
* 【显示顶部和底部选项卡】：单击该按钮，可以将分类区域和工作区域同时显示出来。
* 【显示前一图表】：显示工作区域的上一个节点连接。
* 【显示下一图表】：显示工作区域的下一个节点连接。
* 【清除图表】：用来清除工作区域内的节点网格。

> 提示：清除图表只清除工作区域内的节点网格，但节点网格本身并没有被清除，在分类区域中仍然可以找到。

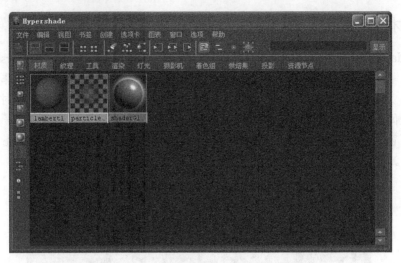

图 6-4　隐藏创建栏的 Hypershade 对话框

- 【重新排列图表】：用来重新排列工作区域内的节点网格，使工作区域变得更加整洁。
- 【为选定对象上的材质制图】：用来查看选择物体的材质节点，并且可以将选择物体的材质节点网格显示在区域内，以方便查找。
- 【输入连接】：显示选定材质的输入连接节点。
- 【输入和输出连接】：显示选定材质的输入和输出连接节点。
- 【输出连接】：显示选定材质的输出连接节点。

6.1.3　创建栏

创建栏用来创建材质、纹理、灯光和工具等节点。直接单击创建栏中的材质球就可以在工作区域创建出材质节点，同时分类区域会显示出材质节点，当然也可以通过 Hypershade 对话框中的菜单来创建材质。

6.1.4　分类区域

分类区域的主要功能是将节点网格进行分类，以方便用户查找相应的节点，如图 6-5 所示。

图 6-5　分类区域

提示：分类区域主要用于分类和查找材质节点，不能用于编辑材质，可以通过 Alt+鼠标右键来缩放分类区域。

6.1.5　工作区域

工作区域主要用来编辑材质节点，在这里可以编辑出复杂的材质节点网格。在材质上右击，通过弹出的快捷菜单可以快速将材质指定给选定对象。另外，也可以打开材质节点的【属性编辑器】对话框，对材质属性进行调整。

技巧：使用 Alt+鼠标中键可以对工作区域的材质节点进行移动操作；使用 Alt+鼠标右键可以对材质节点进行缩放操作。

6.2　材　质　类　型

创建栏中列出了 Maya 所有的材质类型，包括【表面】材质、【体积】材质和【置换】材质三大类型，如图 6-6 所示。

图 6-6　材质类型

6.2.1　表面材质

【表面】材质总共有 12 种类型，如图 6-7 所示。表面材质都是很常用的材质类型，物体的表面基本上都是表面材质。

图 6-7　【表面】材质

表面材质介绍如下。

● 【各向异性】：该材质用来模拟物体表面带有细密凹槽的材质效果，如光盘、细纹金属和光滑的布料等，如图 6-8 所示。

图 6-8　各向异性

- Blinn：这是使用频率较高的一种材质，主要用来模拟具有金属质感和强烈反射效果的材质，如图 6-9 所示。

图 6-9　Blinn

- 【头发管着色器】：该材质是一种管状材质，主要用来模拟细小的管状物体(如头发)，如图 6-10 所示。

图 6-10　头发管着色器

- Lambert：这是使用频率较高的一种材质，主要用来制作表面不会产生镜面高光的物体，如墙面、砖和土壤等具有粗糙表面的物体。Lambert 材质是一种基础材质。无论是何种模型，其初始材质都是 Lambert 材质，如图 6-11 所示。

图 6-11　Lambert

- 【分层着色器】：该材质可以混合两种或多种材质，也可以混合两种或多种纹理，从而得到一个新的材质或纹理。
- 【海洋着色器】：该材质主要用来模拟海洋的表面效果，如图 6-12 所示。

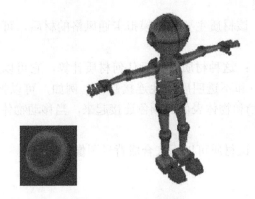

图 6-12　海洋着色器

- Phong：该材质主要用来制作表面比较平滑且具有光泽的塑料效果，如图 6-13 所示。

图 6-13　Phong

- Phong E：该材质是 Phong E 材质的升级版，其特性和 Phong 材质相同，但该材质产生的高光更加柔和，并且能调节的参数也更多，如图 6-14 所示。

图 6-14　Phong E

- 【渐变着色器】：该材质在色彩变化方面具有更多的可控特性，可以用来模拟具有色彩渐变效果。
- 【着色贴图】：该材质主要用来模拟卡通风格的材质，可以用来创建各种非照片效果的表面。
- 【表面着色器】：这种材质不进行任何材质计算，它可以直接把其他属性和它的颜色、辉光颜色和不透明度属性连接起来。例如，可以把非渲染属性(移动、缩放、旋转等属性)和物体表面的颜色连接起来，当移动物体时，物体的颜色也会发生变化。
- 【使用背景】：该材质可以用来合成背景图像。

6.2.2　体积材质

【体积】材质包括 6 种类型，如图 6-15 所示。

图 6-15　【体积】材质

体积材质介绍如下。

- 【环境雾】：主要用来设置场景的雾气效果。
- 【流体形状】：主要用来设置流体的形态。
- 【灯光雾】：主要用来模拟灯光产生的薄雾效果。
- 【粒子云】：主要用来设置粒子的材质，该材质是粒子的专用材质。
- 【体积雾】：主要用来控制体积节点的密度。

- 【体积着色器】：主要用来控制体积材质的色彩和不透明度等特性。

6.2.3　置换材质

【置换】材质包括【C 肌肉着色器】和【置换】材质两种，如图 6-16 所示。

图 6-16　【置换】材质

置换材质介绍如下。

- 【C 肌肉着色器】：该材质主要用来保护模型的中缝。它是另一种置换材质。原来在 ZBrush 中完成的置换贴图，用这个材质可以消除 UV 的接缝，而且速度比【置换】材质要快很多。
- 【置换】：用来制作表面的凹凸效果。与【凹凸】贴图相比，【置换】材质所产生的凹凸是在模型表面产生的真实凹凸效果；而【凹凸】贴图只是使用模拟凹凸效果，所以模型本身的形态不会发生变化，其渲染速度要比【置换】材质快。

6.3　材　质　属　性

每种材质都有各自的属性，但各种材质之间有一些相同的属性。本节就对材质的各种属性介绍。

6.3.1　公用材质属性

【各向异性】、Blinn、Lambert、Phong 和 Phong E 材质具有一些共同的属性，因此只需要掌握其中一种材质的属性即可。

在创建栏中单击 Blinn 材质球，在工作区域中创建一个 Blinn 材质，然后在材质节点上双击或按 Ctrl+A 组合键，打开该材质的【属性编辑器】对话框，【公用材质属性】卷展栏如图 6-17 所示，包括材质的通用参数。

公用材质属性参数介绍如下。

- 【颜色】：颜色是材质基本的属性，即物体的固有色。颜色决定了物体在环境中所呈现的色调。在调节时可以采用 RGB 颜色模式或 HSV 颜色模式来定义材质的固有颜色，当然也可以使用纹理贴图来模拟材质的颜色。

提示：RGB 颜色模式：该模式是工业界的一种颜色标准模式，是通过对 R(红)、G(绿)、B(蓝)3 个颜色通道的变化以及它们相互之间的叠加来得到各式各样的颜色效果。RGB 颜色模式几乎包括了人类视觉所能感知的所有颜色，是目前运用最广的颜色系统。另外，本书所有颜色设置均采用 RGB 颜色模式。

HSV 颜色模式：H(Hue)代表色相、S(Saturation)代表色彩的饱和度、V(Value)代表色彩的明度。它是 Maya 默认的颜色模式，但是调节起来没有 RGB 颜色模式方便。

CMYK 颜色模式：该颜色模式是通过对 C(青)、M(洋红)、Y(黄)、K(黑)4 种颜色变化以及它们相互之间的叠加来得到各种颜色效果。CMYK 颜色模式是专用的印刷模式，但是在 Maya 中不能创建带有 CMYK 颜色的图像。如果使用 CMYK 颜色模式的贴图，Maya 可能会显示错误。CMYK 颜色模式的颜色数量要少于 RGB 颜色模式的颜色数量，所以印刷出来的颜色往往没有屏幕上显示出来的颜色鲜艳。

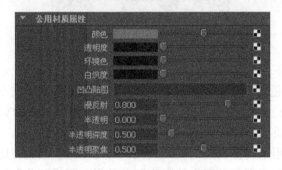

图 6-17　【公用材质属性】卷展栏

● 　【透明度】：该属性决定了在物体后面的物体的可见程度，如图 6-18 所示。在默认情况下，物体的表面是完全不透明的(黑色代表完全不透明，白色代表完全透明)。

图 6-18　透明度

● 　【环境色】：环境色是指由周围环境作用于物体所呈现出来的颜色，即物体背光部分的颜色。

提示：在默认情况下，材质的环境色都是黑色。而在实际工作中为了得到更真实的渲染效果(在不增加辅助光照的情况下)，可以通过调整物体材质的环境色来得到良好的视觉效果。当环境色变亮时，它可以改变被照亮部分的颜色，使两种颜色互相混合。另外，环境色还可以作为光源来使用。

● 　【白炽度】：该属性可以使物体表面产生自发光效果，图 6-19 和图 6-20 所示的是不同颜色自发光效果。在自然界中，一些物体的表面能够自我照明，也有一些物体的表面能够产生辉光。比如，在模拟熔岩时就可以使用【白炽度】属性来模拟。【白炽度】属性虽然可以使物体表面产生自发光效果，但并非真实的发光，也就是说具有自发光。效果的物体并不是光源，没有任何照明作用，只是看上去好像在发光一样。它和【环境色】属性的区别是一个是主动发光，一个是被动发光。

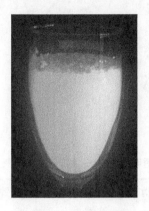 

图 6-19　自发光绿色　　　　　　　图 6-20　自发光粉红色

- 【凹凸贴图】：该属性可以通过设置一张纹理贴图来使物体的表面产生凹凸不平的效果。利用贴图可以在很大程度上提高工作效率，因为采用建模的方式来表现物体表面的凹凸效果会耗费很多时间。

- 【漫反射】：该属性表示物体对光线的反射程度，较小的值表明该物体对光线的反射能力较弱(如透明的物体)；较大的值表明物体对光线的反射能力较强(如较粗糙的表面)。【漫反射】属性的默认值是 0.8，在一般情况下，默认值就可以渲染出较好的效果。在材质编辑过程中并不会经常对【漫反射】属性值进行调整，但是它对材质颜色的影响却非常大。当【漫反射】值为 0 时，材质的环境色将替代物体的固有色；当【漫反射】值为 1 时，材质的环境色可以增加图像的鲜艳程度。在渲染真实的自然材质时，使用较小的【漫反射】值即可得到较好的渲染效果，如图 6-21 所示。

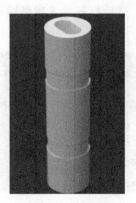

图 6-21　漫反射

- 【半透明】：该属性可以使物体呈现出透明效果。在现实生活中经常可以看到这样的物体，如蜡烛、玉和灯罩等，如图6-22所示。当【半透明】数值为0时，表示关闭材质的透明属性。然而随着数值的增大，材质的透光能力将逐渐增强。

图 6-22　半透明

提示：在设置透明效果时【半透明】相当于一个灯光；只有【半透明】设置为一个大于0的数值时，透明效果才能起作用。

- 【半透明深度】：该属性可以控制阴影投射的距离。该值越大，阴影穿透物体的能力越强，从而映射到物体的另一面。
- 【半透明聚焦】：该属性可以控制在物体内部由于光线散射造成的扩散效果。该数值越小，光线的扩散范围越大；反之就越小。

6.3.2　高光属性

在【各向异性】、Blinn、Lambert、Phong和Phong E这些材质中，主要的不同之处就是它们的高光属性。【各向异性】材质可以产生一些特殊的高光效果；Blinn材质可以产生比较柔和的高光效果；而Phong和PhongE材质会产生比较锐利的高光效果。

1．各向异性高光属性

创建一个【各向异性】材质，然后打开其【属性编辑器】对话框，接着展开【镜面反射着色】卷展栏，如图6-23所示。

图 6-23　【各向异性】材质的【镜面反射着色】卷展栏

各向异性材质高光参数介绍如下。

- 【角度】：用来控制椭圆形高光的方向。【各向异性】材质的高光比较特殊，它的高光区域是一个月牙形。

- 【扩散 X】：用来控制 X 方向的拉伸长度。

- 【扩散 Y】：用来控制 Y 方向的拉伸长度。

- 【粗糙度】：用来控制高光的粗糙程度。数值越大，高光越强，高光区域就越分散；数值越小，高光越小，高光区域就越集中。

- 【Fresnel 系数】：用来控制高光的强弱。

- 【镜面反射颜色】：用来设置高光的颜色。

- 【反射率】：用来设置反射的强度。

- 【反射的颜色】：用来控制物体的反射颜色，可以在其颜色通道中添加一张环境贴图来模拟周围的反射效果。

- 【各向异性反射率】：用来控制是否开启【各向异性】材质的【反射率】属性。

2. Blinn 高光属性

创建一个 Blinn 材质，然后打开其【属性编辑器】对话框，接着展开【镜面反射着色】卷展栏，如图 6-24 所示。

图 6-24 Blinn 材质的【镜面反射着色】卷展栏

Blinn 材质高光参数介绍如下。

- 【偏心率】：用来控制材质上的高光面积大小。值越大，高光面积越大；值为 0 时，表示不产生高光效果。

- 【镜面反射衰减】：用来控制 Blinn 材质的高光的衰减程度。

- 【镜面反射颜色】：用来控制高光区域的颜色。当颜色为黑色时，表示不产生高光效果。

- 【反射率】：用来设置物体表面反射周围物体的强度。值越大，反射越强；值为 0 时，表示不产生反射效果。

- 【反射的颜色】：用来控制物体的反射颜色，可以在其颜色通道中添加一张环境贴图来模拟周围的反射效果。

3. Phong 高光属性

创建一个 Phong 材质，然后打开其【属性编辑器】对话框，接着展开【镜面反射着色】卷展栏，如图 6-25 所示。

图 6-25　Phong 材质的【镜面反射着色】卷展栏

Phong 材质高光参数介绍如下。

- 【余弦幂】：用来控制高光面积的大小。数值越大，高光越小；反之越大。
- 【镜面反射颜色】：用来控制高光区域的颜色。当高光颜色为黑色时，表示不产生高光效果。
- 【反射率】：用来设置物体表面反射周围物体的强度。值越大，反射越强；值为0时，表示不产生反射效果。
- 【反射的颜色】：用来控制物体的反射颜色，可以在其颜色通道中添加一张环境贴图来模拟周围的反射效果。

4. Phong E 高光属性

创建一个 Phong E 材质，然后打开其【属性编辑器】对话框，然后展开【镜面反射着色】卷展栏，如图 6-26 所示。

图 6-26　Phong E 材质的【镜面反射着色】卷展栏

Phong E 材质高光参数介绍如下。

- 【粗糙度】：用来控制高光中心的柔和区域的大小。
- 【高光大小】：用来控制高光区域的整体大小。
- 【白度】：用来控制高光中心区域的颜色。
- 【镜面反射颜色】：用来控制高光区域的颜色。当高光颜色为黑色时，表示不产生高光效果。
- 【反射率】：用来设置物体表面反射周围物体的强度。值越大，反射越强；值为0时，表示不产生反射效果。
- 【反射的颜色】：用来控制物体的反射颜色，可以在其颜色通道中添加一张环境贴图来模拟周围的反射效果。

6.3.3　光线跟踪属性

因为【各向异性】、Blinn、Lambert、Phong 和 Phong E 材质的【光线跟踪】属性都相同，在这里选择 Phong E 材质来进行讲解。打开 Phong E 材质的【属性编辑器】对话框，然后展开【光线跟踪选项】卷展栏，如图 6-27 所示。

图 6-27　【光线跟踪选项】卷展栏

光线跟踪参数介绍如下。

- 　【折射】：用来决定是否开启折射功能。
- 　【折射率】：用来设置物体的折射率。折射是光线穿过不同介质时发生的弯曲现象；折射率就是光线弯曲的大小。
- 　【折射限制】：用来设置光线穿过物体时产生折射的最大次数。数值越高，渲染效果越真实，但渲染速度会变慢。

> 提示：【折射限制】数值如果低于 6，Maya 就不会计算折射，所以该数值只能等于或大于 6 才有效。在一般情况下，数值一般设置为 9～10 之间即可获得比较高的渲染质量。

- 　【灯光吸收】：用来控制物体表面吸收光线的能力。值为 0 时，表示不吸收光线；值越大，吸收的光线就越多。
- 　【表面厚度】：用来渲染单面模型，可以产生一定的厚度效果。
- 　【阴影衰减】：用来控制透明对象产生光线跟踪阴影的聚焦效果。
- 　【色度色差】：当开启光线跟踪功能时，该选项用来设置光线穿过透明物体时以相同的角度进行折射。
- 　【反射限制】：用来设置物体被反射的最大次数。
- 　【镜面反射度】：用来避免在反射高光区域产生锯齿闪烁效果。

> 提示：若要使用【光线跟踪】功能，必须在【渲染设置】对话框中启用【光线跟踪】复选框后才能正常使用，如图 6-28 所示。

图 6-28　启用【光线跟踪】复选框

6.4　创 建 纹 理

当模型被指定材质，Maya 会迅速对灯光做出反应，以表现出不同的材质特性，如固有色、高光、透明度和反射等。它们模型额外的细节，如凹凸、刮痕和图案可以用纹理贴图来实现，这样可以增强物体的真实感。通过对模型添加纹理贴图，可以丰富模型的细节，如图 6-29 所示的是一些很真实的纹理贴图。

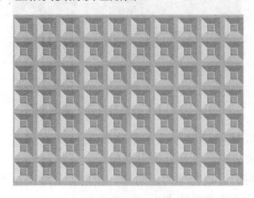

图 6-29　纹理贴图

6.4.1　纹理的类型

材质、纹理、工具节点和灯光的大多数属性都可以使用纹理贴图。纹理可以分为二维纹理、三维纹理、环境纹理和层纹理四大类型。二维纹理和三维纹理主要作用于物体本身。Maya 提供了一些二维和三维的纹理类型，并且用户可以自行制作纹理贴图。三维软件中的纹理贴图的工作原理比较类似，不同软件中的相同材质也有着相似的属性，因此其他软件的贴图经验也可以应用在 Maya 中。

6.4.2　纹理的作用

模型制作完成后，要根据模型的外观来选择合适的贴图类型，并且要考虑材质的高光、透明度和反射属性。指定材质后，可以利用 Maya 的节点功能使材质表现出特有的效果，以增强物体的表现力，如图 6-30 所示。

图 6-30　纹理贴图

二维纹理作用于物体表面。与三维纹理不同，二维纹理的效果取决于投射和 UV 坐标，而三维纹理不受其外观的限制，可以将纹理的图案作用于物体的内部。二维纹理就像动物外面的皮毛，而三维纹理可以将纹理延伸到物体的内部，无论物体如何改变外观，三维纹理都是不变的。

环境纹理并不直接作用于物体，主要用于模拟周围的环境，可以影响到材质的高光和反射；不同类型的环境纹理模拟的环境外形是不一样的。

使用纹理贴图可以在很大程度上降低建模的工作量，弥补模型在细节上的不足。同时也可以通过对纹理的控制，制作出在现实生活中不存在的材质效果。

6.4.3　纹理的属性

在 Maya 中，常用的纹理有【2D 纹理】和【3D 纹理】，如图 6-31 和图 6-32 所示。

图 6-31　2D 纹理　　　　　　　　　　　图 6-32　3D 纹理

在 Maya 中，可以创建 3 种类型的纹理，分别是正常纹理、投影纹理和蒙板纹理(在纹理上右击，在弹出的快捷菜单中即可看到这 3 种纹理)，如图 6-33 所示。下面对这 3 种纹理进行重点介绍。

图 6-33　纹理类型

1. 正常纹理

打开 Hypershade 对话框，然后创建一个【布料】纹理节点，如图 6-34 所示。接着双击与其相连的 place2dTexture 节点，打开其【属性编辑器】对话框，展开【2D 纹理放置属性】卷展栏，如图 6-35 所示。

图 6-34　布料纹理

图 6-35　【2D 纹理放置属性】卷展栏

正常纹理参数介绍如下。

* 【交互式放置】：单击该按钮后，可以使用鼠标中键对纹理进行移动、缩放和旋转等交互式操作，如图 6-36 所示。

图 6-36　纹理移动

* 【覆盖】：控制纹理的覆盖范围，如图 6-37 所示的分别是设置该值为(1，1)和(2，2)时的纹理覆盖效果。
* 【平移帧】：控制纹理的偏移量，如图 6-38 所示的是将纹理向上平移了 2，在 V 向上平移了 1 后的纹理效果。

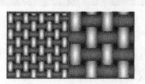

图 6-37　纹理效果对比

图 6-38　平移帧

* 【旋转帧】：控制纹理的旋转量，如图 6-39 所示的是将纹理旋转了 40 度后的效果。

图 6-39　旋转帧

● 【U/V 向镜像】：表示从 U/V 方向上镜像纹理，如图 6-40 所示的是在 U 向上镜像的纹理效果；如图 6-41 所示的是在 V 向上镜像的纹理效果。

图 6-40 U 向上

图 6-41 V 向上

● 【U/V 向折回】：表示纹理 UV 的重复程度，在一般情况都采用默认设置。
● 【交错】：一般在制作砖墙纹理时使用，可以使纹理之间相互交错，如图 6-42 所示的是启用该复选框前后的纹理对比。

未启用【交错】复选框

启用【交错】复选框

图 6-42 交错

● 【UV 向重复】：用来设置 UV 的重复程度，如图 6-43 和图 6-44 所示的分别是设置该值为(3，3)与(1，3)时的纹理效果。

图 6-43 UV 向重复(3,3)

图 6-44 UV 向重复(1,3)

● 【偏移】：设置 UV 的偏移量，如图 6-45 所示的是在 U 向上偏移了 0.3 后的效果；如图 6-46 所示的是在 V 向上偏移了 0.3 后的效果。

图 6-45 U 向上偏移 0.3

图 6-46 V 向上偏移 0.3

● 【UV 向旋转】：该选项和【旋转帧】选项都可以对纹理进行旋转，不同的是该选项旋转的是纹理的 UV，【旋转帧】选项旋转的是纹理，如图 6-47 所示的是设置该值为 40 时的效果。
● 【UV 噪波】：该选项用来对纹理的 UV 添加噪波效果，如图 6-48 所示的是设置该值为(0.1，0.1)时的效果；如图 6-49 所示的是设置该值为(1，1)时的效果。

图 6-47　UV 向旋转

图 6-48　UV 噪波(0.1,0.1)

图 6-49　UV 噪波(1,1)

2. 投影纹理

选择【棋盘格】纹理并右击，在弹出的快捷菜单中选择【创建为投影】命令，如图 6-50 所示，这样可以创建一个带【投影】节点的【棋盘格】节点。

图 6-50　创建为投影

选择 projection1 节点，打开其【属性编辑器】对话框，展开【投影属性】卷展栏，如图 6-51 所示。

图 6-51　【投影属性】卷展栏

投影纹理参数介绍如下。

(1)　【交互式放置】 交互式放置 ：在场景视图中显示投影操纵器。

(2)　【适应边界框】 适应边界框 ：使纹理贴图与贴图对象或集的边界框重叠。

(3)　【投影类型】：选择 2D 纹理的投影方式，共有以下 9 种方式。

- 【禁用】：关闭投影功能。
- 【平面】：主要用于平面物体。
- 【球形】：主要用于球形物体。
- 【圆柱体】：主要用于圆柱形物体。
- 【球】：与【球形】投影类似，但是这种类型的投影不能调整 UV 方向的位移和缩放参数。

- 【立方】：主要用于立方体，可以投射到物体 6 个不同的方向上，适合于具有 6 个面的模型。
- 【三平面】：这种投影可以沿着指定的轴向通过挤压方式将纹理投射到模型，也可以运用于圆柱体的顶部。
- 【同心】：这种贴图坐标是从同心圆的中心出发，由内向外产生纹理的投影方式，可以使物体纹理呈现出一个同心圆的纹理形状。
- 【透视】：这种投影是通过摄影机的视点将纹理投射到模型上，一般需要在场景中自定义一台摄影机。

(4) 【图像】：设置蒙板的纹理。

(5) 【透明度】：设置纹理的透明度。

(6) 【U/V 向角度】：仅限【球形】和【圆柱体】投影，主要更改 U/V 向的角度。

3. 蒙板纹理

【蒙板】纹理可以使某一特定图像作为 2D 纹理映射到物体表面的特定区域，并且可以通过【蒙板】纹理的节点来定义遮罩区域。

在【文件】纹理上右击，在弹出的快捷菜单中选择【创建为蒙板】命令，如图 6-52 所示，这样可以创建一个带【蒙板】的【文件】节点，双击 stencill 节点，打开其【属性编辑器】对话框，展开【蒙板属性】卷展栏，如图 6-53 所示。

图 6-52　创建为蒙板

图 6-53　【蒙板属性】卷展栏

蒙板纹理参数介绍如下。

- 【图像】：设置蒙板的纹理。
- 【边混合】：控制纹理边缘的锐度。增加该值可以更加柔和地对边缘进行混合处理。
- 【遮罩】：表示蒙板的透明度，用于控制整个纹理的总体透明度。若要控制纹理中选定区域的透明度，可以将另一纹理映射到遮罩上。

6.5　贴　图　操　作

在 Maya 中，对多边形划分 UV 是很方便的。Maya 为多边形的 UV 提供了多种创建与编辑方式，如图 6-54 和图 6-55 所示的分别是创建与编辑多边形 UV 的各种命令。

图 6-54　【创建 UV】菜单　　　　图 6-55　【编辑 UV】菜单

6.5.1　UV 映射类型

为多边形设定 UV 映射坐标的方式有 4 种，分别是【平面映射】、【圆柱形映射】、【球形映射】和【自动映射】，如图 6-56 所示。

提示：在为物体设定 UV 坐标时，会出现一个映射控制手柄，可以使用这个控制手柄对坐标进行交互式操作。在调整纹理映射时，可以结合控制手柄和【UV 纹理编辑器】来精确定位贴图坐标。

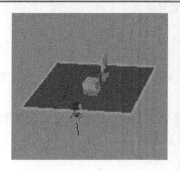

图 6-56　UV 映射类型

1．平面映射

用【平面映射】命令可以从假设的平面沿一个方向投影 UV 纹理坐标，可以将其映射到选定的曲面网格。单击【平面映射】命令后面的按钮，打开【平面映射选项】对话框，如图 6-57 所示。

图 6-57　【平面映射选项】对话框

平面映射参数介绍如下。

(1)　【适配投影到】：选择投影的匹配方式，共有以下两种。

● 　【最佳平面】：选中该单选按钮后，纹理和投影操纵器会自动缩放尺寸并吸附到所选择的面上。

● 　【边界框】：选中该单选按钮后，可以将纹理和投影操纵器垂直吸附到多边形物体的边界框中。

(2)　【投影源】：选择从物体的哪个轴向来匹配投影。

● 　【X/Y/Z 轴】：从物体的 X、Y、Z 轴匹配投影。

● 　【摄影机】：从场景摄影机匹配投影。

(3)　【保持图像宽度/高度比率】：启用该复选框后，可以保持图像的宽度/高度比率，避免纹理出现偏移现象。

(4)　【在变形器之前插入投影】：启用该复选框后，可以在应用变形器前将纹理放置并应用到多边形物体上。

(5)　【创建新 UV 集】：启用该复选框后，可以创建新的 UV 集并将创建的 UV 放置在该集中。

(6)　【UV 集名称】：设置创建的新 UV 集的名称。

2. 圆柱形映射

　　【圆柱形映射】命令可以通过向内投影 UV 纹理坐标到一个虚构的圆柱体上，以映射它们到选定对象。单击【圆柱形映射】命令后面的按钮，打开【圆柱形映射选项】对话框，如图 6-58 所示。

图 6-58   【圆柱形映射选项】对话框

圆柱形映射参数介绍如下。

- 【在变形器之前插入投影】：启用该复选框后，可以在应用变形器前将纹理放置并应用到多边形物体上。
- 【创建新 UV 集】：启用该复选框后，可以创建新的 UV 集并将创建的 UV 集放置在该集中。
- 【UV 集名称】：设置创建的新 UV 集的名称。

提示：通过在物体的顶点处投影 UV，可以将纹理贴图弯曲为主体形状，这种贴图方式适合于圆柱形的物体。

3. 球形映射

用【球形映射】命令可以通过将 UV 从假想球体向内投影，并将 UV 映射到选定对象上。单击【球形映射】命令后面的■按钮，打开【球形映射选项】对话框，如图 6-59 所示。

图 6-59   【球形映射选项】对话框

4. 自动映射

用【自动映射】可以同时从多个角度将 UV 纹理投影到选定对象上。单击【自动映射】命令后面的■按钮，打开【多边形自动映射选项】对话框，如图 6-60 所示。

自动映射部分参数介绍如下。

(1) 【平面】：选择使用投影平面的数量，可以选择 3、4、5、6、7、8 或 12 个平面。使用的平面越多，UV 扭曲程度越小，但是分割 UV 面片就越多，默认设置为 6 个面。

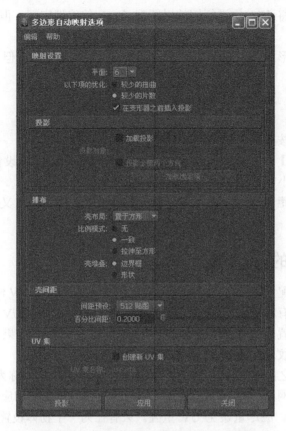

图 6-60　【多边形自动映射选项】对话框

(2) 【以下项的优化】：选择优化平面的方式，共有以下两种方式。

● 【较少的扭曲】：平面投影多个平面，可以为任意面提供最佳的投影，扭曲较少，但产生的面片较多，适用于对称物体。

● 【较少的片数】：保持对每个平面的投影，可以选择最少的投影数来产生较少的面片，但是可能产生部分扭曲变形。

(3) 【在变形器之前插入投影】：启用该复选框后，可以在应用变形器前将纹理放置并应用到多边形物体上。

(4) 【加载投影】：启用该复选框后，可以加载投影。

(5) 【投影对象】：显示要加载投影的对象名称。

(6) 【加载选定项】 加载选定项 ：选择要加载的投影。

(7) 【壳布局】：选择壳的布局方式，共有以下 4 种。

● 【重叠】：重叠放置 UV。

● 【沿 U 方向】：沿 U 方向放置 UV。

● 【置于方形】：在 0～1 空间中放置 UV 块，系统的默认设置就是该选项。

● 【平铺】：平铺放置 UV 块。

(8) 【比例模式】：选择 UV 块的缩放模式，共有以下 3 种。

● 【无】：表示不对 UV 块进行缩放。

- 【一致】：将 UV 块进行缩放以匹配 0～1 的纹理空间，但不改变其外观的长宽比例。
- 【拉伸至方形】：扩展 UV 块以匹配 0～1 的纹理空间，但 UV 块可能会产生扭曲现象。

(9) 【壳堆叠】：选择壳堆叠的方式。

- 【边界框】：将 UV 块堆叠到边界框。
- 【形状】：按照 UV 块的形状来进行堆叠。

(10) 【间距预设】：根据纹理映射的大小选择一个相应的预设值。如果未知映射大小，可以选择一个较小的预设值。

(11) 【百分比间距】：只有在【间距预设】选项中选择【自定义】方式时，该选项才能被激活。

6.5.2 UV 坐标的设置原则

合理地安排和分配 UV 是一项非常重要的技术，但是在分配 UV 时要注意以下两点。

- 应该确保所有的 UV 网格分布在 0～2 的纹理空间中。【UV 纹理编辑器】对话框中的默认设置是通过网格来定义 UV 坐标的，这是因为如果 UV 超过 0~1 的纹理空间范围，纹理贴图就会在相应的顶点重复。
- 要避免 UV 之间的重叠。UV 点相互连接形成网状结构，称为【UV 网格面片】。如果【UV 网格面片】相互重叠，那么纹理映射就会在相应的顶点重复，因此在设置 UV 时，应尽量避免 UV 重叠。只有在为一个物体设置相同的纹理时，才能将【UV 网格面片】重叠在一起进行放置。

6.5.3 UV 纹理编辑器

选择【窗口】|【UV 纹理编辑器】菜单命令，打开【UV 纹理编辑器】对话框，如图 6-61 所示。【UV 纹理编辑器】对话框可以用于查看多边形和细分曲面的 UV 纹理坐标，并且可以用交互方式对其进行编辑。下面对该对话框中的所有工具进行详细介绍。

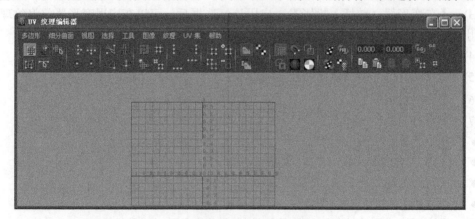

图 6-61 【UV 纹理编辑器】对话框

UV 纹理编辑器的工具介绍如下。

- 【UV 晶格工具】：通过允许出于变形目的围绕 UV 创建晶格，将 UV 的布局作为组进行操纵。
- 【移动 UV 壳工具】：通过在壳上选择单个 UV 来选择和重新定位 UV 壳。可以自动防止已重新定位的 UV 壳在 2D 视图中与其他 UV 壳重叠。
- 【平滑 UV 工具】：使用该工具可以按交互方式展开或松弛 UV。
- 【UV 涂抹工具】：将选定 UV 及其相邻 UV 的位置移动到用户定义的一个缩小的范围内。
- 【选择最短边路径工具】：可以用于在曲面网格上的两个顶点之间选择边的路径。
- 【在 U 方向上翻转选定 UV】：在 U 方向上翻转选定 UV 的位置。
- 【在 V 方向上翻转选定 UV】：在 V 方向上翻转选定 UV 的位置。
- 【逆时针旋转选定 UV】：以逆时针方向按 45 度旋转选定 UV 的位置。
- 【顺时针旋转选定 UV】：以顺时针方向按 45 度旋转选定 UV 的位置。
- 【沿选定边分离 UV】：沿选定边分离 UV，从而创建边界。
- 【将选定 UV 分离为每个连接边一个 UV】：沿连接到选定 UV 点的边将 UV 彼此分离，从而创建边界。
- 【将选定边或 UV 缝合到一起】：沿选定边界附加 UV，但不在【UV 纹理编辑器】对话框的视图中一起移动它们。
- 【移动并缝合选定边】：沿选定边界附加 UV，但不在【UV 纹理编辑器】对话框视图中一起移动它们。
- 【选择要在 UV 空间中移动的面】：选择连接到当前选定的 UV 的所有 UV 面。
- 【将选定 UV 捕捉到用户指定的栅格】：将每个选定 UV 移动到纹理空间中与其最近的栅格交点处。
- 【展开选定 UV】：在尝试确保 UV 不重叠的同时，展开选定的 UV 网格。
- 【自动移动 UV 以更合理地分布纹理空间】：根据【排布 UV】对话框中的设置，尝试将 UV 排列到一个更干净的布局中。
- 【将选定 UV 与最小 U 值对齐】：将选定 UV 的位置对齐到最小 U 值。
- 【将选定 UV 与最大 U 值对齐】：将选定 UV 的位置对齐到最大 U 值。
- 【将选定 UV 与最小 V 值对齐】：将选定 UV 的位置对齐到最小 V 值。
- 【将选定 UV 与最大 V 值对齐】：将选定 UV 的位置对齐到最大 V 值。
- 【切换隔离选择模式】：在显示所有 UV 与仅显示隔离的 UV 之间切换。
- 【将选定 UV 添加到隔离选择集】：将选定 UV 添加到隔离的子集。
- 【从隔离选择集移除选定对象的所有 UV】：清除隔离的子集，然后可以选择一个新的 UV 集并隔离它们。
- 【将选定 UV 移除到隔离选择集】：从隔离的子集中移除选定的 UV。
- 【启用/禁用显示图像】：显示或隐藏纹理图像。

- 【切换/启用禁用过滤的图像】 ：在硬件纹理过滤和明晰定义的像素之间切换背景图像。
- 【启用/禁用暗淡图像】 ：减小当前显示的背景图像的亮度。
- 【启用/禁用视图栅格】 ：显示或隐藏栅格。
- 【启用/禁用像素捕捉】 ：选择是否自动将 UV 捕捉到像素边界。
- 【切换着色 UV 显示】 ：以半透明的方式对选定 UV 壳进行着色，以便可以确定重叠的区域或 UV 缠绕顺序。
- 【切换活动网格的纹理边界显示】 ：切换 UV 壳上纹理边界的显示。
- 【显示 RGB 通道】 ：显示选定纹理图像的 RGB(颜色)通道。
- 【显示 Alpha 通道】 ：显示选定纹理图像的 Alpha(透明度)通道。
- 【UV 纹理编辑器烘焙开/关】 ：烘焙纹理，并将其存储在内存中。
- 【更新 PSD 网格】 ：为场景刷新当前使用的 PSD 纹理。
- 【强制重烘焙编辑器纹理】 ：重烘焙纹理。如果启用【图像】|【UV 纹理编辑器烘焙】选项，则必须在更改纹理(文件节点和 place2dTexture 节点属性)之后重烘焙纹理，这样才能看到这些更改的效果。
- 【启用/禁用使用图像比率】 ：在显示方形纹理空间和显示与该图像具有相同的宽高比的纹理空间之间进行切换。
- 【输入要在 U/V 向设置/变换的值】 0.000 0.000 ：显示选定 UV 的坐标，输入数值后按 Enter 键即可。
- 【刷新当前 UV 值】 ：在移动选定的 UV 点时，【输入要在 U/V 向设置/转换的值】数值框中的数值不会自动更新，单击按钮可以更新数值框中的值。
- 【在绝对 UV 值和相对变换工具值之间切换 UV 条目字段模式】 ：在绝对值与相对值之间更改 UV 坐标输入模式。
- 【将某个面的颜色、UV 或着色器复制到剪贴板】 ：将选定的 UV 点或面复制到剪贴板。
- 【将颜色、UV 和域着色器从剪贴板粘贴到面】 ：从剪贴板粘贴 UV 点或面。
- 【将 U 值粘贴到选定 UV】 ：仅将剪贴板上的 U 值粘贴到选定 UV 点上。
- 【将 V 值粘贴到选定 UV】 ：仅将剪贴板上的 V 值粘贴到选定 UV 点上。
- 【切换面/UV 的复制/粘贴】 ：在处理 UV 和处理 UV 面之间切换工具栏上的【复制】和【粘贴】按钮。
- 【逆时针循环选定面的 UV】 ：旋转选定多边形的 U 值和 V 值。

6.6 上机实践操作——制作材质贴图

本范例完成文件：/06/6-1.mb

多媒体教学路径：光盘→多媒体教学→第 6 章

6.6.1　实例介绍与展示

本章实例运用材质和纹理技术知识对物体进行材质贴图，效果如图 6-62 所示。

图 6-62　制作效果

6.6.2　透明材质制作

(1) 选择【窗口】|【渲染编辑器】|Hypershade 命令，打开 Hypershade 对话框，在列表框中选择 Blinn 材质球，即可在操作区中出现 blinn1 材质球，如图 6-63 所示。

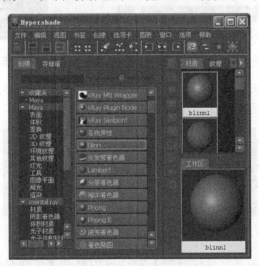

图 6-63　Hypershade 对话框

(2) 在材质球上右击，在弹出的快捷菜单中选择【重命名】命令，打开【重命名节点】对话框，将材质球重命名为 glass，如图 6-64 所示。

(3) 使用鼠标中键将材质球拖曳至场景的杯子上，之后释放鼠标，将 glass 材质赋予场景中的杯子，如图 6-65 所示。

图 6-64　【重命名节点】对话框

图 6-65　为杯子赋予材质

（4）为了得到玻璃的效果，用户需要对玻璃材质进行透明处理。在 Hypershade 对话框中双击 glass 材质球，打开其【属性编辑器】对话框，将【颜色】设置为黑色，将【透明度】设置为白色，如图 6-66 所示。

（5）单击■按钮对场景进行渲染，使杯子得到透明的效果，如图 6-67 所示。

图 6-66　设置参数

图 6-67　渲染效果

（6）在 glass 材质的【属性编辑器】对话框中，展开【镜面反射着色】卷展栏，进行参数设置，如图 6-68 所示。

图 6-68　【镜面反射着色】卷展栏参数设置

（7）在 glass 材质的【属性编辑器】对话框中展开【光线跟踪选项】卷展栏，启用【折射】复选框，设置【折射率】为 1.000，【折射限制】为 6，如图 6-69 所示。

（8）在状态栏中单击【渲染设置】按钮，打开【渲染设置】对话框，展开【光纤跟踪质量】卷展栏，设置其参数，如图 6-70 所示。

（9）进行渲染，观察渲染结果，发现玻璃从中间至边缘的透明变化效果不明显，如图 6-71 所示，还需要进行设置。

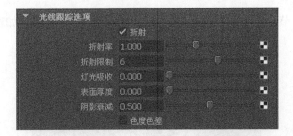

图 6-69　【光线跟踪选项】卷展栏参数设置

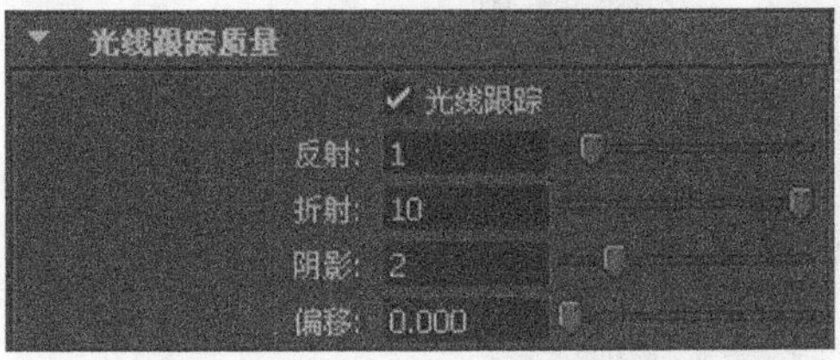

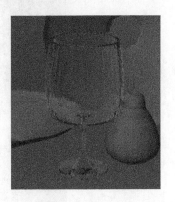

图 6-70　【光线跟踪质量】卷展栏参数设置

图 6-71　渲染效果

(10) 在 Hypershade 对话框中，找到【采样器信息】和【渐变】节点，使用鼠标中键将这两个节点拖曳至工作区域，出现 ramp1 和 samplerinfo2 两个节点。

(11) 使用鼠标中键将【采样器信息】拖曳至【渐变】节点上，然后在菜单中选择【更多】命令，打开【连接编辑器】对话框，选择左侧输出属性中显示的 samplerinfo2 节点中的 facingRatio，然后选择右侧输入属性中的显示 ramp1 节点中的 vCoord 项，将 samplerinfo2 节点中的 facingRatio 属性输入到 ramp1 节点中的 vCoord 中，samplerinfo2 节点和 ramp1 节点产生连接，如图 6-72 所示。

图 6-72　【连接编辑器】对话框参数设置(1)

(12) 双击 ramp1 节点，打开 ramp1 的【属性编辑器】对话框，如图 6-73 所示。

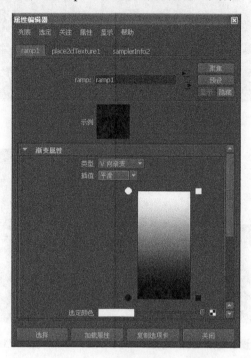

图 6-73 【属性编辑器】对话框

(13) 选择 ramp1 节点，使用鼠标中键将 ramp1 拖曳至 glass 材质球上，在弹出的快捷菜单中选择 transparency 命令，这样就添加了玻璃杯子的渐变效果，如图 6-74 所示。

图 6-74 渲染效果

(14) 使用同样的方法可以为玻璃杯子制作反射变化，在 Hypershade 对话框中再一次拖曳【渐变】节点至工作区，创建 ramp2 节点，使用步骤(11)中的方法将 samplerinfo2 节点的 facingRatio 属性连接到 ramp2 的 vCoord 属性中，如图 6-75 所示。

图 6-75 【连接编辑器】对话框参数设置(2)

(15) 双击 ramp2 节点，打开 ramp2 的【属性编辑器】对话框，在【渐变属性】卷展栏中选择【类型】为【V 向渐变】，设置【插值】为【线性】，设置上方为灰色，下方为白色，如图 6-76 所示。

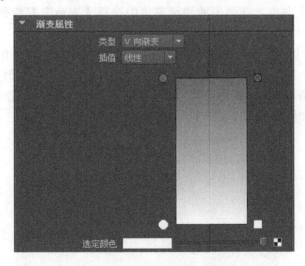

图 6-76 【渐变属性】卷展栏参数设置

(16) 使用鼠标中键拖曳 ramp2 节点至 glass 材质【属性编辑器】对话框中的【反射率】上，然后释放鼠标，将 ramp2 节点连接到 glass 材质的【反射率】上，如图 6-77 所示。

图 6-77 属性连接

(17) 杯子的最终效果，如图 6-78 所示。

图 6-78 玻璃杯子

6.6.3 木纹质感制作

(1) 为了衬托金属与玻璃的质感，首先需要创建地面材质，选择【窗口】|【渲染编辑器】| Hypershade 命令，创建 Blinn 材质球，在操作区出现 blinn2 材质球。

(2) 在材质球上右击，在弹出的快捷菜单中选择【重命名】命令，将材质球重命名为 floor。

(3) 使用鼠标中键将材质球拖曳至场景中的平面后，释放鼠标，将 floor 材质赋予平面。

(4) 双击 floor 材质球，打开【属性编辑器】对话框，单击【颜色】选项右侧的█按钮，打开【创建渲染节点】对话框，然后在【3D 纹理】选项中，单击【木材】按钮。

(5) 渲染效果如图 6-79 所示。

图 6-79 渲染效果

(6)　双击 floor 材质球，打开材质【属性编辑器】对话框，在【木材属性】卷展栏中设置【填充颜色】为(H:28，S:0.3，V:0.75)，设置【脉络颜色】为(H:22，S:0.2，V:0.6)，设置【颗粒颜色】为(H:22，S:0.5，V:0.3)，参数如图 6-80 所示。

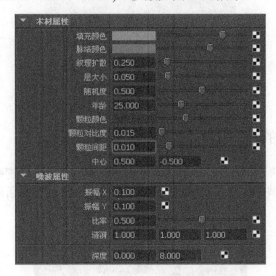

图 6-80　【木材属性】卷展栏参数设置

(7)　使用鼠标中键将 wood 纹理拖曳至 floor 材质的凹凸贴图，释放鼠标，如图 6-81 所示。

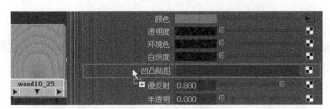

图 6-81　赋予贴图

(8)　设置【凹凸深度】为 0.4，渲染如图 6-82 所示。

(9)　修改 floor 材质的高光和反射效果，参数设置如图 6-83 所示。

图 6-82　渲染效果

图 6-83　参数设置

(10) 木纹材质最终效果，如图 6-84 所示。

图 6-84　渲染效果

6.6.4　金属材质的制作

（1）在 Hypershade 对话框中创建一个 blinn 材质，并重命名 Metal。单击展开上下游节点 按钮，在工作区域中显示 Metal 材质的网格结构，如图 6-85 所示。

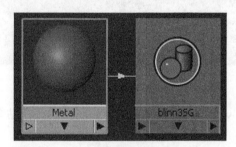

图 6-85　网格结构

（2）双击 Metal 材质球，打开【属性编辑器】对话框，在【镜面反射着色】卷展栏中设置各项参数，如图 6-86 所示。

图 6-86　【镜面反射着色】卷展栏参数设置

（3）单击【反射的颜色】选项右侧的 按钮，打开【创建渲染节点】对话框，在【环境纹理】选项中双击【环境球】按钮，创建一反射环境节点。

（4）在环境球【属性编辑器】对话框中，单击【图像】右侧的 按钮，打开【创建渲染节点】对话框，双击【分形】按钮。

（5）为了降低噪波的密度，双击 place2dTexture3，进入【属性编辑器】对话框，展开【2D 纹理放置属性】卷展栏，设置【UV 向重复】为 0.1、0.1，如图 6-87 所示。

（6）在工作区中双击 fractal1 节点，在【分形属性】卷展栏中设置【比率】为 0.7，【频率比】为 1.3，如图 6-88 所示。

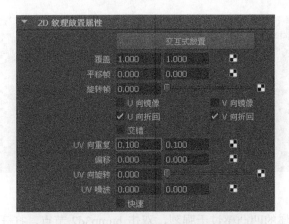

图 6-87　【2D 纹理放置属性】卷展栏参数设置

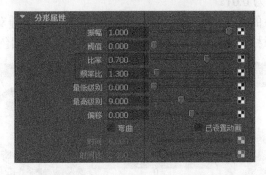

图 6-88　【分形属性】卷展栏参数设置

(7)　渲染效果，如图 6-89 所示。

图 6-89　渲染效果

(8)　观察渲染场景的效果，金属材质上还缺少一点凹凸效果，在 Hypershade 对话框中创建新的【皮革】节点，使用鼠标中键将【皮革】拖曳至 Metal 材质的凹凸贴图上后，释放鼠标，创建由皮革至 Metal 材质的连接。

(9)　双击 leather1 节点打开【属性编辑器】对话框，在【皮革属性】卷展栏中设置参数，如图 6-90 所示。

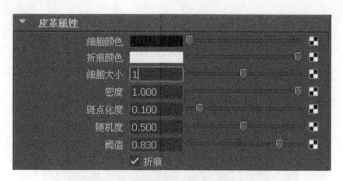

图 6-90　【皮革属性】卷展栏参数设置

(10) 渲染发现金属的凹凸感过于强烈，双击 bump3d2 节点，打开【属性编辑器】对话框，设置【凹凸深度】为 0.01。

(11) 最后添加水果的材质。选择水果并右击，在弹出的快捷菜单中选择【指定新材质】命令，选择 Blinn 材质，打开【属性编辑器】对话框，调节颜色，如图 6-91 所示。

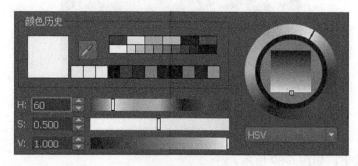

图 6-91　设置颜色参数

(12) 这样就完成了范例的制作，最终效果如图 6-92 所示。

图 6-92　最终效果

6.7 操 作 练 习

课后练习制作客厅材质，效果如图 6-93 所示。

图 6-93 练习效果

第7章 渲 染 操 作

教学目标

本章的重要性不言而喻，如果没有渲染，所做的一切工作都将毫无用处。本章主要分为 3 大部分进行讲解：Maya 软件渲染器、mental ray 渲染器和 VRay 渲染器。读者在学习本章内容时，不但要掌握 3 大渲染器的重要参数，还要掌握渲染参数的设置原理。

教学重点和难点

1. 掌握 Maya 软件渲染器的使用方法。
2. 掌握 mental ray 渲染器的使用方法。
3. 掌握 VRay 渲染器的使用方法。

7.1 渲 染 模 式

渲染是三维动画制作过程中的最后一个环节。虽然我们在整个三维动画的制作过程中一直能观察到模型的形状、材质的效果、灯光的效果以及动画的内容，但是这些内容都离不开 Maya 软件的支持。要想在电影院、互联网以及广告灯箱等处看到我们的作品，还需要将 Maya 中的内容生成一段影片、一段视频或者一张图片等能够脱离 Maya 环境的文件，这个从 Maya 的场景文件到与 Maya 无关文件的产生过程就是渲染。在渲染开始之前，可以设置渲染参数；当渲染真正开始之后，就只有计算机在进行数据的运算了，和操作者不再有关。

7.1.1 渲染类型

Maya 的渲染类型分为两种，一种是软件渲染；另一种是硬件渲染。软件渲染是 Maya 中常用的一种渲染模式。软件渲染的渲染质量较高，但速度较慢。硬件渲染是使用计算机的显卡和安装在机器上的驱动器进行渲染，其渲染速度较快，但渲染质量低于软件渲染，经常用于粒子效果等特效的渲染。

7.1.2 渲染算法

从渲染的原理来看，可以将渲染的算法分为【扫描线算法】、【光线跟踪算法】和【热辐射算法】3 种，每种算法都有其存在的意义。

1. 扫描线算法

扫描线算法是早期的渲染算法，也是目前发展最为成熟的一种算法，其最大优点是渲染速度很快。现在的电影大部分都采用这种算法进行渲染。使用扫描线渲染算法最为典型的渲染器是 Render man 渲染器。

2. 光线跟踪算法

光线跟踪算法是生成高质量画面的渲染算法之一。它能实现逼真的反射和折射效果，如金属、玻璃类物体。

光线跟踪算法是从视点发出一条光线，通过投影面上的一个像素进入场景。如果光线与场景中的物体没有发生相遇情况，即没有与物体产生交点，那么光线跟踪过程就结束了。如果光线在传播的过程中与物体相遇，将会根据以下条件进行判断。

(1) 与漫反射物体相遇，将结束光线跟踪过程。

(2) 与反射物体相遇，将根据反射原理产生一条新的光线，并且继续传播下去。

(3) 与折射的透明物体相遇，将根据折射原理弯曲光线，并且继续传播。

光线跟踪算法会进行庞大的信息处理，与扫描线算法相比，其速度相对比较慢，但可以产生真实的反射和折射效果。

3. 热辐射算法

热辐射算法是基于热辐射能在物体表面之间的能量传递和能量守恒定律。热辐射算法可以使光线在物体之间产生漫反射效果，直至能量耗尽。这种算法可以使物体之间产生色彩溢出现象，形成真实的漫反射效果。

著名的 mental ray 渲染器就是一种热辐射算法渲染器，能够输出电影级的高质量画面。热辐射算法需要大量的光子进行计算，在速度上比前面两种算法都慢。

7.2　默认渲染器——Maya 软件

【Maya 软件】渲染器是 Maya 默认的渲染器。选择【窗口】|【渲染编辑器】|【渲染设置】菜单命令，打开【渲染设置】对话框，如图 7-1 所示。

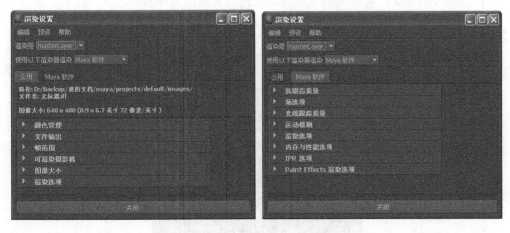

图 7-1　【渲染设置】对话框

7.2.1　文件输出

展开【文件输出】卷展栏，如图 7-2 所示。这个卷展栏主要用来设置文件名称、文件类型等。

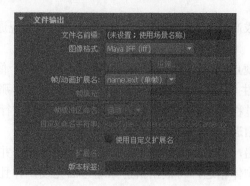

图7-2　【文件输出】卷展栏

文件输出部分参数介绍如下。

- 【文件名前缀】：设置输出文件的名字。
- 【图像格式】：设置图像文件的保存格式。
- 【帧/动画扩展名】：用来决定是渲染静帧图像还是渲染动画以及设置渲染输出的文件名采用何种格式。
- 【帧填充】：设置帧编号扩展名的位数。
- 【帧缓冲区命名】：将字段与多重渲染过程功能结合使用。
- 【自定义命名字符串】：在设置【帧缓冲区命名】为【自定义】选项时可以激活该选项。使用该选项可以自己选择渲染标记来自定义通道命名。
- 【使用自定义扩展名】：启用【使用自定义扩展名】复选框后，可以在下面的【扩展名】文本框中输入扩展名，这样可以对渲染图像文件名使用自定义文件格式扩展名。
- 【版本标签】：可以将版本标签添加到渲染输出文件名中。

7.2.2　图像大小

展开【图像大小】卷展栏，如图7-3所示。这个卷展栏主要用来设置图像的渲染大小等。

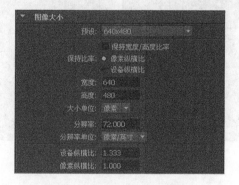

图7-3　【图像大小】卷展栏

图像大小参数介绍如下。

(1) 【预设】：Maya 提供了一些预置的尺寸规格，以方便用户进行选择。

(2) 【保持宽度/高度比率】：启用该复选框后，可以保持文件尺寸的宽、高比。

(3) 【保持比率】：指定要使用的渲染分辨率的类型。

● 【像素纵横比】：组成图像的宽度和高度的像素数之比。

● 【设备纵横比】：显示器的宽度单位数乘以高度单位数。4：3 的显示器将生成较方正的图像，而 16：9 的显示器将生成全景形状的图像。

(4) 【宽度】：设置图像的宽度。

(5) 【高度】：设置图像的高度。

(6) 【大小单位】：设置图像大小的单位，一般以像素为单位。

(7) 【分辨率】：设置渲染图像的分辨率。

(8) 【分辨率单位】：设置分辨率的单位，一般以像素/英寸为单位。

(9) 【设备纵横比】：查看渲染图像的显示设备的纵横比。【设备纵横比】表示图像纵横比乘以像素纵横比。

(10) 【像素纵横比】：查看渲染图像的显示设备的各个像素的纵横比。

7.2.3 渲染设置

在【渲染设置】对话框中单击【Maya 软件】标签，切换到【Maya 软件】选项卡，在这里可以设置【抗锯齿质量】、【光线跟踪质量】和【运动模糊】等参数，如图 7-4 所示。

1. 抗锯齿质量

展开【抗锯齿质量】卷展栏，如图 7-5 所示。

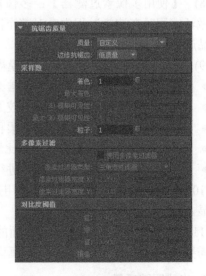

图 7-4　【Maya 软件】选项卡　　　　图 7-5　【抗锯齿质量】卷展栏

抗锯齿质量参数介绍如下。

(1) 【质量】：设置抗锯齿的质量，共有 6 种选项，如图 7-6 所示。

图 7-6 【质量】选项

- 【自定义】：用户可以自定义抗锯齿质量。

- 【预览质量】：主要用于测试渲染时预览抗锯齿的效果。

- 【中间质量】：比预览质量更加好的一种抗锯齿质量。

- 【产品级质量】：产品级的抗锯齿质量，可以得到比较好的抗锯齿效果，适用于大多数作品的渲染输出。

- 【对比度敏感产品级】：比【产品级质量】抗锯齿效果更好的一种抗锯齿级别。

- 【3D 运动模糊产品级】：主要用来渲染动画中的运动模糊效果。

(2) 【边缘抗锯齿】：控制物体边界的抗锯齿效果，有【低质量】、【中等质量】、【高质量】和【最高质量】级别之分。

(3) 【着色】：用来设置表面的采样数值。

(4) 【最大着色】：设置物体表面的最大采样数值，主要用于决定最高质量的每个像素的计算次数。但是如果数值过大会增加渲染时间。

(5) 【3D 模糊可见性】：当运动模糊物体穿越其他物体时，该选项用来设置其可视性的采样数值。

(6) 【最大3D 模糊可见性】：用于设置更高采样级别的最大采样数值。

(7) 【粒子】：设置粒子的采样数值。

(8) 【使用多像素过滤器】：多像素过滤开关器。当启用该复选框时，下面的参数将会被激活，同时在渲染过程中会对整个图像中的每个像素之间进行柔化处理，以防止输出的作品产生闪烁效果。

(9) 【像素过滤器类型】：设置模糊运算的算法，有以下 5 种。

- 【长方体过滤器】：一种非常柔和的方式。

- 【三角形过滤器】：一种比较柔和的方式。

- 【高斯过滤器】：一种细微柔和的方式。

- 【二次 B 样条线过滤器】：比较陈旧的一种柔和方式。

- 【插件过滤器】：使用插件进行柔和。

(10) 【像素过滤器宽度 X/Y】：用来设置每个像素点的虚化宽度。值越大，模糊效果越明显。

(11) 【红/绿/蓝】：用来设置画面的对比度。值越低，渲染出来的画面对比度越低，同时需要更多的渲染时间；值越高，画面的对比度越高，颗粒感越强。

2. 光线跟踪质量

展开【光线跟踪质量】卷展栏，如图 7-7 所示。该卷展栏控制是否在渲染过程中对场景进行光线跟踪，并控制光线跟踪图像的质量。更改这些全局设置时，关联的材质属性值也会更改。

图 7-7 【光线跟踪质量】卷展栏

光线跟踪质量参数介绍如下。

- 【光线跟踪】：启用该复选框后，将进行光线跟踪计算，可以产生反射、折射和光线跟踪阴影等效果。
- 【反射】：设置光线被反射的最大次数，与材质自身的【反射限制】一同起作用，但较低的值才会起作用。
- 【折射】：设置光线被折射的最大次数，其使用方法与【反射】相同。
- 【阴影】：设置被反射和折射的光线产生阴影的次数，与灯光光线跟踪阴影的【光线深度限制】选项共同决定阴影的效果，但较低的值才会起作用。
- 【偏移】：如果场景中包含 3D 运动模糊的物体并存在光线跟踪阴影，可能在运动模糊的物体上观察到黑色画面正常的阴影，这时应设置该选项的数值在 0.05～0.1 之间；如果场景中不包含 3D 运动模糊的物体和光线跟踪阴影，该值应设置为 0。

3. 运动模糊

展开【运动模糊】卷展栏，如图 7-8 所示。渲染动画时，运动模糊可以通过对场景中的对象进行模糊处理来产生移动的效果。

图 7-8 【运动模糊】卷展栏

运动模糊参数介绍如下。

- 【运动模糊】：启用该复选框后，渲染时会将运动的物体进行模糊处理，使渲染效果更加逼真。
- 【运动模糊类型】：有 2D 和 3D 两种类型。2D 是一种比较快的计算方式，但产生的运动模糊效果不太逼真；3D 是一种真实的运动模糊方式，会根据物体的运

动方向和速度产生很逼真的运动模糊效果，但需要更多的渲染时间。

- 【模糊帧数】：用来设置前后有多少帧的物体被模糊。数值越高，物体越模糊。
- 【模糊长度】：用来设置 2D 模糊方式的模糊长度。
- 【使用快门打开/快门关闭】：控制是否开启快门功能。
- 【快门打开/关闭】：用来设置【快门打开】和【快门关闭】的数值。【快门打开】的默认值为-0.5，【快门关闭】的默认值为 0.5。
- 【模糊锐度】：用来设置运动模糊物体的锐化程度。数值越高，模糊扩散的范围就越大。
- 【平滑】：用来处理【平滑值】产生抗锯齿作用所带来噪波的副作用。
- 【平滑值】：用来设置运动模糊边缘的级别。数值越高，更多的运动模糊将参与抗锯齿处理。
- 【保持运动向量】：启用该复选框后，可以将运动向量信息保存到图像中，但不处理图像的运动模糊。
- 【使用 2D 模糊内存限制】：决定是否在 2D 运动模糊过程中使用内存数量的上限。
- 【2D 模糊内存限制】：用来设置在 2D 运动模糊过程中使用内存数量的上限。

7.3　硬件渲染器——Maya 硬件

硬件渲染是利用计算机上的显卡来对图像进行实时渲染。Maya 的【Maya 硬件】渲染器可以用显卡渲染出接近于软件渲染的图像质量。硬件渲染的速度比软件渲染快很多，但是对显卡的要求很高(有些粒子必须使用硬件渲染器才能渲染出来)。在实际工作中常常先使用硬件渲染来观察作品质量，然后再用软件渲染器渲染出高品质的图像。

打开【渲染设置】对话框，在【使用以下渲染器渲染】下拉列表框中选择【Maya 硬件】选项，设置渲染器为【Maya 硬件】，接着切换到【Maya 硬件】选项卡，如图 7-9 所示。

图 7-9　【Maya 硬件】选项卡

Maya 硬件渲染器参数介绍如下。

- 【预设】：选择硬件渲染质量，共有 5 种预设选项，分别为【自定义】、【预览质量】、【中间质量】、【产品级质量】和【带透明度的产品级质量】。

- 【高质量照明】：启用该复选框后，可以获得硬件渲染的照明效果。

- 【加速多重采样】：利用显示硬件采样来提高渲染质量。

- 【采样数】：在 Maya 硬件渲染中，采样点的分布有别于软件渲染，每个像素的第一个采样点在像素中心，其余采样点不在像素中心，不过进行采样时整个画面将进行轻微偏移，采样完后再将所有画面对齐，从而合成为最终的画面。

- 【帧缓冲区格式】：帧缓冲区是一块视频内存，用于保存刷新视频显示(帧)所用的像素。

- 【透明阴影贴图】：如果要使用透明阴影贴图，就需要启用该复选框。

- 【透明度排序】：在渲染之前进行排序，以提高透明度。

- 【颜色分辨率】：如果硬件渲染无法直接对着色网格求值，着色网格将被烘焙为硬件渲染器可以使用的 2D 图像，该选项为材质上的支持映射颜色通道指定烘焙图像的尺度。

- 【凹凸分辨率】：如果硬件渲染无法直接对着色网格求着色网格将被烘焙为硬件渲染器可以使用的 2D 图该选项指定支持凹凸贴图的烘焙图像尺度。

- 【纹理压缩】：纹理压缩可减少最多 75%的内存使用，并且可以改进绘制性能。所用的算法(DXT5)通常只产生很少量的压缩瑕疵，因此适用于各种纹理。

- 【消隐】：控制用于渲染的消隐类型。

- 【小对象消隐阈值】：如果启用该复选框，则不绘制小于指定阈值的不透明对象。

- 【图像大小的百分比】：这是【小对象消隐阈值】选项的子选项，所设置的阈值是对象占输出图像的大小百分比。

- 【硬件几何缓存】：当显卡内存未被用于其他场合时，启用该复选框可以将几何体缓存到显卡。在某些情况下，这样做可以提高性能。

- 【最大缓存大小】：如果要限制使用可用显卡内存的特定部分，可以设定该选项。

- 【硬件环境查找】：如果取消启用该复选框，则以与【Maya 软件】渲染器相同的方式解释【环境球/环境立方体】贴图。

- 【运动模糊】：如果启用该复选框，可以更改【运动模糊帧数】和【曝光次数】的数值。

- 【运动模糊帧数】：在硬件渲染器中，通过渲染时间方向的特定点场景，并将生成的采样渲染混合到单个图像来实现运动模糊。

- 【曝光次数】：曝光次数将【运动模糊帧数】选项确定的时间范围分成时间方向的离散时刻，并对整个场景进行重新渲染。

- 【启用几何体遮罩】：启用该复选框后，不透明几何体对象将遮罩粒子对象，而且不绘制透明几何体。当通过软件来渲染几何体合成粒子时，这个选项就非常有用。

- 【使用 Alpha 混合镜面反射】：启用该复选框后，可以避免镜面反射看上去像悬浮在曲面上方。
- 【阴影链接】：可以通过链接灯光与曲面来缩短场景所需的渲染时间，这时只有指定曲面被包含在阴影计算中(阴影链接)，或是由给定的灯光照明(灯光链接)。

7.4　向量渲染器——Maya 向量

Maya 除了提供了【Maya 软件】、【Maya 硬件】和【mental ray】渲染器外，还带有【Maya 向量】渲染器。向量渲染器可以用来制作各种线框图以及卡通效果，同时还可以直接将动画渲染输出成 Flash 格式。利用这一特性，可以为 Flash 动画添加一些复杂的三维效果。

打开【渲染设置】对话框，在【使用以下渲染器渲染】下拉列表框中选择【Maya 向量】选项，设置渲染器为【Maya 向量】，如图 7-10 所示。

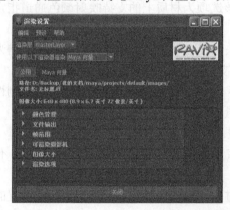

图 7-10　【渲染设置】对话框的【Maya 向量】渲染器

7.4.1　外观选项

切换到【Maya 向量】选项卡，然后展开【外观选项】卷展栏，如图 7-11 所示。在该卷展栏下可以设置渲染图像的外观。

图 7-11　【外观选项】卷展栏

外观选项参数介绍如下。

(1)　【曲线容差】：其取值范围为 0～15 之间。当值为 0 时，渲染出来的轮廓线由一条条线段组成，这些线段和 Maya 渲染出来的多边形边界相匹配，且渲染出来的外形比较准确，但渲染出来的文件相对较大。当值为 15 时，轮廓线由曲线组成，渲染出来的文件相对较小。

  (2)　【二级曲线拟合】：可以将线分段转化为曲线，以更方便地控制曲线。

  (3)　【细节级别预设】：用来设置细节的级别，共有以下 5 种方式。

- 【自动】：Maya 会根据实际情况来自动设置细节级别。
- 【低】：一种很低的细节级别，即下面的【细节级别】数值为 0。
- 【中等】：一种中等的细节级别，即下面的【细节级别】数值为 20。
- 【高】：一种较高的细节级别，即下面的【细节级别】数值为 30。
- 【自定义】：用户可以自定义细节的级别。

  (4)　【细节级别】：手动设置【细节级别】的数值。

7.4.2　填充选项

  展开【填充选项】卷展栏，如图 7-12 所示。该卷展栏下可以设置阴影、高光和反射等属性。

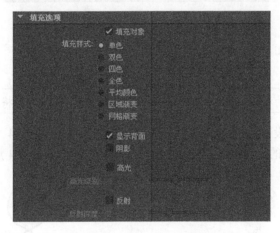

图 7-12　【填充选项】卷展栏

填充选项参数介绍如下。

- 【填充对象】：用来决定是否对物体表面填充颜色。
- 【填充样式】：用来设置填充的样式，共有 7 种方式，分别是【单色】、【双色】、【四色】、【全色】、【平均颜色】、【区域渐变】和【网格渐变】。
- 【显示背面】：该选项与物体表面的法线相关，若取消启用该复选框，将不能渲染物体的背面。因此，在渲染测试前要检查物体表面的法线方向。
- 【阴影】：启用该复选框后，可以为物体添加阴影效果。在启用该复选框前必须在场景中创建产生出投影的点光源(只能使用点光源)，但是添加阴影后的渲染时间将会延长。
- 【高光】：启用该复选框后，可以为物体添加高光效果。
- 【高光级别】：用来设置高光的等级。

提示：高光的填充效果与细腻程度取决于【高光级别】的数值。【高光级别】越大，高光部分的填充过渡效果就越均匀。

- 【反射】：控制是否开启反射功能。
- 【反射深度】：主要用来控制光线反射的次数。

7.4.3 边选项

展开【边选项】卷展栏，如图 7-13 所示。该卷展栏主要用来设置线框渲染的样式、颜色、粗细等。

图 7-13   【边选项】卷展栏

边选项参数介绍如下。

- 【包括边】：启用该复选框后，可以渲染出线框效果。

提示：如果某个物体的材质中存在透明属性，那么在渲染时该物体将不会出现边界线框。

- 【边权重预设】：用来设置边界线框的粗细程度，共有 14 个级别，如图 7-14 和图 7-15 所示的分别是设置【边权重预设】为【1 点】和【4 点】时的效果对比。

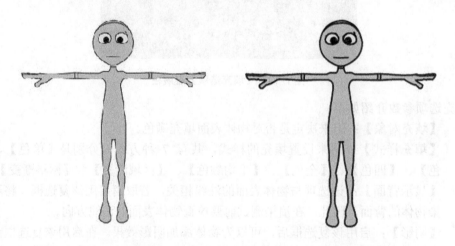

图 7-14   边权重预设为 1 点   图 7-15   边权重预设为 4 点

- 【边权重】：自行设置边界线框的粗细。
- 【边样式】：共有【轮廓】和【整个网格】两种样式，如图 7-16 和图 7-17 所示的分别是【轮廓】效果和【整个网格】效果。

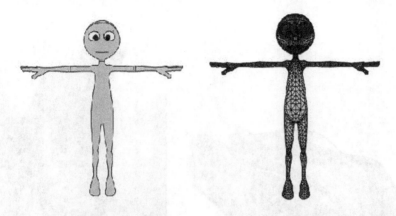

图 7-16　【边样式】为【轮廓】　　　图 7-17　【边样式】为【整个网格】

- 【边颜色】：用来设置边界框的颜色，如图 7-18 所示的是设置【边颜色】为粉红色时的线框效果。
- 【隐藏的边】：启用该复选框后，被隐藏的边也会被渲染出来，如图 7-19 所示。

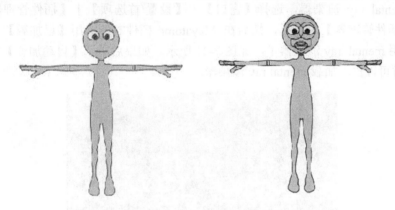

图 7-18　边颜色　　　　　　　　图 7-19　隐藏的边

- 【边细节】：启用该复选框后，将开启【最小边角度】选项，其取值范围在 0~90 之间。
- 【在相交处绘制轮廓线】：启用该复选框后，会沿两个对象的相交点产生一个轮廓。

7.5　电影级渲染器——mental ray

mental ray 是一款超强的高端渲染器，能够生成电影级的高质量画面，被广泛应用于电影、动画、广告等领域。从 Maya 5.0 起，mental ray 就内置于 Maya 中，从而使 Maya 的渲染功能得到很大提升。随着 Maya 的不断升级，mental ray 与 Maya 的融合也更加完美。

mental ray 可以使用很多种渲染算法，能方便地实现透明、反射、运动模糊和全局照明等效果，并且使用 mental ray 自带的材质节点还可以快捷方便地制作出烤漆材质、3S 材质和不锈钢金属材质等，如图 7-20 所示。

图 7-20　渲染效果

　　加载 mental ray 渲染器，选择【窗口】|【设置/首选项】|【插件管理器】菜单命令，打开【插件管理器】对话框，然后在 Mayatomr 插件右侧启用【已加载】复选框，这样就可以使用 mental ray 渲染器了，如图 7-21 所示。如果启用了【自动加载】复选框，在重启 Maya 时可以自动加载 mental ray 渲染器。

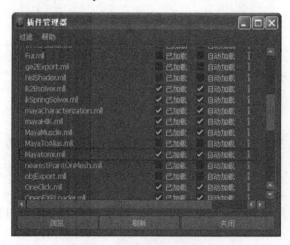

图 7-21　【插件管理器】对话框

7.5.1　mental ray 的常用材质

　　mental ray 的材质非常多，这里只介绍一些比较常用的材质，如图 7-22 所示。

　　mental ray 的常用材质介绍如下。

- dgs-material(DGS 物理学表面材质)：材质中的 dgs 是指 Diffuse(漫反射)、Glossy(光泽)和 Specular(高光)。该材质常用来模拟具有强烈反光的金属物体。

图 7-22　mental ray 的常用材质

- dielectric-material(电解质材质)：常用于模拟水、玻璃等光密度较大的折射物体，可以精确地模拟出玻璃和水的效果。

- mi-car-paint-phen(车漆材质)：常用于制作汽车或其他金属的外壳，可以支持加入 Dirt(污垢)来获得更加真实的渲染效果，如图 7-23 所示。

图 7-23　车漆材质效果

- mi-metallic-paint(金属漆材质)：和车漆材质比较类似，只是减少了 Diffuse(漫反射)、Reflection Parameters(反射参数)和 Dirt Parameters(污垢参数)。

- mia-material(金属材质)/mia-material –x(金属材质-x)：这两个材质是专门用于建筑行业的材质，具有很强大的功能，通过它的预设值就可以模拟出很多建筑材质类型。

- mib-glossy-reflection(玻璃反射)/mib-glossy-refraction(玻璃折射)：这两个材质可以用来模拟反射或折射效果，也可以在材质中加入其他材质来进一步控制反射效果。

- mib-illum-blinn：该材质类似于 Blinn 材质，可以实现丰富的高光效果，常用于模拟金属和玻璃。
- mib-illum-cooktorr：该材质类似于 Blinn 材质，但是其高光可以基于角度来改变颜色。
- mib-illum-hair：该材质主要用来模拟角色的毛发效果。
- mib-illum-lambert：该材质类似于 Lambert 材质，没有任何镜面反射属性，不会反射周围环境，多用于表现不光滑的表面，如木头和岩石等。
- mib-illum-phong：该材质类似于 Phong 材质，其高光区域很明显，适用于制作湿润的、表面具有光泽的物体，如玻璃和水等。
- mib-illum-ward：可以用来创建各向异性和反射模糊效果，只需要指定模糊的方向就可以受到环境控制。
- mib-illum-ward-deriv：主要用来作为 DGS shader(DGS 着色器)材质的附加环境控制。
- misss-call-shader：是 mental ray 用来调用不同的单一次表面散射的材质。
- misss-fast-shader：不包含其他色彩成分，以 Bake lightmap (烘焙灯光贴图)方式来模拟次表面散射的照明结果(需要 lightmap shader(灯光贴图着色器)的配合)。
- misss-fast-simple-maya/misss-fast-skin-maya：包含所有的色彩成分，以 Bake lightmap(烘焙灯光贴图)方式来模拟次表面散射的照明结果(需要 lightmap shader(灯光贴图着色器)的配合)。
- misss-physical：主要用来模拟真实的次表面散射的光能传递以及计算次表面散射的结果。该材质只能在开启全局照明的场景中才起作用。
- misss-set-normal：主要用来将 Maya 软件的【凹凸】节点的【法线】的【向量】信息转换成 mental ray 可以识别的【法线】信息。
- misss-skin-specular：主要用来模拟有次表面散射成分的物体表面的透明膜(常见的如人类皮肤的角质层)上的高光效果。

> **提示**：上述材质名称中带有 sss，这就是常说的 3s 材质。

- path-material：只用来计算全局照明，并且不需要在【渲染设置】对话框中开启 GI 选项和【光子贴图】功能。由于其需要使用强制方法和不能使用【光子贴图】功能，所以渲染速度非常慢，并且需要使用更高的采样值，所以渲染整体场景的时间会延长，但是这种材质计算出来的 GI 非常精确。
- transmat：用来模拟半透膜效果。在计算全局照明时，可以用来制作空间中形成光子体积的特效，比如混浊的水底和光线穿过布满灰尘的房间。

7.5.2 mental ray 渲染器参数设置

mental ray 渲染器由 6 个选项卡组成，分别是【公用】、【过程】、【功能】、【质量】、【间接照明】和【选项】，如图 7-24 所示。

图 7-24　mental ray 渲染器

1. 公用

　　【公用】选项卡下的参数与【Maya 软件】渲染器【公用】选项卡下的参数相同，它主要用来设置动画文件的名称、格式和设置动画的时间范围，同时还可以设置输出图像的分辨率以及摄影机的控制属性等，如图 7-25 所示。

图 7-25　【公用】选项卡参数

2. 过程

　　【过程】选项卡包含【渲染过程】和【预合成】两个卷展栏，如图 7-26 所示。该选项卡主要用来设置 mental ray 渲染器的分层渲染以及相关的分层通道。

图 7-26　【过程】选项卡参数

3. 功能

　　【功能】选项卡包含【渲染功能】和【轮廓】两个卷展栏，如图 7-27 所示。下面对这两个卷展栏分别进行讲解。

图 7-27　【功能】选项卡参数

（1）渲染功能

展开【渲染功能】卷展栏，如图 7-28 所示。【渲染功能】卷展栏包含一个【附加功能】卷展栏。

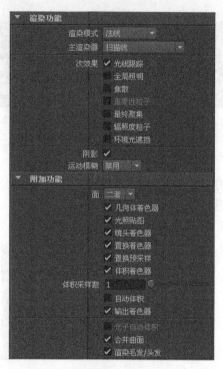

图 7-28 【渲染功能】卷展栏

渲染功能参数介绍如下。

① 【渲染模式】：用于设置渲染的模式，包含以下 4 种模式。

● 【法线】：渲染【渲染设置】对话框中设定的所有功能。

● 【仅最终聚焦】：只计算最终聚焦。

● 【仅阴影贴图】：只计算阴影贴图。

● 【仅光照贴图】：只计算光照贴图(烘焙)。

② 【主渲染器】：用于选择主渲染器的渲染方式，共有以下 3 种。

● 【扫描线】：这是 mental ray 通常使用的一种快速渲染计算方式。

● 【光栅化器(快速运动)】：这种方式又称为【快速扫描线】，计算速度比【扫描线】方式还要快。

● 【光线跟踪】：使用光线跟踪进行渲染。

③ 【次效果】：在使用 mental ray 渲染器渲染场景时，可以启用一些补充效果，从而加强场景渲染的精确度，以提高渲染质量，这些效果包括以下 7 种。

● 【光线跟踪】：启用该复选框后，可以计算反射和折射效果。

● 【全局照明】：启用该复选框后，可以计算全局照明。

● 【焦散】：启用该复选框后，可以计算焦散效果。

● 【重要性粒子】：启用该复选框后，可以计算重要性粒子。

● 【最终聚焦】：启用该复选框后，可以计算最终聚集。

● 【辐照度粒子】：启用该复选框后，可以计算重要性粒子和发光粒子。

● 【环境光遮挡】：启用该复选框后，可以启用环境光遮挡功能。

④ 【阴影】：启用该复选框后，可以计算阴影效果。该选项相当于场景中阴影的总开关。

⑤ 【运动模糊】：控制计算运动模糊的方式，共有以下 3 种。

● 【禁用】：不计算运动模糊。

● 【无变形】：这种计算速度比较快，类似于【Maya 软件】渲染器的【2D 运动模糊】。

● 【完全】：这种方式可以精确计算运动模糊效果，速度比较慢。

(2) 轮廓

展开【轮廓】卷展栏，如图 7-29 所示。该卷展栏可以设置如何对物体的轮廓进行渲染。

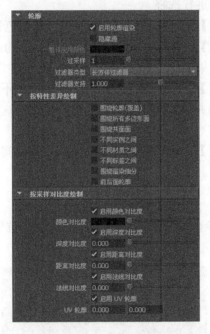

图 7-29 【轮廓】卷展栏

轮廓部分参数介绍如下。

① 【启用轮廓渲染】：启用该复选框后，可以使用线框渲染。

② 【隐藏源】：启用该复选框后，只渲染线框图，并使用【整体应用颜色】填充背景。

③ 【整体应用颜色】：该选项配合【隐藏源】选项一起使用，主要用来设置背景颜色，如图 7-30 和图 7-31 所示的分别是【整体应用颜色】为白色和绿色时的线框渲染效果。

④ 【过采样】：该值越大，获得的线框效果越明显，但渲染的时间也会延长。

⑤ 【过滤器类型】：选择过滤器的类型，包含以下 3 种。

● 【长方体过滤器】：用这种过滤器渲染出来的线框比较模糊。

● 【三角形过滤器】：线框模糊效果介于【长方体过滤器】和【高斯过滤器】之间。

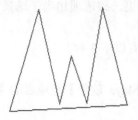

图 7-30 　【整体应用颜色】为白色时的轮廓　　　　图 7-31 　【整体应用颜色】为绿色时的轮廓

● 　【高斯过滤器】：可以得到比较清晰的线框效果。

⑥ 　【按特性差异绘制】：该卷展栏下的参数主要用来选择线框的类型，共有 8 种类型，用户可以根据实际需要进行选择。

⑦ 　【启用颜色对比度】：该选项主要和【整体应用颜色】选项一起配合使用。

⑧ 　【启用深度对比度】：该选项主要是对像素所具有的 Z 深度进行对比，若超过指定的阈值，则会产生线框效果。

⑨ 　【启用距离对比度】：该选项与深度对比类似，只不过是对像素间距进行对比。距离对比与深度对比的差别并不是很明显，渲染时可以调节这两个参数来为画面增加细节效果。

⑩ 　【启用法线对比度】：该值以角度为单位，当像素间的法线的变化差值超过多少度时，会在变化处绘制线框。

4．质量

【质量】选项卡下的参数主要用来设置渲染的质量、抗锯齿、光线跟踪和运动模糊等，如图 7-32 所示。

图 7-32 　【质量】选项卡参数

(1) 质量预设

【质量预设】选项主要用来选择渲染的质量，共有 16 种预设类型，如图 7-33 所示。

图 7-33 　【质量预设】下拉列表框

质量预设参数介绍如下。

- 【自定义】：自定义渲染的质量。
- 【草图】：一般在测试初期阶段使用这个选项，可以获得最快的速度和时间。
- 【草图：运动模糊】：在测试运动模糊时采用这个选项，渲染速度很快。
- 【草图：快速运动】：在测试快速运动的场景时采用这个选项，渲染速度很快。
- 【预览】：略好于草图预设，需要更多的渲染时间，但可以达到质量和时间之间的良好平衡。
- 【预览：焦散】：在预览焦散效果时采用这个选项，可以达到质量和时间之间的良好平衡。
- 【预览：最终聚焦】：在测试最终聚焦效果时采用这个选项，效果略好于草图预设，并且可以达到质量和时间之间的良好平衡。
- 【预览：全局照明】：在测试全局照明时采用这个选项，效果略好于草图预设，需要更多的渲染时间，但可以达到质量和时间之间的良好平衡。
- 【预览：运动模糊】：在测试运动模糊时采用这个选项，效果略好于草图，需要更多的渲染时间，但可以达到到质量和时间之间的良好平衡。
- 【预览：快速运动】：在测试快速运动时采用这个选项，效果略好于草图，需要更多的渲染时间，但可以达到质量和时间之间的良好平衡。
- 【产品级】：一般在最后测试渲染阶段使用这个选项，但渲染出来的图像不包含运动模糊效果。
- 【产品级：运动模糊】：一般在最后测试渲染运动模糊阶段使用这个选项。
- 【产品级：快速毛发】：一般在最后测试渲染运动毛发阶段使用这个选项。
- 【产品级：快速头发】：一般在最后测试渲染运动头发阶段使用这个选项。
- 【产品级：快速运动】：该选项包括运动中的毛发，测试渲染时使用这个选项作为最终的测试渲染。
- 【产品级：精细跟踪】：该选项包括光线跟踪，测试渲染时使用这个作为最终的测试渲染。

(2) 抗锯齿质量

【抗锯齿质量】卷展栏包含【光线跟踪/扫描线质量】和【光栅化器质量】两个卷展栏，如图 7-34 所示。

抗锯齿质量参数介绍如下。

① 【采样模式】：设置图像采样的模式. 共有以下 3 种。

- 【固定采样】：使用固定的样本数量进行采样。
- 【自适应采样】：根据不同的场景进行采样。样本的【最高采样级别】和【最低采样级别】差距不会超过 2。
- 【自定义采样】：每个像素的采样数由不同的场景而定。【自定义采样】允许调整【最低采样级别】和【最高采样级别】的数值，同时保留真正的【自适应采样】(除非最高和最低的样本设置为相同的值)。自定义采样还可以设置最高和最低的采样级别为大于 2 的值，但是最低和最高采样级别不应相差超过 3。

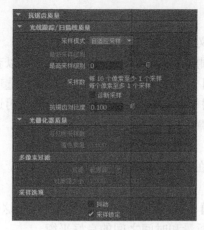

图 7-34　【抗锯齿质量】卷展栏

② 【最低采样级别】：用来设置每一个图像采样数的最低级别。

③ 【最高采样级别】：用来设置每一个图像采样数的最高级别。

④ 【采样数】：设置样本的实际数目，以计算当前的设置。

注意：当选择【自适应采样】模式时，样本的最高和最低采样级别不能相差超过 2，这是推荐的设置。对于高级用户，可以选择【自定义采样】模式来进行设置。

⑤ 【诊断采样】：启用该复选框后，可以产生一种灰度图像来代表采样密度，从而可以观察采样是否符合要求。

⑥ 【抗锯齿对比度】：降低该参数值可以增加采样量，以得到更好的质量，但会花费更多的渲染时间。

⑦ 【可见性采样数】：该参数默认值为 0，可以用来调节抗锯齿的采样数目。

⑧ 【着色质量】：设置每幅图像的材质采样数量，默认值为 1，最小值为 0.001。

⑨ 【过滤】：设置多像素过滤的类型，可以通过模糊处理来提高渲染的质量，共有以下 5 种类型。

- 【长方体】：这种过滤方式可以得到相对较好的效果和较快的速度。
- 【三角形】：这种过滤方式的计算更加精细，计算速度比【长方体】过滤方式慢，但可以得到更均匀的效果。
- 【Gauss(高斯)】：这是一种比较好的过滤方式，能得到最佳的效果，速度是最慢的一种，但可以得到比较柔和的图像。
- 【Mitchell(米切尔)】/【Lanczos(兰索斯)】：这两种过滤方式与 Gauss(高斯)过滤方式不一样，它们更加倾向提供最终计算的像素。因此，如果想要增强图像的细节，可以选择 Mitchell(米切尔)/Lanczos(兰索斯)过滤类型。

提示：相比于 Mitchell(米切尔)过滤方式，Lanczos(兰索斯)过滤方式会呈现出更多的细节。

⑩ 【过滤器大小】：该参数的数值越大，来自相邻像素的信息就越多，图像也越模糊，但数值不能低于(1, 1)。

⑪ 【抖动】：这是一种特殊的方向采样计算方式，可以减少锯齿现象，但是会影响

几何形状的正确性，一般情况都应该关闭该选项。

⑫ 【采样锁定】：启用该复选框后，可以消除渲染时产生的噪波、杂点和闪烁效果，一般情况都要开启该选项。

(3) 光线跟踪

【光线跟踪】卷展栏下的参数主要用来控制物理反射、折射和阴影效果，如图 7-35 所示。

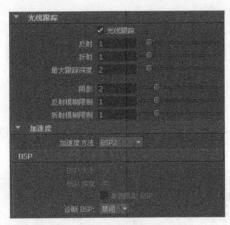

图 7-35 【光线跟踪】卷展栏

光线跟踪参数介绍如下。

① 【光线跟踪】：控制是否开启【光线跟踪】功能。

② 【反射】：设置光线跟踪的反射次数。数值越大，反射效果越好。

③ 【折射】：设置光线跟踪的折射次数。数值越大，折射效果越好。

④ 【最大跟踪深度】：用来限制反射和折射的次数，从而控制反射和折射的渲染效果。

⑤ 【阴影】：设置光线跟踪的阴影质量。如果该数值为 0，阴影将不穿过透明折射的物体。

⑥ 【反射/折射模糊限制】：设置二次反射/折射的模糊值。数值越大，反射/折射的效果会更加模糊。

⑦ 【加速度方法】：选择加速度的方式，共有以下 3 种。

● 【常规 BSP】：即【二进制空间划分】，这是默认的加速度方式，在单处理器系统中是最快的一种。若关闭了【光线跟踪】功能，最好选用这种方式。

● 【大 BSP】：这是【常规 BSP】方式的变种方式，适用于渲染应用了光线跟踪的大型场景，因为它可以将场景分解成很多个小块，将不需要的数据存储在内存中，以加快渲染速度。

● BSP2：即【二进制空间划分】的第 2 代，主要运用在具有光线跟踪的大型场景中。

⑧ 【BSP 大小】：设置 BSP 树的最大面(三角形)数。增大该值将减少内存的使用量，但是会增加渲染时间，默认值为10。

⑨ 【BSP 深度】：设置 BSP 树的最大层数。增大该值将缩短渲染时间，但是会增加

内存的使用量和预处理时间，默认值为 40。

⑩ 【单独阴影 BSP】：让使用低精度场景的阴影来提高性能。

⑪ 【诊断 BSP】：使用诊断图像来判定【BSP 深度】和【BSP 大小】参数设置得是否合理。

(4) 光栅化器

【光栅化器】卷展栏下只有【光栅化器透明度】一个参数，它主要用来控制透明度和运动模糊的质量，如图 7-36 所示。

图 7-36　【光栅化器】卷展栏

(5) 阴影

【阴影】卷展栏下的参数主要用来设置阴影的渲染模式以及阴影贴图，如图 7-37 所示。

图 7-37　【阴影】卷展栏

阴影参数介绍如下。

① 【阴影方法】：用来选择阴影的使用方法，共有 4 种，分别是【已禁用】、【简单】、【已排序】和【分段】。

② 【阴影链接】：选择阴影的链接方式，共有【启用】、【遵守灯光链接】和【禁用】3 个方式。

③ 【格式】：设置阴影贴图的格式，共有以下 4 种。

● 【已禁用阴影贴图】：关闭阴影贴图。

● 【常规】：能得到较好的阴影贴图效果，但是渲染速度较慢。

● 【常规(OpenGL 加速)】：如果用户的显卡是专业显卡，可以使用这种阴影贴图格式，以获得较快的渲染速度，但是渲染时有可能会出错。

● 【细节】：使用细节较强的阴影贴图格式。

④ 【重建模式】：确定是否重新计算所有的阴影贴图，共有以下 3 种模式。

● 【重用现有贴图】：如果情况允许，可以载入以前的阴影贴图来重新使用之前渲染的阴影数据。

● 【重建全部并覆盖】：全部重新计算阴影贴图和现有的点来覆盖现有的数据。

● 【重建全部并合并】：全部重新计算阴影贴图来生成新的数据，并合并这些数据。

⑤ 【运动模糊阴影贴图】：控制是否生成运动模糊的阴影贴图，使运动中的物体沿着运动路径产生阴影。

⑥ 【光栅化器像素采样】：控制抗锯齿质量与光栅化器计算阴影贴图的采样数量。

(6) 运动模糊

【运动模糊】卷展栏下的参数主要用来设置运动模糊的质量以及运动偏移等效果，如图 7-38 所示。

图 7-38 【运动模糊】卷展栏

运动模糊参数介绍如下。

① 【运动模糊】：设置运动模糊的方式，共有以下 3 种。

● 【禁用】：关闭运动模糊。

● 【无变形】：以线性平移方式来处理运动模糊，只针对未开孔或没有透明属性的平移运动物体，渲染速度比较快。

● 【完全】：针对每个顶点进行采样，而不是针对每个对象。这种方式的渲染速度比较慢，但能得到准确的运动模糊效果。

② 【运动模糊时间间隔】：该参数的数值越大，运动模糊效果越明显，但是渲染速度很慢。

③ 【快门打开/关闭】：利用帧间隔来控制运动模糊，默认值为 0 和 1。如果这两个参数值相等，运动模糊将被禁用；如果这两个参数值更大，运动模糊将启用，正常取值为 0 和 1；这两个参数值都为 0.5 时，同样会关闭运动模糊，但是会计算【运动向量】。

④ 【运动模糊阴影贴图】：启用该复选框后，可以确定是否启用阴影贴图运动模糊效果；关闭该选项可以提高渲染速度。

⑤ 【置换运动因子】：根据可视运动的数量控制精细置换质量。

⑥ 【运动质量因子】：使用光栅化器处理运动模糊时，必须决定是使用较高的值以产生更佳的质量，还是使用较低的值以实现更快的渲染。将【运动质量因子】值设定为大于 0 的值时，会自动降低快速移动对象的着色采样数，降低速率与设置的幅值和屏幕空间中实例的速度成比例。

⑦ 【运动步数】：启用运动模糊后，mental ray 可以通过动变换创建运动路径，就像顶点处的多个运动向量可以创建运动路径一样。

⑧ 【时间采样】：该选项是运动模糊质量的主要控件，主要用来定义每个空间采样的暂时着色采样数量。

⑨ 【时间对比度】：较低的值会导致更多的时间采样，从而产生更精确的运动模糊，但会增加渲染时间。

⑩ 【自定义运动偏移】：启用该复选框后，可以设置运动偏移来定义捕捉运动模糊信息的时间步数。

⑪ 【运动后偏移】：设置运动模糊起点的间隔时间，默认值为 0.5。

⑫ 【静态对象偏移】：设置用于呈现静态物体的时间，默认值为 0。

(7) 帧缓冲区

【帧缓冲区】卷展栏下的选项主要针对图像最终渲染输出进行设置，如图 7-39 所示。

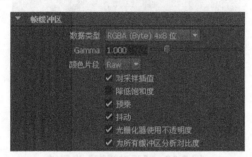

图 7-39 【帧缓冲区】卷展栏

帧缓冲区参数介绍如下。

- 【数据类型】：选择帧缓冲区中包含的信息类型。

- 【Gamma(伽马)】：对已渲染的颜色像素应用 Gamma(伽马)校正，以补偿具有非线性颜色响应的输出设备。

- 【颜色片段】：控制在将颜色写入到非浮点型帧缓冲区或文件之前，该选项用来决定如何将颜色剪裁到有效范围(0，1)内。

- 【对采样插值】：该选项可使 mental ray 在两个已知的像素采样值之间对采样值进行插值。

- 【降低饱和度】：如果要将某种颜色输出到没有 32 位(浮点型)和 16 位(半浮点型)精度的帧缓冲区，并且 RGB 分量超出(0，最大值)的范围，则 mental ray 会将该颜色剪裁至该合适范围。

- 【预乘】：如果启用该复选框，mental ray 会避免对象在背景上的抗锯齿。

- 【抖动】：通过向像素中引入噪波，从而平摊舍入误差来减轻可视化带状条纹问题。

- 【光栅化器使用不透明度】：使用光栅化器时，启用该选项会强制在所有颜色用户帧缓冲区上执行透明度/不透明度合成，无论各个帧缓冲区上的设置如何都是如此。

- 【为所有缓冲区分析对比度】：这是一项性能优化技术，允许 mental ray 在颜色统一的区域对图像进行更为粗糙的采样，而在包含细节的区域(如对象边缘和复杂纹理)进行精细采样。

5. 间接照明

Maya 默认的灯光照明是一种直接照明方式。所谓直接照明就是被照物体直接由光源进行照明，光源发出的光线不会发生反射来照亮其他物体，而现实生活中的物体都会产生漫反射，从而间接照亮其他物体，并且还会携带颜色信息，使物体之间的颜色相互影响，直到能量耗尽才会结束光能的反弹这种照明方式也就是【间接照明】。

在讲解【间接照明】的参数之前，这里还要介绍一下【全局照明】。所谓【全局照明】(习惯上简称为 GI)，就是直接照明加上间接照明。两种照明方式同时被使用可以生成非常逼真的光照效果。mental ray 实现 GI 的方法有很多种，如【光子贴图】、【最终聚集】和【基于图像的照明】等。

【间接照明】选项卡是 mental ray 渲染器的核心部分，在这里可以制作【基于图像的照明】和【物理太阳和天空】效果，同时还可以设置【全局照明】、【贴图】、【光子贴图】和【最终聚焦】等，如图 7-40 所示。

图 7-40 【间接照明】选项卡

(1) 环境

【环境】卷展栏主要针对环境的间接照明进行设置，如图 7-41 所示。

图 7-41 【环境】卷展栏

环境参数介绍如下。

- 【基于图像的照明】：单击后面的【创建】按钮可以利用纹理或贴图为场景提供照明。
- 【物理太阳和天空】：单击后面的【创建】按钮可以为场景添加天光效果。

(2) 全局照明

展开【全局照明】卷展栏，如图 7-42 所示。全局照明是一种允许使用间接照明和颜色溢出等效果的过程。

图 7-42 【全局照明】卷展栏

全局照明参数介绍如下。

- 【全局照明】：控制是否开启【全局照明】功能。
- 【精确度】：设置全局照明的精度。数值越高，渲染效果越好，但渲染速度会变慢。
- 【比例】：控制间接照明效果对全局照明的影响。
- 【半径】：默认值为 0，此时 Maya 会自动计算光子半径。如果场景中的噪点较多，增大该值(1～2 之间)可以减少噪点，但是会带来更模糊的结果。为了减小模糊程度，必须增加由光源发出的光子数量(全局照明精度)。
- 【合并距离】：合并指定的光子世界距离。对于光子分布不均匀的场景，该参数可以大大降低光子映射的大小。

(3) 焦散

【焦散】卷展栏可以控制渲染的焦散效果，如图 7-43 所示。

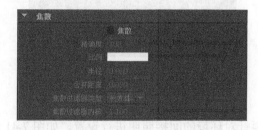

图 7-43 【焦散】卷展栏

焦散参数介绍如下。

① 【焦散】：控制是否开启【焦散】功能。
② 【精确度】：设置渲染焦散的精度。数值越大，焦散效果越好。
③ 【比例】：控制间接照明效果对焦散的影响。
④ 【半径】：默认值为 0，此时 Maya 会自动计算焦散光子的半径。
⑤ 【合并距离】：合并指定的光子世界距离。对于光子分布不均匀的场景，该参数可以大大减少光子映射的大小。
⑥ 【焦散过滤器类型】：选择焦散的过滤器类型，共有以下 3 种。

- 【长方体】：用该过滤器渲染出来的焦散效果很清晰，并且渲染速度比较快，但是效果不太精确。
- 【圆锥体】：用该过滤器渲染出来的焦散效果很平滑，而渲染速度比较慢，但是焦散效果比较精确。
- 【Gauss(高斯)】：用该过滤器渲染出来的焦散效果最好，但渲染速度最慢。

⑦　【焦散过滤器内核】：增大该参数值，可以使焦散效果变得更加平滑。

(4)　光子跟踪

【光子跟踪】卷展栏主要对 mental ray 渲染产生的光子进行设置，如图 7-44 所示。

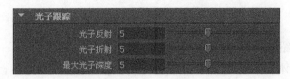

图 7-44　【光子跟踪】卷展栏

光子跟踪参数介绍如下。

- 【光子反射】：限制光子在场景中的反射量。该参数与最大光子的深度有关。
- 【光子折射】：限制光子在场景中的折射量。该参数与最大光子的深度有关。
- 【最大光子深度】：限制光子反弹的次数。

(5)　光子贴图

【光子贴图】卷展栏主要针对 mental ray 渲染产生的光子形成的光子贴图进行设置，
如图 7-45 所示。

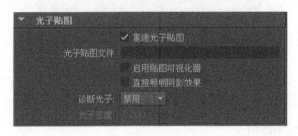

图 7-45　【光子贴图】卷展栏

光子贴图参数介绍如下。

- 【重建光子贴图】：启用该复选框后，Maya 会重新计算光子贴图，而现有的光
  子贴图文件将被覆盖。
- 【光子贴图文件】：设置一个光子贴图文件，同时新的光子贴图将加载这个光子
  贴图文件。
- 【启用贴图可视化器】：启用该复选框后，在渲染时可以在视图中观察到光子的
  分布情况。
- 【直接照明阴影效果】：如果在使用了全局照明和焦散效果的场景中有透明的阴
  影，应启用该复选框。
- 【诊断光子】：使用可视化效果来诊断光子属性设置是否合理。
- 【光子密度】：使用光子贴图时，该选项可以使用内部着色器替换场景中的所有
  材质着色器，该内部着色器可以生成光子密度的伪彩色渲染。

(6)　光子体积

【光子体积】卷展栏主要针对 mental ray 光子的体积进行设置，如图 7-46 所示。

图 7-46　【光子体积】卷展栏

光子体积参数介绍如下。

● 【光子自动体积】：控制是否开启【光子自动体积】功能。

● 【精确度】：控制光子映射来估计参与焦散效果或全局照明的光子强度。

● 【半径】：设置参与媒介的光子的半径。

● 【合并距离】：合并指定的光子世界空间距离。对于光子分布不均匀的场景，该
参数可以大大降低光子映射的大小。

(7) 重要性粒子

【重要性粒子】卷展栏主要针对 mental ray 的【重要性粒子】进行设置，如图 7-47 所
示。【重要性粒子】类似于光子的粒子，但是它们从摄影机中发射，并以相反的顺序穿越
场景。

图 7-47　【重要性粒子】卷展栏

重要性粒子参数介绍如下。

● 【重要性粒子】：控制是否启用重要性粒子发射。

● 【密度】：设置对于每个像素从摄影机发射的重要性粒子数。

● 【合并距离】：合并指定的世界空间距离内的重要性粒子。

● 【最大深度】：控制场景中重要性粒子的漫反射。

● 【穿越】：启用该复选框后，可以使重要性粒子不受阻止，即使完全不透明的几
何体也是如此；取消启用该复选框后，重要性粒子会存储在从摄影机到无穷远的
光线与几何体的所有相交处。

(8) 最终聚集

【最终聚集】简称 FG，是一种模拟 GI 效果的计算方法。FG 分为以下两个处理
过程。

● 从摄影机发出光子射线到场景中，当与物体表面产生交点时，又从该交点发射出
一定数量的光线，以该点的法线为轴，呈半球状分布，只发生一次反弹，并且存
储相关信息为最终聚集贴图。

● 利用由预先处理过程中生成的最终聚集贴图信息进行插值和额外采样点计算，然
后用于最终渲染。

展开【最终聚集】卷展栏，如图 7-48 所示。

图 7-48　【最终聚集】卷展栏

最终聚集部分参数介绍如下。

- 【最终聚集】：控制是否开启【最终聚集】功能。

- 【精确度】：增大该参数值可以减少图像的噪点，但会增加渲染时间，默认值为 100。

- 【点密度】：控制最终聚集点的计算数量。

- 【点插值】：设置最终聚集点插值渲染的采样点。数值越高，效果越平滑。

- 【主漫反射比例】：设置漫反射颜色的强度来控制场景的整体亮度或颜色。

- 【次漫反射比例】：主要配合【主漫反射比例】选项一起使用，可以得到更加丰富自然的照明效果。

- 【次漫反射反弹数】：设置多个漫反射反弹最终聚集，可以防止场景的暗部产生过于黑暗的现象。

- 【重建】：设置【最终聚集贴图】的重建方式，共有【禁用】、【启用】和【冻结】3 种方式。

- 【启用贴图可视化器】：创建可以存储的可视化最终聚集光子。

- 【预览最终聚集分片】：预览最终聚集的效果。

- 【预计算光子查找】：启用该复选框后，可以预先计算光子并进行查找，但是需要更多的内存。

- 【诊断最终聚集】：允许使用显示为绿色的最终聚集点渲染初始光栅空间；使用显示为红色的最终聚集点作为渲染时的最终聚集点。这有助于精细调整最终聚集设置，以区分依赖于视图的结果和不依赖于视图的结果，从而更好地分布最终聚集点。

- 【过滤】：控制最终聚集形成的斑点有多少被过滤掉。

- 【衰减开始/停止】：用这两个选项可以限制用于最终聚集的间接光(但不是光子)的到达。

- 【法线容差】：指定要考虑进行插值的最终聚集点法线可能会偏离该最终聚集点曲面法线的最大角度。

- 【反射】：控制初级射线在场景中的反射数量。该参数与最大光子的深度有关。

- 【折射】：控制初级射线在场景中的折射数量。该参数与最大光子的深度有关。
- 【最大跟踪深度】：默认值为 0，此时表示间接照明的最终计算不能穿过玻璃或反弹镜面。
- 【最终聚集模式】：针对渲染不同的场合进行设置，可以得到速度和质量的平衡。
- 【最大/最小半径】：合理设置这两个参数可以加快渲染速度。一般情况下，一个场景的最大半径为外形尺寸的 10%，最小半径为最大半径的 10%。
- 【视图(半径以像素大小为单位)】：启用该复选框后，会导致【最小半径】和【最大半径】的最后聚集再次计算像素大小。

(9) 辐照度粒子

【辐照度粒子】是一种全局照明技术，它可以优化【最终聚集】的图像质量。展开【辐照度粒子】卷展栏，如图 7-49 所示。

图 7-49　【辐照度粒子】卷展栏

辐照度粒子参数介绍如下。

- 【辐照度粒子】：控制是否开启【辐照度粒子】功能。
- 【光线数】：使用光线的数量来估计辐射。最低值为 2，默认值为 256。
- 【间接过程】：设置间接照明传递的次数。
- 【比例】：设置【辐照度粒子】的强度。
- 【插值】：设置【辐照度粒子】使用的插值方法。
- 【插值点数量】：用于设置插值点的数量，默认值为 64。
- 【环境】：控制是否计算辐照环境贴图。
- 【环境光线】：计算辐照环境贴图使用的光线数量。
- 【重建】：启用该复选框后，mental ray 会计算辐照度粒子贴图。
- 【贴图文件】：指定辐照度粒子的贴图文件。

(10) 环境光遮挡

展开【环境光遮挡】卷展栏. 如图 7-50 所示。如果要创建环境光遮挡过程，则必须启用【环境光遮挡】功能。

环境光遮挡参数介绍如下。

- 【环境光遮挡】：控制是否开启【环境光遮挡】功能。
- 【光线数】：使用环境的光线来计算每个环境闭塞。

- 【缓存】：控制环境闭塞的缓存。
- 【缓存密度】：设置每个像素的环境闭塞点的数量。
- 【缓存点数】：查找缓存点的数目的位置插值，默认值为 64。

图 7-50 【环境光遮挡】卷展栏

6. 选项

【选项】选项卡下的参数用来控制 mental ray 渲染器的【诊断】、【预览】、【mental ray 覆盖】、【转换】等功能，如图 7-51 所示。

图 7-51 【选项】选项卡

7.6 VRay 渲染器

现在已经开发出了专门针对 Maya 的 VRay 渲染器。众所周知 VRay 渲染器是目前业内最受欢迎的渲染器，也是当今 CG 行业普及率最高的渲染器。

7.6.1 VRay 渲染器简介

VRay 渲染器广泛应用于建筑与室内设计行业。VRay 渲染器在表现这类题材时有着无与伦比的优势，它操作简单，渲染速度相对较快。所以 VRay 渲染器一直是渲染中的霸主，如图 7-52 和图 7-53 所示的分别是 VRay 渲染器应用在室内和室外的渲染作品。

VRay 渲染器主要有以下 3 个特点。

(1) VRay 渲染器同时适合室内外场景的创作。

(2) 使用 VRay 渲染器渲染图像时很容易控制饱和度，并且画面不容易出现各种毛病。

(3) 使用 GI 时，调节速度比较快。在测试渲染阶段，需要开启 GI 反复渲染来调节灯光和材质的各项参数，在这个过程中对渲染器的 GI 速度要求比较高，因此 VRay 渲染器很符合这个要求。

图 7-52　室内效果图

图 7-53　室外效果图

7.6.2　VRay 灯光

VRay 自带了 4 种灯光，下面依次进行详解。

1. VRay 灯光的类型

VRay 渲染器的灯光分为 VRay Sphere Light(VRay 球形灯)、VRay Dome Light(VRay 圆顶灯)、VRay Rect Light(VRay 矩形灯)和 VRay IES Light(VRay IES 灯)4 种类型，如图 7-54 所示。这 4 种灯光在视图中的形状如图 7-55 所示。

图 7-54　灯光

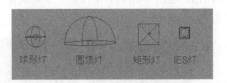

图 7-55　VRay 灯光名称

VRay 灯光介绍如下。

- VRay Sphere Light(VRay 球形灯)：这种灯光的发散方式是一个球体形状，适合制作一些发光体，如图 7-56 所示。
- VRay Dome Light(VRay 圆顶灯)：该灯光可以用来模拟天空光的效果，此外还可以在圆顶灯中使用 HDRI 高动态贴图，如图 7-57 所示的是圆顶灯的发散形状。

图 7-56　VRay 球形灯

图 7-57　VRay 圆顶灯

- VRay Rect Light(VRay 矩形灯)：该灯光是 VRay 灯光中使用最频繁的一种灯光，主要应用于室内环境，它属于面光源，其发散形状是一个矩形，如图 7-58 所示。
- VRay IES Light(VRay IES 灯)：主要用来模拟光域网的效果，但是需要导入光域网文件才能起作用，如图 7-59 所示是没有导入任何光域网文件的效果。

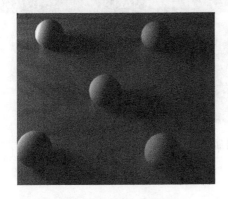

图 7-58　VRay 矩形灯

图 7-59　VRay IES 灯

　　光域网是灯光的一种物理性质，它决定了灯光在空气中的发散方式。不同的灯光在空气中的发散方式是不一样的，比如手电筒会发出一个光束。这说明由于灯光自身特性的不同，其发出的灯光图案也不相同，而这些图案就是光域网造成的，如图 7-60 所示的是一些常见光域网的发光形状。

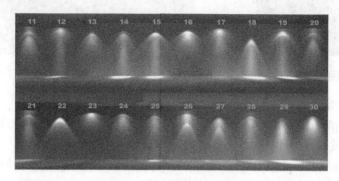

图 7-60　光域网发光形状

2. VRay 灯光的属性

　　下面以 VRay Rect Light(VRay 矩形灯)为例来讲解 VRay 的灯光属性，如图 7-61 所示的为矩形灯的【属性编辑器】对话框。

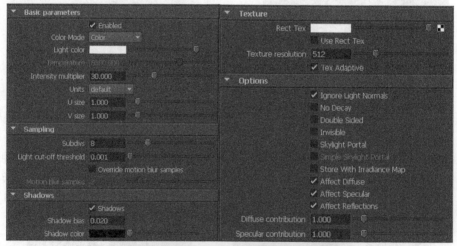

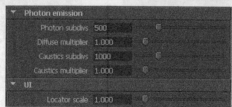

图 7-61　矩形灯【属性编辑器】对话框

VRay 矩形灯参数介绍如下。

- Enabled(启用)：VRay 灯光的开关。
- Color Mode(颜色模式)：包含 Color(颜色)和 Temperature(色温)两种颜色模式。

- Light color(灯光颜色)：如果设置 Color Mode(颜色模式)为 Color(颜色)，那么该选项用来设置灯光的颜色。

- Temperature(色温)：如果设置 Color Mode(颜色模式)为 Temperature(色温)，那么该选项用来设置光的色温。

- Intensity multiplier(强度倍增)：用来设置灯光的强度。

- Units(单位)：灯光的计算单位，可以选择不同单位来设置灯光强度。

- U size(U 向大小)：用来设置光源的 U 向尺寸大小。

- V size(V 向大小)：用来设置光源的 V 向尺寸大小。

- Subdivs(细分)：用来控制灯光的采样数量。值越大，效果越好。

- Light cut-off threshold(灯光截止阈值)：有很多微弱且不重要的灯光时，可以使用这个参数来控制它们，以减少渲染时间。

- Override motion blur samples(运动模糊样本覆盖)：用运动模糊样本覆盖当前灯光的默认数值。

- Motion blur samples(运动模糊采样)：当启用 Override motion blur samples(运动模糊样本覆盖)复选框时，该选项来设置运动模糊的采样数。

- Shadows(阴影)：VRay 灯光阴影的开关。

- Shadow bias(阴影偏移)：用来设置阴影的偏移量。

- Shadow color(阴影颜色)：用来设置阴影的颜色。

- Rect Tex(平面纹理)：使用指定的纹理。

- Use Rect Tex(使用平面纹理)：一个优化选项，可以减少表面的噪点。

- Texture resolution(纹理分辨率)：指定纹理的分辨率。

- Tex Adaptive(纹理自适应)：启用该复选框后，VRay 将根据纹理部分亮度的不同来对其进行分别采样。

- Ignore Light Normals(忽略灯光法线)：当一个被跟踪的光线照射到光源上时，该复选框用来控制 VRay 计算发光的方式。对于模拟真实世界的光线，应该取消启用该复选框，但启用该复选框后渲染效果会更加平滑。

- No Decay(无衰减)：启用该复选框后，VRay 灯光将不进行衰减；如果取消启用该复选框 VRay 灯光将以距离的"反向平方"方式进行衰减，这是真实世界中的对灯光衰减方式。

- Double Sided(双面)：当 VRay 灯光为面光源时，该复选框用来控制灯光是否在这个光源的两面进行发光。

- Invisible(不可见)：该复选框在默认情况下处于启用状态，在渲染时会渲染出灯光的形状。若取消启用该复选框，将不能渲染出灯光形状，但一般情况都要取消启用该复选框。

- Skylight Portal(天光入口)：启用该复选框后，灯光将作为天空光的光源。

- Simple Skylight Portal(简单天光入口)：启用该复选框可以获得比上个复选框更快的渲染速度，因为它不用计算物体背后的颜色。

- Store With Irradiance Map(存储发光贴图)：启用该复选框后，计算发光贴图的时间会更长，但渲染速度会加快。

- Affect Diffuse(影响漫反射)：启用该复选框后，VRay 将计算漫反射。
- Affect Specular(影响高光)：启用该复选框后，VRay 将计算高光。
- Affect Reflections(影响反射)：启用该复选框后，VRay 将计算反射。
- Diffuse Contribution(漫反射贡献)：用来设置漫反射的强度倍增。
- Specular Contribution(高光贡献)：用来设置高光的强度倍增。
- Photon Subdivs(光子细分)：该数值越大，渲染效果越好。
- Diffuse Multiplier(漫反射倍增)：用来设置漫反射光子倍增。
- Caustics Subdivs(焦散细分)：用来控制焦散的质量。值越大，焦散效果越好。
- Caustics Multiplier(焦散倍增)：用来设置渲染对象产生焦散的倍数。
- Locator Scale(定位器缩放)：用来设置灯光定位器在视图中的大小。

7.6.3　VRay 基本材质属性

VRay 渲染器提供了一种特殊物质叫 VRayMtl 材质，如图 7-62 所示。在场景中使用该材质能够获得更加准确的物理照明(光能分布)效果，并且反射和折射参数的调节更加方便，同时还可以在 VRayMtl 材质中应用不同的纹理贴图来控制材质的反射和折射效果。

图 7-62　VRay 材质编辑器

双击 VRayMtl 材质节点，打开其属性编辑器对话框，如图 7-63 所示。

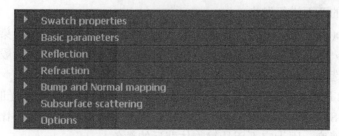

图 7-63　VRayMtl 材质属性编辑器

1. Swatch properties(样本特征)

展开 Swatch properties (样本特征)卷展栏，如图 7-64 所示。

图 7-64　Swatch properties (样本特征)卷展栏

样本特征参数介绍如下。

- Auto update(自动更新)：当对材质进行了改变时，启用该复选框后，可以自动更新材质示例效果。
- Always render this swatch(总是渲染样本)：启用该复选框后，可以对样本强制进行渲染。
- Max resolution(最大分辨率)：设置样本显示的最大分辨率。
- Update(更新)：如果取消启用 Auto update(自动更新)复选框，可以单击该按钮强制更新材质示例效果。

2. Basic Parameters(基本参数)

展开 Basic parameters(基本参数)卷展栏，如图 7-65 所示。在该卷展栏下可以设置材质的颜色、自发光等属性。

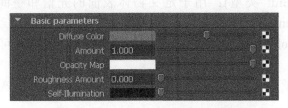

图 7-65　Basic parameters(基本参数)卷展栏

基本参数介绍如下。

- Diffuse Color(漫反射颜色)：漫反射也叫固有色或过渡色，可以是单色也可以是贴图，是指非镜面物体受光后的表面色或纹理。当 Diffuse Color(漫反射颜色)为白色时，需要将其控制在 253 以内，因为在纯白(即 255 时渲染会很慢，也就是说材质越白，渲染时光线要跟踪的路径就越长。
- Amount(数量)：数值为 0 时，材质为黑色，可以改变该参数的数值来减弱漫反射对材质的影响。
- Opacity Map(不透明度贴图)：为材质设置不透明贴图。
- Roughness Amount(粗糙数量)：该参数可以用于模拟粗糙表面或灰尘表面(例如皮肤，或月球的表面)。
- Self-Illumination(自发光)：设置材质的自发光颜色。

3. Reflection(反射)

展开 Reflection(反射)卷展栏，如图 7-66 所示。在该卷展栏下可以对 VRayMtl 材质的各项反射属性进行设置。

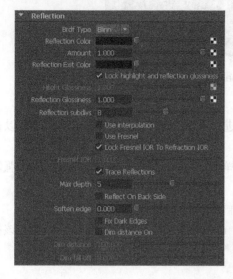

图 7-66 Reflection(反射)卷展栏

反射参数介绍如下。

- Brdf Type(Brdf 类型)：用于定义物体表面的光谱和空间的反射特性，共有 Phong、Blinn 和 Ward 这 3 个选项。
- Reflection Color(反射颜色)：用于设置材质的反射颜色，也可以使用贴图来设置反射效果。
- Amount(数量)：增大该值可以减弱反射颜色的强度；减小该值可以增强反射颜色的强度。
- Lock highlight and reflection glossiness(锁定高光和反射光泽度)：启用该复选框后，可以锁定材质的高光和反射光泽度。
- Highlight Glossiness(高光光泽度)：设置材质的高光光泽度。
- Reflection Glossiness(反射光泽度)：通常也叫模糊反射，该参数主要用于设置反射的模糊程度。不同反射物体的表面平滑度是不一样的，越平滑的物体其反射能力越强(例如光滑的瓷砖)，反射的物体就越清晰；反之就越模糊(例如木地板)。
- Reflection subdivs(反射细分)：该选项主要用来控制模糊反射的细分程度。数值越高，模糊反射的效果越好，渲染时间也越长；反之颗粒感就越强，渲染时间也会减少。当 Reflection glossiness(反射光泽度)为 1 时，Reflection subdivs(反射细分)是无效的；反射光泽数值越低，所需的细分值也要相应加大才能获得最佳效果。
- Use Fresnel(使用 Fresnel)：启用该复选框后，光线的反射就像真实世界的玻璃反射一样。当光线和表面法线的夹角接近 0 时，反射光线将减少直到消失；当光线与表面几乎平行时，反射是可见的；当光线垂直于表面时，几乎没有反射。
- Lock Fresnel IOR To Refraction IOR(锁定 Fresnel 反射到 Fresnel 折射)：启用该复

选框后，可以直接调节 Fresnel IOR(Fresnel 反射率)。

- Fresnel IOR(Fresnel 反射率)：设置 Fresnel 反射率。
- Trace Reflections(跟踪反射)：开启或关闭跟踪反射效果。
- Max depth(最大深度)：光线的反射次数。如果场景中有大量的反射和折射可能需要更高数值。
- Reflect On Back Side(在背面反射)：该选项可以强制 VRay 始终跟踪光线，甚至包括光照面的背面。
- Soften edge(柔化边缘)：软化在灯光和阴影过渡的 BRDF 边缘。
- Fix Dark Edges(修复黑暗边缘)：有时会在物体上出现黑边，启用该复选框可以修复这种问题。
- Dim distance On(开启衰减距离)：启用该复选框可以允许停止跟踪反射光线。
- Dim distance(衰减距离)：设置反射光线将不会被跟踪的距离。
- Dim fall off(衰减)：设置衰减的半径。
- Anisotropy(各向异性)：决定高光的形状。数值为 0 时为同向异性。
- Anisotropy UV coords(各向异性 UV 坐标)：设定各向异性的坐标，从而改变各向异性的方向。
- Anisotropy Rotation(各向异性旋转)：设置各向异性的旋转方向。

4. Refraction(折射)

展开 Refraction(折射)卷展栏，如图 7-67 所示在该卷展栏可以对 VRayMtl 材质的各项折射属性进行设置。

图 7-67　Refraction(折射)卷展栏

折射部分参数介绍如下。

- Refraction Color(折射颜色)：设置折射的颜色，也可以使用贴图来设置折射效果。
- Amount(数量)：减小该值可以减弱折射的颜色强度；增大该值可以增强折射的颜色强度。

- Refraction Exit Color On(开启折射退出颜色)：启用该复选框后，可以开启折射退出颜色功能。

- Refraction Exit Color(折射退出颜色)：当折射光线到达 Max depth(最大深度)设置的反弹次数时，VRay 会对渲染物体设置颜色，此时物体不再透明。

- Refraction Glossiness(折射光泽度)：透明物体越光滑，其折射就越清晰。对于表面不光滑的物体，在折射时就会产生模糊效果，这时就要用到这个参数。该数值越低，效果越模糊，反之越清晰。

- Refraction subdivs(折射细分)：增大该数值可以增强折射模糊的精细效果，但是会延长渲染时间，一般为获得最佳效果，Refraction Glossiness(折射光泽度)数值越低，就要增大 Refraction subdivs(折射细分)数值。

- Refraction IOR(折射率)：由于每种透明物体的密度是不同的，因此光线的折射也不一样，这些都由折射率来控制。

- Fog color(雾颜色)：对于有透明特性的物体，厚度的不同所产生的透明度也不同，这时就要设置 Fog color(雾颜色)和 Fog multiplier(雾倍增)才能产生真实的效果。

- Fog multiplier(雾倍增)：指雾色浓度的倍增量，其数值灵敏度一般设置在 0 以下。

- Fog bias(雾偏移)：设置雾浓度的偏移量。

- Trace Refractions(跟踪折射)：开启或关闭跟踪折射效果。

- Max depth(最大深度)：光线的折射次数。如果场景中有大量的反射和折射可能需要更高数值。

- Affect Shadows(影响阴影)：在制作玻璃材质时，需要启用该复选框，这样阴影才能透过玻璃显示出来。

- Affect Channels(影响通道)：共有 Color only(只有颜色)、Color+alpha(颜色+Alpha)、All channels(所有通道)3 个选项。

- Dispersion(色散)：启用该复选框后，可以计算渲染物体的色散效果。

- Dispersion Abbe(色散)：允许增加或减少色散的影响。

5. Bump and Normal mapping(凹凸和法线贴图)

展开 Bump and Normal mapping(凹凸和法线贴图)卷展栏，如图 7-68 所示。

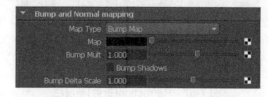

图 7-68　Bump and Normal mapping(凹凸和法线贴图)卷展栏

凹凸和法线贴图参数介绍如下。

- Map Type(贴图类型)：选择凹凸贴图的类型。

- Map(贴图)：用来设置凹凸或法线贴图。

- Bump Mult(凹凸倍增)：用来设置凹凸的强度。
- Bump Shadows(凹凸阴影)：启用该复选框后，可以开启凹凸的阴影效果。

6. Subsurface scattering(次表面散射)

展开 Subsurface scattering(次表面散射)卷展栏，如图 7-69 所示。

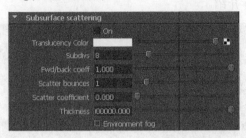

图 7-69　Subsurface scattering(次表面散射)卷展栏

次表面散射参数介绍如下。

- On(开启)：打开或关闭次表面散射功能。
- Translucency Color(半透明颜色)：设置次表面散射的颜色。
- Subdivs(细分)：控制次表面散射效果的质量。
- Fwd/back coeff(正向/后向散射)：控制散射光线的方向。
- Scatter bounces(散射反弹)：控制光线的反弹次数。
- Scatter coefficient(散射系数)：表示里面物体的散射量。0 表示光线将分散在各个方向；1 表示光线不能改变内部的分型面量的方向。
- Thickness(厚度)：限制射线的追踪距离，可以加快渲染速度。
- Environment fog(环境雾)：启用该复选框后，将跟踪到材质的直接照明。

7. Options(选项)

展开 Options(选项)卷展栏，如图 7-70 所示。

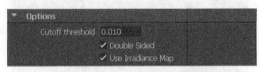

图 7-70　【Options(选项)】卷展栏

选项参数介绍如下。

- Cutoff threshold(截止阈值)：该选项设置低于该反射/折射将不被跟踪的极限数值。
- Double-Sided(双面)：对材质的背面也进行计算。
- Use Irradiance Map(使用发光贴图)：启用该复选框后，则 VRay 对于材质间接照明的近似值使用 Irradiance Map(发光贴图)，否则使用 Brute force(蛮力)方式。

7.6.4 VRay 渲染参数设置

打开【渲染设置】对话框，在【使用以下渲染器渲染】下拉列表框中选择 VRay 选项，设置渲染器为 VRay，如图 7-71 所示。VRay 渲染参数分为几个选项卡，下面对某些选项卡下的重要参数进行介绍。

图 7-71 【渲染设置】对话框的 VRay 渲染器

1. Global options(全局选项)

展开 Global options(全局选项)卷展栏，如图 7-72 所示。该卷展栏主要用来对场景中的灯光、材质、置换等进行全局设置，比如是否使用默认灯光、是否开启阴影、是否开启模糊等。

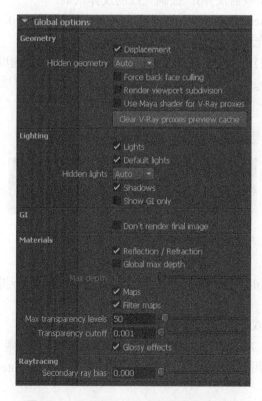

图 7-72 Global options(全局选项)卷展栏

全局选项参数介绍如下。

- Displacement(置换)：启用或者禁用置换贴图。

- Hidden geometry(隐藏几何体)：决定是否隐藏几何体。

- Force back face culling(强制背面消隐)：启用该复选框后，物体背面会自动隐藏。

- Render viewport subdivision(渲染视口细分)：启用该复选框后，按 3 键进入光滑预览模式，可以直接渲染出来，而不需要进行光滑细分，这样可以节省系统资源。

- Use Maya shader for V-Ray proxies(Maya 着色器使用 VRay 代理)：使用 VRay 代理来替换 Maya 着色器。

- Clear V-Ray proxies preview cache(清除 VRay 代理预览缓存)：可以清除 VRay 代理预览缓存。

- Lights(灯光)：决定是否启用灯光，这是场景灯光的总开关。

- Default lights(默认灯光)：决定是否启用默认灯光。当场景没有灯光的时候，使用该复选框可以关闭默认灯光。

- Hidden lights(隐藏灯光)：是否启用隐藏灯光。当启用时，场景中即使隐藏的灯光也会被启用。

- Shadows(阴影)：决定是否启用阴影。

- Show GI only(只显示 GI)：启用该复选框后，不会显示直接光照效果，只包含间接光照效果。

- Don't render final image(不渲染最终图像)：启用该复选框后，VRay 只会计算全局光照贴图(光子贴图、灯光贴图、辐照贴图)。如果要计算穿越动画的时候，这选项非常有用。

- Reflection/Refraction(反射/折射)：决定是否启用整体反射和折射效果。

- Global max depth(全局最大深度)：启用该复选框，可以激活下面的 Max depth(最大深度)选项。

- Max depth(最大深度)：控制整体反射和折射的强度，当取消启用 Global max depth(全局最大深度)复选框时，反射和折射的强度由 VRay 的材质参数控制；当启用 Global max depth(全局最大深度)复选框时，则材质的反射和折射都会使用此参数的设置。

- Maps(贴图)：启用或取消场景中的贴图。

- Filter maps(过滤贴图)：启用或取消场景中的贴图的纹理过滤。

- Max transparency levels(最大透明级别)：控制到达多少深度，透明物体才被跟踪。

- Transparency cutoff(透明终止阈值)：检查所有光线穿过达到一定透明程度物体的光线，如果光线透明度比该选项临界值低，则 VRay 将停止计算光线。

- Glossy effects(光泽效果)：决定是否渲染光泽效果(模糊反射和模糊折射)。由于启用后会花费很多渲染时间，所以在测试渲染的时候可以关闭该复选框。

- Secondary rays bias(二次光线偏移)：使用该选项可以避免场景重叠的面产生黑色斑点。

2. Image sampler(图像采样器)

展开 Image sampler(图像采样器)卷展栏，如图 7-73 所示。图像采样是指采样和过滤图像的功能，并产生最终渲染图像的像素构成阵列的算法。

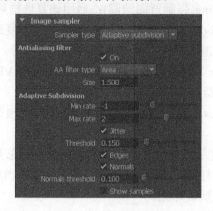

图 7-73　Image sampler(图像采样器)卷展栏

图像采样器部分参数介绍如下。

(1) Sampler type(采样器类型)：选择采样器的类型，共有以下 3 种。注意，每种采样器都有各自对应的参数。

① Fixed rate(固定比率)：对每个像素使用一个固定的细分值。该采样方式适合拥有大量的模糊效果(比如运动模糊、景深模糊、反射模糊、折射模糊等)或者具有高细节纹理贴图的场景。在这种情况下，使用 Fixed rate(固定比率)方式能够兼顾渲染品质和渲染时间，这个采样器的参数设置如图 7-74 所示。

图 7-74　固定比率参数

Subdivs(细分)：用来控制图像的采样的精细度，值越低，图像越模糊；反之越清晰。

② Adaptive DMC(自适应 DMC)：这种采样方式可以根据每个像素以及与它相邻像素的明暗差异，来让不同像素使用不同的样本数量。在角落部分使用较高的样本数量，在平坦部分使用较低的样本数量。该采样方式适合拥有少量的模糊效果或者具有高细节的纹理贴图以及具有大量几何体面的场景，这个采样器的参数设置如图 7-75 所示。

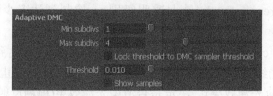

图 7-75　自适应 DMC 参数

自适应 DMC 参数介绍如下。

● Min subdivs(最小细分)：定义每个像素使用的最细分，这个值主要用在对角落地方的采样。值越大，角落地方的采样品质越高，图像的边线抗锯齿也越好，但是渲染速度会变慢。

- Max subdivs(最大细分)：定义每个像素使用的最大细分，这个值主要用在平坦部分的采样。值越大，平坦部分的采样品质越高，渲染速度越慢。在渲染商业图的时候，可以将该值设置得低一些，因为平坦部分需要的采样不多，从而节约渲染时间。

- Lock threshold to DMC sampler threshold(锁定阈值到 DMC 采样器阈值)：确定是否需要更多的样本作为一个像素。

- Threshold(阈值)：设置将要使用的阈值，以确定是否让一个像素需要更多的样本。

- Show sampler(显示采样)：启用该复选框后，可以看 Adaptive DMC(自适应 DMC)的样本分布情况。

③ Adaptive Subdivision(自适应细分)：这个采样器具有负值采样的高级抗锯齿功能，适合用在没有或者有少量的模糊效果的场景中。在这种情况下，它的渲染速度最快；但是在具有大量细节和模糊效果的场景中，它的渲染速度会非常慢，渲染品质也不高。这是因为它需要去优化模糊和大量的细节，这样就需要对模糊和大量细节进行预计算，从而把渲染速度降低。同时该采样方式是 3 种采样器类型中最占内存资源的一种，而 Fixed rate(固定比率)采样器占的内存资源最少。这个采样器的参数设置如图 7-76 所示。

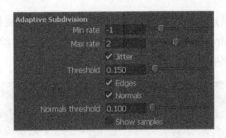

图 7-76　自适应细分参数

自适应细分参数介绍如下。

- Min rate(最小比率)：定义每个像素使用的最少样本数量。数值为 0 表示一个像素使用一个样本数量；−1 表示两个像素使用一个样本；−2 表示 4 个像素使用一个样本。值越小，渲染品质越低，渲染速度越快。

- Max rate(最大比率)：定义每个像素使用的最多样本数量。数值为 0 表示一个像素使用一个样本数量；1 表示每个像素使用 4 个样本；2 表示每个像素使用 8 个样本数量。值越高，渲染品质越好，渲染速度越慢。

- Jitter(抖动)：在水平或垂直线周围产生更好的反锯齿效果。

- Threshold(阈值)：设置采样的密度和灵敏度。较低的值会产生更好的效果。

- Edges(边缘)：启用该复选框后，可以对物体轮廓线使用更多的样本，从而提高物体轮廓的品质，但是会减慢渲染速度。

- Normals(法线)：控制物体边缘的超级采样。

- Normals threshold(法线阈值)：决定 Adaptive Subdivision(自适应细分)采样器在物体表面法线的采样程度。当达到这个值以后，就停止对物体表面的判断。具体一点就是分辨哪些呈交叉区域，哪些不呈交叉区域。

- Show sampler(显示采样)：当启用该复选框后，可以看到 Adaptive Subdivision(自适应细分)采样器的样本分布情况。

(2) On(开启)：决定是否启用抗锯齿过滤端。

(3) AA filter type(抗锯齿过滤器类型)：选择抗锯齿过滤器的类型，共有 8 种，分别是 Box(立方体)、Area(区域)、Triangle(三角形)、Lanczos、Sinc、CatmullRom(强化边缘清晰)、Gaussian(高斯)和 Cook Variable(Cook 变量)。

(4) Size(尺寸)：以像素为单位设置过滤器的大小，值越高，效果越模糊。

提示：对于具有大量模糊特效或高细节的纹理贴图场景，使用 Fixed rate(固定比率)采样器是兼顾图像品质和渲染时间的最好选择，所以一般在测试渲染阶段都使用 Fixed rate(固定比率)采样器；对于模糊程度不高的场景，可以选择 Adaptive Subdivision (自适应细分)采样器。另外，当一个场景具有高细节的纹理贴图或大量模型并且只有少量模糊特效时，最好采用 Adaptive DMC(自适应 DMC)采样器。特别是在渲染动画时，如果使用 Adaptive Subdivision(自适应细分)采样器可能会产生动画抖动现象。

---

3. Environment(环境)

展开 Environment(环境)卷展栏，如图 7-77 所示。在该卷展栏下，可以在 Back ground texture(背景纹理)、GI texture(GI 纹理)、Reflection texture(反射纹理)和 Refraction texture(折射纹理)通道中添加纹理或贴图，以增强环境效果。

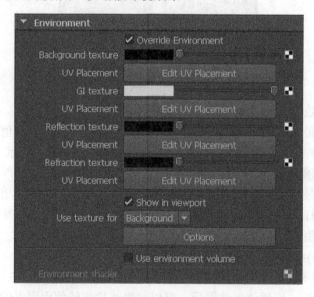

图 7-77　Environment(环境)卷展栏

4. Color mapping(颜色映射)

展开 Color mapping(颜色映射)卷展栏，如图 7-78 所示。颜色映射就是常说的曝光模式，它主要用来控制灯光的衰减以及色彩的模式。

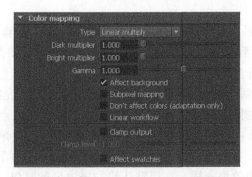

图 7-78　Color mapping(颜色映射)卷展栏

颜色映射部分参数介绍如下。

(1) Type(类型)：提供不同的曝光模式，共有以下 7 种。注意，不同类型下的局部参数也不一样。

● Linear multiply(线性倍增)：将基于最终色彩亮度来进行线性的倍增，这种模式可能会导致靠近光源的点过分明亮。

● Exponential(指数)：这种曝光是采用指数模式，可以降低靠近光源处表面的曝光效果，同时场景的颜色饱和度会降低。

● HSV exponential(HSV 指数)：与 Exponential(指数)曝光比较相似，不同点在于可以保持场景物体的颜色饱和度，但是这种方式会取消高光的计算。

● Intensity exponential(亮度指数)：这种方式是对上面两种指数曝光的结合，既抑制了光源附近的曝光效果，又保持了场景物体的颜色饱和度。

● Gamma correction(伽玛校正)：采用伽玛来修正场景中的灯光衰减和贴图色彩，其效果和 Linear multiply(线性倍增)曝光模式类似。

● Intensity Gamma(亮度伽玛)：这种曝光模式不仅拥有 Gamma correction(伽玛校正)的优点，同时还可以修正场景中灯光的亮度。

● Reinhard(莱恩哈德)：这种曝光方式可以把 Linear multiply(线性倍增)和 Exponential(指数)曝光混合起来。

(2) Dark multiplier(暗部倍增)：在 Linear multiply(线性倍增)模式下，该选项用来控制暗部色彩的倍增。

(3) Bright multiplier(亮部倍增)：在 Linear multiply(线性倍增)模式下，该选项用来控制亮部色彩的倍增。

(4) Gamma(伽玛)：设置图像的伽玛值。

(5) Affect background(影响背景)：控制是否让曝光模式影响背景。当取消启用该复选框时，背景不受曝光模式的影响。

5. GI

在讲解 GI 参数以前，先来了解一些 GI 方面的知识。因为只有了解了 GI，才能更好地把握 VRay 渲染器的用法。

GI 是 Global Illumination(全局照明)的缩写，它的含义就是在渲染过程中考虑了整个环境的总体光照效果和各种景物间光照的相互影响，在 VRay 渲染器里被理解为【间接照明】。

其实，光照按光的照射过程被分为两种，一种是直接光照(直接照射到物体上的光)；另一种是间接照明(照射到物体上以后反弹出来的光)。例如，如图 7-79 所示的光照过程中，A 点处放置了一个光源，假定 A 处的光源只发出一条光线，当 A 点光源发出的光线照射到 B 点时，B 点所受到的照射就是直接光照；当 B 点反弹出光线到 C 点然后再到 D 点的过程，沿途点所受到的照射就是间接照明。而更具体地说，D 点反弹出光线到 C 点这一过程被称为【首次反弹】；C 点反弹出光线以后，经过很多点反弹，到 D 点光能耗尽的过程被称为【二次反弹】。如果在没有【首次反弹】和【二次反弹】的情况下，就相当于和 Maya 默认扫描线渲染的效果一样。在用默认线扫描渲染的时候，经常需要补灯，其实补灯的目的就是模拟【首次反弹】和【二次反弹】的光照效果。

图 7-79　颜色映射

GI 卷展栏在 Indriect Illumination(间接照明)卷展栏下，如图 7-80 所示。

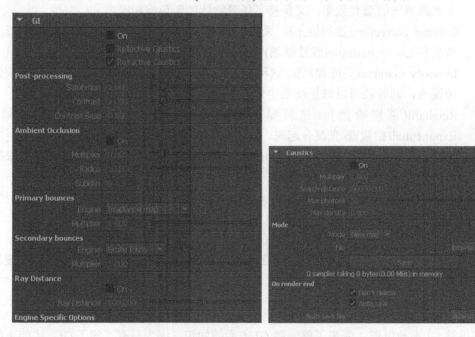

图 7-80　Indriect Illumination(间接照明)卷展栏

(1) GI 基本参数

GI 的基本参数如图 7-81 所示。

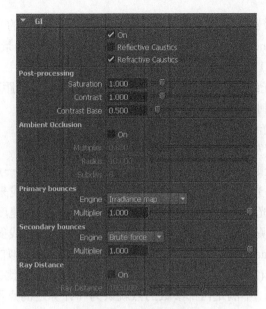

图 7-81　GI 基本参数

GI 基本参数介绍如下。

① On(启用)：控制是否开启 GI 间接照明功能。

② Reflective Caustics(反射焦散)：控制是否让间接照明产生反射焦散。

③ Refractive Caustics(折射焦散)：控制是否让间接照明产生折射焦散。

④ Post-processing(后处理)：该选项组用于对渲染图进行饱和度、对比度控制，与 Photoshop 里的功能相似。

● Saturation(饱和度)：控制图像的饱和度。值越高，饱和度也越高。

● Contrast(对比度)：控制图像的色彩对比度。值越高，色彩对比度越强。

● Contrast Base(对比度基数)：和上面的 Contrast(对比度)参数相似，这里主要控制图像的明暗对比度。值越高，明暗对比越强烈。

⑤ Ambient Occlusion(环境闭塞)：在该选项组下可以对环境闭塞效果进行设置。

● On(启用)：决定是否开启 Ambient Occlusion(环境闭塞)功能。

● Multiplier(倍增器)：设置 Ambient Occlusion(环境闭塞)的倍增值。

● Radius(半径)：设置产生环境闭塞效应的半径大小。

● Subdivs(细分)：增大该参数的数值可以产生更好的环境闭塞效果。

⑥ Primary bounces(首次反弹)：该选项组的参数用于光线的第一次反弹控制。

● Engine(引擎)：设置 Primary bounces(首次反弹)的光的倍增值，包括 Irradiance map(发光贴图)、Photon map(光子贴图)、Brute force(蛮力)、Light cache(灯光缓存)、Spherical Harmonics(球形谐波)5 种。

● Multiplier(倍增器)：这里控制 Primary bounces(首次反弹)的光的倍增值。值越高，Primary bounces(首次反弹)的光的能量越强，渲染场景越亮，默认情况下为 1。

⑦ Secondary bounces(二次反弹)：该选项组的参数用于光线的第二次反弹控制。

● Engine(引擎)：设置 Secondary bounces(二次反弹)的 GI 引擎，包括 None(无)、Photon map(光子贴图)、Brute force(蛮力)和 Light cache(灯光缓存)4 种。

- Multiplier(倍增器)：控制 Secondary bounces(二次反弹)的光的倍增值。值越高，Secondary bounces(二次反弹)】的光的能量越强，渲染场景越亮，最大值为1，默认情况下也为1。

⑧ Ray Distance(光线距离)：在该选项组下可以对 GI 光线的距离进行设置。

- On(启用)：控制是否开启 Ray Distance(光线距离)功能。

- Ray Distance(光线距离)：设置 GI 光线到达的最大距离。

(2) Irradiance map(发光贴图)

Irradiance map(发光贴图)中的(发光)描述了三维空间中的任意一点以及全部可能照射到这个点的光线。在几何光学中，这个点可以是无数条不同的光线来照射，但是在渲染器中，必须对这些不同的光线进行对比、取舍，这样才能优化渲染速度。那么 VRay 渲染器的 Irradiance map(发光贴图)是怎样对光线进行优化的呢？当光线射到物体表面的时候，VRay 会从 Irradiance map(发光贴图)里寻找与当前计算过的点类似的点(VRay 计算过的点就会放在 Irradiance map(发光贴图)里)，然后根据内部参数进行对比，满足内部参数的点就认为和计算过的点相同，不满足内部参数的点就认为和计算过的点不相同，同时就认为此点是个新点，那么就重新计算它，并把它也保存在 Irradiance map(发光贴图)里。这也就是在渲染的时候看到的 Irradiance map(发光贴图)的计算过程中的跑几遍光子的现象。正是因为这样，Irradiance map(发光贴图)会在物体的边界、阴影区域计算得更精确(这些区域光的变化很大，所以被计算的新点也很多)；而在平坦区域计算的精度就比较低(平坦区域的光的变化并不大，所以被计算的新点也相对比较少)。

Irradiance map(发光贴图)的内部计算原理大概就这样，接下来看看它的参数设置，如图 7-82 所示。

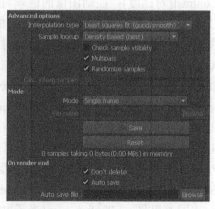

图 7-82　发光贴图参数

发光贴图参数介绍如下。

① Current preset(当前预设)：选择当前的模式，其下拉列表包括 8 种模式，分别为 Custom(自定义)、Verylow(非常低)、Low(低)、Medium(中)、Medium animation(中动画)、High(高)、High animation(高动画)、Very High(非常高)。用户可以根据实际需要来选择这 8 种模式，从而渲染出不同质量的效果图。当选择 Custom(自定义)模式时，可以手动调节

Irradiance map(发光贴图)里的参数。

② Basic parameters(基本参数)：在该选项组下可以 Irradiance map(发光贴图)的基本参数进行设置。

- Min rate(最小比率)：控制场景中平坦区域的采样数量。0 表示计算区域的每个点都有样本；-1 表示计算区域的 1/2 是样本；-2 表示计算区域的 1/4 是样本。
- Max rate(最大比率)：控制场景中的物体边线、角落、阴影等细节的采样数量。0 表示计算区域的每个点都有样本；-1 表示计算区域的 1/2 是样本；-2 表示计算区域的 1/4 是样本。
- Subdivs(细分)：因为 VRay 采用的是几何光学，它可以模拟光线的条数。这个参数就是用来模拟光线的数量，值越高，表现光线越多，那么样本精度也就越高，渲染的品质也越好，同时渲染时间也会增加。
- Interp.samples(插值采样)：这个参数是对样本进行模糊处理，较大的值可以得到比较模糊的效果，较小的值可以得到比较锐利的效果。
- Interp.frames(插值帧)：当下面的 Mode(模式)设置为 Animation(rendering)(动画渲染)时，该选项组决定了 VRay 内插值帧的数量。
- Color thresh(颜色阈值)：这个值主要是让渲染器分辨哪些是平坦区域，哪些不是平坦区域，它是按照颜色的灰度来区分的。值越小，对灰度的敏感度越高，区分能力越强。
- Normal thresh(法线阈值)：这个值主要让渲染器分辨哪些是交叉区域，哪些不是交叉区域，它是按照法线的方向来区分的。值越小，对法线方向的敏感度越高，区分能力越强。
- Dist thresh(间距阈值)：这个值主要是让渲染器分辨哪些是弯曲表面区域，哪些不是弯曲表面区域，它是按照表面距离和表面弧度的比较来区分的。值越高，表示弯曲表面的样本越多，区分能力越强。

③ Detail enhancement(细节增强)：该选项组主要用来增加细部的 GI。

- Enhance details(细节增强)：控制是否启用 Enhance details(细节增强)功能。
- Detail scale(细节比例)：包含 Screen(屏幕)和 World(世界)两个选项。Screen(屏幕)是按照渲染图像的大小来衡量下面的 Detail radius(细节半径)单位，比如 Detail radius(细节半径)为 60，而渲染的图像的大小是 600，那么就表示细节部分的大小是整个图像的 1/10；World(世界)是按照 Maya 里的场景尺寸来设定，比如场景单位是 mm，Detail radius(细节半径)为 60，那么代表细节部分的半径为 60mm。

提示：在制作动画时，一般都使用 World(世界)模式，这样才不会出现异常情况。

- Detail radius(细节半径)：表示细节部分有多大区域使用细节增强功能。它的值越大，使用(细部增强)功能的区域也就越大，同时渲染时间也越慢。
- Detail subdivs mult(细节细分倍增)：控制细部的细分。

④ Options(选项)：该选项组下的参数主要用来控制渲染过程的显示方式和样本是否可见。

- Show samples(显示采样)：显示采样的分布以及分布的密度，帮助用户分析 GI 的精度够不够。

- Show calc phase(显示计算状态)：启用该复选框后，用户可以看到渲染帧里的 GI 预计算过程，同时会占用一定的内存资源。

- Show direct light(显示直接光照)：在预计算的时候显示直接光照，以方便用户观察直接光照的位置。

- Use camera path(使用摄影机路径)：启用该复选框后，VRay 会计算整个摄影机路径计算的 Irradiance map(发光贴图)样本，而不只是计算当前视图。

⑤ Advanced options(高级选项)：该选项组下的参数主要用来对样本的相似点进行插值、查找。

- Interpolation type(插值类型)：VRay 提供了 4 种样本插值方式，为 Irradiance map(发光贴图)的样本的相似点进行插补。

- Sample lookup(查找采样)：主要控制哪些位置的采样点是适合用来作为基础插值的采样点。

- Check sample visibility(计算传递插值采样)：该复选框是被用在计算 Irradiance map(发光贴图)过程中的，主要计算已经被查找后的插值样本使用数量。较低的数值可以加速计算过程，但是会导致信息不足；较高的值计算速度会减慢，但是所利用的样本数量比较多，所以渲染质量也比较好。官方推荐使用 10~25 之间的数值。

- Multipass(多过程)：当启用该复选框时，VRay 会根据 Min rate(最小比率)和 Max rate(最大比率)进行多次计算。如果取消启用该复选框，那么就强制一次性计算完。一般根据多次计算以后的样本分布会均匀合理一些。

- Randomize samples(随机采样值)：控制 Irradiance map(发光贴图)的样本是否随机分配。如果启用该复选框，那么样本将随机分配；如果取消启用该复选框，那么样本将以网格方式来进行排列。

- Calc. interp samples(检查采样可见性)：在灯光通过比较薄的物体时，很有可能会产生漏光现象，启用该复选框可以解决这个问题，但是渲染时间就会长一些。

⑥ Mode(模式)：该选项组下的参数主要是提供 Irradiance map(发光贴图)的使用模式。

- Mode(模式)：Single frame(单帧)用来渲染静帧图像；Multifame incremental(多帧累加)用于渲染仅有摄影机移动的动画；From file(从文件)表示调用保存的光子图进行动画计算(静帧同样也可以这样)；Add to current map(添加到当前贴图)可以把摄影机转一个角度再全新计算新角度的光子，最后把这两次的光子叠加起来，这样的光子信息更丰富、更准确，同时也可以进行多次叠加；Incremental add to current map(增量添加到当前贴图)与 Add to current map(添加到当前贴图)相似，只不过它不是全新计算新角度的光子，而是只对没有计算过的区域进行新的计算；Bucket mode(块模式)是把整个图分成块来计算，渲染完一个块再进行下一个块的计算，但是在低 GI 的情况下，渲染出来的块会出现错位的情况，它主要用于网络渲染，速度比其他方式快；Animation(prepass)动画(预处理)适合动画预览，使用这种模式要预先保存好光子图；Animation (rendering)动画(渲染)适合最终动画渲染，这种模式要预先保存好光子图。

- File name(文件名称)/Browse(浏览)：单击【浏览】按钮  可以从硬盘中调用需要的光子图进行渲染。
- Save(保存)：将光子图保存到硬盘中。
- Reset(重置)：清除内存中的光子图。

⑦ On render end(渲染结束时)：该选项组下的参数主要用来控制光子图在渲染完以后如何处理。

- Don't delete(不删除)：当光子图渲染完以后，不把光子从内存中删掉。
- Auto save(自动保存)：当光子图渲染完以后，自动保存在硬盘中，单击下面的浏览按钮 Browse 就以选择保存位置。

(3) Brute force GI(蛮力 GI)

Brute force GI(蛮力 GI)引擎的计算精度相当高，但是渲染速度比较慢，在 Subdivs(细分)数值比较小时，会有杂点产生，其参数如图 7-83 所示。

图 7-83　蛮力 GI 参数

蛮力 GI 参数介绍如下。

- Subdivs(细分)：定义 Brute force GI(蛮力 GI)引擎的样本数量。值越大，效果越好，速度越慢；值越小，产生的杂点越多，渲染速度相对快一些。
- Depth(深度)：控制 Brute force GI(蛮力 GI)引擎的计算深度(精度)。

(4) Light cache(灯光缓存)

Light cache(灯光缓存)计算方式使用近似计算场景中的全局光照信息，它采用了 Irradiance map(发光贴图)和 Photon map(光子贴图)的部分特点，在摄影机可见部分跟踪光线的发射和衰减，然后把灯光信息储存到一个三维数据结构中。它对灯光的模拟类似于 Photon map(光子贴图)，而计算范围和 Irradiance map(发光贴图)的方式一样，仅对摄影机的可见部分进行计算。虽然它对灯光的模拟类似于 Photon map(光子贴图)，但是它支持任何灯光类型。

设置 Primary bounces(首次反弹)的 Engine(引擎)为 Light cache(灯光缓存)，此 Irradiance map(发光贴图)卷展栏将自动切换为 Light cache(灯光缓存)卷展栏，如图 7-84 所示。

灯光缓存部分参数介绍如下。

① Calculation parameters(计算参数)：该选项组用来设置 Light cache(灯光缓存)的基本参数，比如细分、采样大小等。

- Number of passes(进程数量)：这个参数由 CPU 的数量来确定，如果是单 CUP 单核单线程，那么就可以设定位 1；如果是双核，就可以设定为 2。注意，这个值设定得太大会让渲染的图像有点模糊。
- Subdivs(细分)：用来决定 Light cache(灯光缓存)的样本数量。值越高，样本总量越多，渲染效果越好，渲染时间越长。

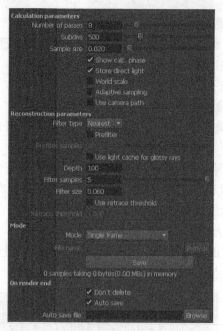

图 7-84　Light cache(灯光缓存)卷展栏

- Sample size(采样大小)：用来控制 Light cache(灯光缓存)的样本大小，比较小的样本可以得到更多的细节，但是同时需要更多的样本。

- Show calc.phase(显示计算状态)：启用该复选框后，可以显示 Light cache(灯光缓存)的计算过程，方便观察。

- Store direct light(保存直接光)：启用该复选框后，Light cache(灯光缓存)将保存直接光照信息。当场景中有很多灯光时，启用该复选框会提高渲染速度。

- World scale(世界比例)：按照 Maya 系统里的单位来定义样本大小，比如样本大小为 10mm，那么所有场景中的样本大小都为 10mm，和摄影机角度无关。在渲染动画时，使用这个单位是个不错的选择。

- Adaptive sampling(自适应采样)：该复选框的作用在于记录场景中的灯光位置，并在灯光的位置上采用更多的样本，同时模糊特效也会处理得更快，但是会占用更多的内存资源。

- Use camera path(使用摄影机路径)：启用该复选框后，VRay 会计算整个摄影机路径计算的 Light cache(灯光缓存)样本，而不只是计算当前视图。

② Reconstruction parameters(重建参数)：该选项组主要是对 Light cache(灯光缓存)的样本以不同的方式进行模糊处理。

- Filter type(过滤器类型)：设置过滤器的类型。None(无)表示对样本不进行过滤；Nearest(相近)会对样本的边界进行查找，然后对色彩进行均化处理，从而得到一个模糊效果；Fixed(固定)方式和 Nearest(相近)方式的不同点在于，它采用距离的判断来对样本进行模糊处理。

- Prefilter(预滤器)：启用该复选框后，可以对 Light cache(灯光缓存)样本进行提前过滤。它主要是查找样本边界，然后对其进行模糊处理。

- Prefilter samples(预滤器采样)：启用 Prefilter(预滤器)复选框后，该选项才可用。数值越高，对样本进行模糊处理的程度越深。
- Use light cache for glossy rays(对光泽光线使用灯光缓存)：启用该复选框后，会提高对场景中反射和折射模糊效果的渲染速度。
- Depth(深度)：决定要跟踪的光线的跟踪长度。
- Filter samples(过滤器采样)：当过滤器类型设置为 Nearest(相近)时，这个参数决定让最近的样本中有多少光被缓存起来。
- Filter size(过滤器大小)：设置过滤器的大小。
- Use retrace threshold(使用折回阈值)：启用该复选框后，可以激活下面的 Retrace threshold(折回阈值)选项。
- Retrace threshold(折回阈值)：在全局照明缓存的情况下，修正附近角落漏光的区域。

6. Caustics(焦散)

Caustics(焦散)是一种特殊的物理现象，在 VRay 渲染器里有专门的焦散功能。展开 Caustics(焦散)卷展栏，如图 7-85 所示。

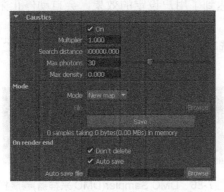

图 7-85　Caustics(焦散)卷展栏

焦散参数介绍如下。

- On(启用)：控制是否启用焦散功能。
- Multiplier(倍增器)：焦散的亮度倍增。值越高，焦散效果越亮。
- Search distance(搜索距离)：当光子跟踪撞击在物体表面的时候，会自动搜寻位于周围区域同一平面的其他光子，实际上这个搜寻区域是一个以撞击光子为中心的圆形区域，其半径就是由这个搜寻距离确定的。较小的值容易产生斑点；较大的值会产生模糊焦散效果。
- Max photons(最大光子数)：定义单位区域内的最大光子数量，然后根据单位区域内的光子数量来均分照明。较小的值不容易得到焦散效果；而较大的值会使焦散效果产生模糊现象。
- Max density(最大密度)：控制光子的最大密度，默认值 0 表示使用 VRay 内部确定的密度，较小的值会让焦散效果比较锐利。

7. DMC Sampler(DMC 采样器)

DMC 采样器是 VRay 渲染器的核心部分，一般用于确定获取什么样的样本，最终哪些样本被光线追踪。它控制场景中的反射模糊、折射模糊、面光源、抗锯齿、次表面散射、景深、运动模糊等效果的计算程度。

DMC 采样器与那些任意一个"模糊"评估使用分散的方法来采样不同的是，VRay 根据一个特定的值，使用一种独特的统一标准框架来确定有多少以及多么精确的样本被获取，那个标准框架就是大名鼎鼎的 DMC 采样器。那么在渲染中实际的样本数量是由什么决定的呢？其条件有 3 个，分别如下。

(1) 由用户在 VRay 参数面板里指定的细分值。

(2) 取决于评估效果的最终图像采样。例如，暗的平滑的反射需要的样本数就比明亮的要少，原因在于最终的效果中反射效果相对较弱；远处的面光源需要的样本数量比近处的要少。这种基于实际使用的样本数量来评估最终效果的技术被称为重要性抽样。

(3) 从一个特定的值获取的样本的差异。如果那些样本彼此之间比较相似，那么可以使用较少的样本来评估；如果是完全不同的，为了得到比较好的效果，就必须使用较多的样本来计算。在每一次新的采样后，VRay 会对每一个样本进行计算，然后决定是否继续采样。如果系统认为已经达到了用户设定的效果，会自动停止采样，这种技术称之为早期性终止。

切换到 Settings(设置)选项卡，然后展开 DMC Sampler(DMC 采样器)卷展栏，如图 7-86 所示。

图 7-86　DMC Sampler(DMC 采样器)卷展栏

DMC 采样器参数介绍如下。

● Time Dependent(独立时间)：如果启用该复选框，在渲染动画的时候会强制每帧都使用一样的 DMC 采样器。

● Adaptive Amount(自适应数量)：控制早期终止应用的范围，值为 1 表示最大程度的早期性终止；值为 0 则表示早期性终止不会被使用。值越大，渲染速度越快；值越小，渲染速度越慢。

● Adaptive Threshold(自适应阈值)：在评估样本细分是否足够好的时候，该选项用来控制 VRay 的判断能力，在最后的结果中表现为杂点。值越小，产生的杂点越少，获得图像品质越高；值越大，渲染速度越快，但是会降低图像的品质。

● Adaptive Min Samples(自适应最小采样值)：决定早期性终止被使用之前使用的最小样本。较高的取值将会减慢渲染速度，但同时会使早期性终止算法更可靠。值越小，渲染速度越快；值越大，渲染速度越慢。

● Subdivs Mult(全局细分倍增器)：在渲染过程中这个选项会倍增 VRay 中的任何细分值。在渲染测试的时候，可以通过减小该值来加快预览速度。

7.7 上机实践操作——渲染云中月

本范例完成文件：/07/7-1.mb

多媒体教学路径：光盘→多媒体教学→第 7 章

7.7.1 实例介绍与展示

本章实例的应用是渲染乌云里的月亮，效果如图 7-87 所示。

图 7-87 制作效果

7.7.2 实例制作

(1) 选择【创建】|【EP 曲线工具】命令，绘制两条曲线，如图 7-88 所示。

(2) 选择【曲面】|【放样】命令，对曲线进行放样操作，如图 7-89 所示。

图 7-88 绘制曲线

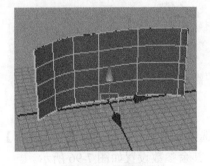

图 7-89 放样曲线

(3) 选择【创建】|【NURBS 基本体】|【球体】命令，创建球体，放置位置如图 7-90 所示。

(4) 再创建一个球体，编辑成如图 7-91 所示的形状。

(5) 复制编辑的球体，如图 7-92 所示。

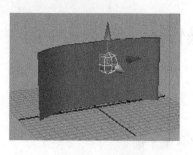
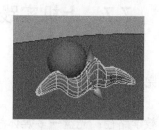

<table>
<tr><td>图 7-90　创建球体</td><td>图 7-91　编辑球体</td></tr>
</table>

（6）选择【创建】｜【灯光】｜【聚光灯】命令，创建主光源，设置阴影，如图 7-93 所示。

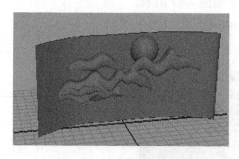
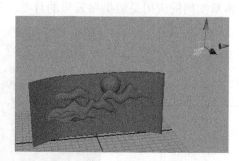

<table>
<tr><td>图 7-92　复制编辑的球体</td><td>图 7-93　创建主光源</td></tr>
</table>

（7）建立辅助光源，选择【创建】｜【灯光】｜【平行光】命令，创建平行光，在【属性编辑器】对话框中，设置强度为 0.5，创建的辅助光源如图 7-94 所示。

（8）创建月光，选择【创建】｜【灯光】｜【点光源】命令，创建点光源，得到的月光如图 7-95 所示。

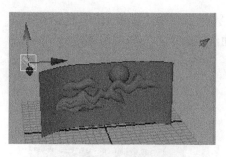
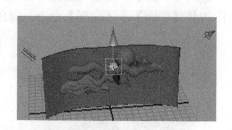

<table>
<tr><td>图 7-94　创建辅助光源</td><td>图 7-95　创建月光</td></tr>
</table>

（9）选中点光源，打开【属性编辑器】对话框，设置颜色参数为(H:270；S:0.257；V:0.832)，其余参数设置如图 7-96 所示。

（10）选择【照明/着色】｜【断开灯光链接】命令，断开天空平面和两盏主灯的链接，渲染如图 7-97 所示。

（11）为月亮指定材质，选择球体并右击，在弹出的快捷键菜单中选择新材质，单击 Lambert 按钮，打开【属性编辑器】对话框，设置材质参数如图 7-98 所示。

（12）给云彩指定 Lambert 材质，调整颜色为(H:287；S:0.413；V:0.222)，调整透明度为

(H:0.0；S:0.0；V:0.561)，设置如图 7-99 所示。

图 7-96　点光源参数设置

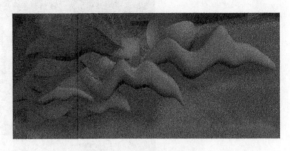

图 7-97　渲染视图

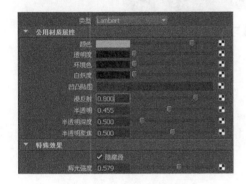

图 7-98　设置材质参数

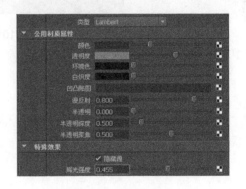

图 7-99　设置云彩参数

(13) 下面为天空指定云彩的材质，为月光添加灯光特效，建立大气效果。打开【属性编辑器】对话框，单击【灯光雾】后面的■按钮，设置颜色为浅灰色。完成实例的渲染，最终效果如图 7-100 所示。

图 7-100　渲染效果

7.8 操 作 练 习

课后练习用 Maya 制作金属文字效果，效果如图 7-101 所示。

图 7-101　练习效果

第8章 动画操作

教学目标

本章介绍了 Maya 动画的制作原理和方法；介绍了关键帧动画、驱动关键帧动画、路径动画、表达式动画以及非线性变形器动画的制作技术；介绍了通过列表和动画曲线编辑器设置及调节动画；通过实例讲解了各种类型动画的设置方式。

教学重点和难点

1. 掌握动画的概念。
2. 掌握 Maya 动画操作界面。
3. 掌握动画制作的不同技术。
4. 掌握列表的相关知识。
5. 掌握动画曲线编辑器的相关知识。

8.1 时 间 轴

动画是将静止的画面变为动态的艺术。

1826 年，约瑟夫·高原发明了转盘活动影像镜，这是一个边沿有一道裂缝且上面画有图片的循环的卡，如图 8-1 所示。看的人拿着这种卡向一面镜子走近，在卡旋转的同时通过裂缝向里观看。这样观众就把卡的圆周附近的一系列图画看成了一个运动图像。

图 8-1 转盘活动影像镜

1828 年，法国人保罗·罗盖特首先发现了视觉暂留，他发明了留影盘，如图 8-2 所示。它是一个被绳子或木杆从两面间穿过的圆盘。盘的一面画了一只鸟，另外一面画了一个空笼子。当圆盘被旋转时，鸟在笼子里出现了。这证明了当眼睛看到一系列图像时，它一次保留一个图像。

1831 年，法国人 Joseph Antoine Plateau 把画好的图片按照顺序放在一部机器的圆盘上，圆盘可以在机器的带动下转动，如图 8-3 所示。这部机器还有一个观察窗，用来观看活动的图片效果。在机器的带动下，圆盘低速旋转，圆盘上的图片也随着圆盘旋转。从观察窗看过去，图片似乎动了起来，形成了动的画面，这就是原始动画的雏形。

图 8-2　留影盘

图 8-3　动画雏形

当我们观看电影、电视或动画片时，画面中的人物和场景是连续、流畅和自然的，这就是利用了视觉暂留的特性。医学上已经证明，人的眼睛看到一幅画或者一个物体后，在 1/24 秒内不会消失。利用这个原理，在第一幅画还没有消失的时候就播出第二幅画，一种流畅的视觉变化就此产生，这就是神奇的视觉暂留，也是现代动画技术的基础。

在制作动画时，无论是传统动画的创作还是用三维软件制作动画，时间都是一个难以控制的部分，但是它的重要性是无可比拟的。它存在于动画的任何阶段，通过它可以描述出角色的重量、体积和个性等。而且时间不仅包含于运动当中，同时还能表达出角色的感情。

Maya 中的时间轴提供了快速访问时间和关键帧设置的工具，包括时间滑块、时间范围滑块和播放控制器等，这些工具可以从时间轴快速地进行访问和调整，如图 8-4 所示。

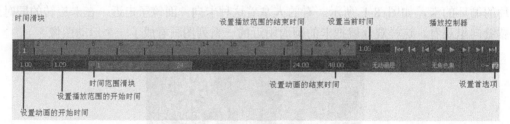

图 8-4　时间轴

8.1.1　时间滑块

时间滑块可以控制动画的播放范围、关键帧(红色线条显示)和播放范围内的受控制帧，如图 8-5 所示。

时间滑块的操作如下。

在时间滑块上的任意位置单击，即可改变当前时间，场景会跳到动画的该时间处。

按住 K 键，然后在视图中按住鼠标左键水平拖曳光标，场景动画便会随光标的移动而不断更新。

按住 Shift 键在时间滑块上单击并在水平位置拖曳出一个红色的范围，选择的时间范围会以红色显示出来，如图 8-6 所示。水平拖曳选择区域两端的箭头，可以缩放选择区域；水平拖曳选择区域中间的双箭头，可以移动选择区域。

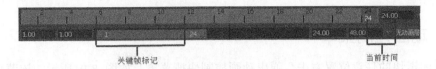

图 8-5 时间轴

图 8-6 时间滑块

8.1.2 时间范围滑块

时间范围滑块用来控制动画的播放范围，如图 8-7 所示。

图 8-7 时间范围滑块

拖曳时间范围滑块可以改变播放范围。

拖曳时间范围滑块两端的 ■ 按钮可以缩放播放范围。

双击时间范围滑块，播放范围会变成动画开始时间数值框和动画结束时间数值框中的数值的范围，再次双击，可以返回到先前的播放范围。

8.1.3 播放控制器

播放控制器主要用来控制动画的播放状态，如图 8-8 所示，各个按钮及其功能如表 8-1 所示。

图 8-8 播放控制器

表 8-1 播放控制器中的按钮及功能

按 钮	作 用	默认快捷键
⏮	转至播放范围开头	无
◀	后退一帧	Alt+
◀	后退到前一关键帧	，
◀	向后播放	无
▶	向前播放	Alt+V，按 Esc 键可以停止播放
▶	前进到下一关键帧	。
▶	前进一帧	Alt+
⏭	转至播放范围末尾	无

8.1.4 动画控制菜单

在时间滑块的任意位置右击会弹出动画控制快捷菜单，如图 8-9 所示。该菜单中的命令主要用于操作当前选择对象的关键帧。

图 8-9 右键快捷菜单

8.1.5 动画首选项

在时间轴右侧单击【动画首选项】按钮，或选择【窗口】|【设置/首选项】|【首选项】菜单命令，打开【首选项】对话框，在该对话框中可以设置动画和时间滑块的首选项，如图 8-10 所示。

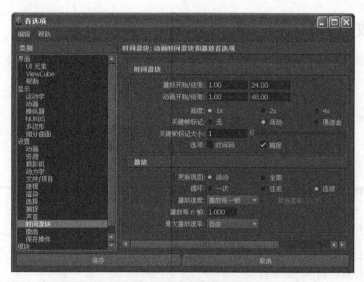

图 8-10 【首选项】对话框

8.2 关键帧动画

在 Maya 动画系统中，使用最多的就是关键帧动画。所谓关键帧动画，就是在不同的时间(或帧)将能体现动画物体动作特征的一系列属性采用关键帧的方式记录下来，并根据不同关键帧之间的动作(属性值)差异自动进行中间帧的插入计算，最终生成一段完整的关键帧动画，如图8-11所示。

图 8-11 关键帧动画

8.2.1 设置关键帧

切换到【动画】模块，选择【动画】|【设置关键帧】菜单命令，可以完成一个关键帧的记录。用该命令设置关键帧的步骤如下。

第一步：用鼠标左键拖曳时间滑块确定要记录关键帧的位置。

第二步：选择要设置关键帧的物体，修改相应的物体属性。

第三步：选择【动画】|【设置关键帧】菜单命令或按 S 键，为当前属性记录一个关键。

> 提示：通过这种方法设置的关键帧，在当前时间，选择物体的属性值将始终保持一个固定不变的状态，直到再次修改该属性值并重新设置关键帧。如果要继续在不同的时间为物体属性设置关键帧，可以重复执行以上操作。

选择【动画】|【设置关键帧】菜单命令，单击【设置关键帧】命令后面的▣按钮，打开【设置关键帧选项】对话框，如图8-12所示。

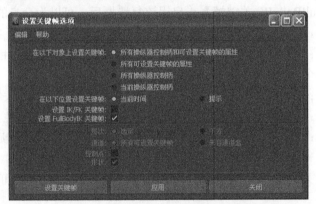

图 8-12 【设置关键帧选项】对话框

设置关键帧参数介绍如下。

(1)【在以下对象上设置关键帧】：指定将在哪些属性上设置关键帧，提供了以下 4 个选项。

● 【所有操纵器控制柄和可设置关键帧的属性】：当选中该单选按钮时，将为当前操纵器和选择物体的所有可设置关键帧属性记录一个关键帧，这是默认选项。

● 【所有可设置关键帧的属性】：当选中该单选按钮时，将为选择物体的所有可设置关键帧属性记录一个关键帧。

- 【所有操纵器控制柄】：当选中该单选按钮时，将为选择操纵器所影响的属性记录一个关键帧。例如，当使用【旋转工具】时，将只会为【旋转 x】、【旋转 y】和【旋转 z】属性记录一个关键帧。
- 【当前操纵器控制柄】：当选中该单选按钮时，将为选择操纵器控制柄所影响的属性记录一个关键帧。例如，当使用【旋转工具】操纵器的 y 轴手柄时，将只会为【旋转 y】属性记录一个关键帧。

(2) 【在以下位置设置关键帧】：指定在设置关键帧时将采用何种方式确定时间，提供了以下两个选项。

【当前时间】：当选中该单选按钮时，只在当前时间位置记录关键帧。

【提示】：当选中该单选按钮时，在执行【设置关键帧】命令时会弹出一个【设置关键帧】对话框，询问在何处设置关键帧，如图 8-13 所示。

图 8-13 【设置关键帧】对话框

(3) 【设置 IK/FK 关键帧】：启用该复选框后，在为一个带有 IK 手柄的关节链设置关键帧时，能为 IK 手柄的所有属性和关节链的所有关节记录关键帧，它能够创建平滑的 IK/FK 动画。只有当【所有可设置关键帧的属性】单选按钮处于选中状态时，这个复选框才会有效。

(4) 【设置 FullBodyIK 关键帧】：启用该复选框后，可以为全身的 IK 记录关键帧，一般保持默认设置。

(5) 【层次】：指定在有组层级或父子关系层级的物体中，将采用何种方式设置关键帧，提供了以下两个选项。

- 【选定】：选中该单选按钮，将只在选择物体的属性上设置关键帧。
- 【下方】：选中该单选按钮，将在选择物体和它的子物体属性上设置关键帧。

(6) 【通道】：指定将采用何种方式为选择物体的通道设置关键帧，提供了以下两个选项。

【所有可设置关键帧】：选中该单选按钮，将在选择物体所有的可设置关键帧通道上记录关键帧。

【来自通道盒】：选中该单选按钮，将只为当前物体从【通道盒】中选择的属性通道设置关键帧。

(7) 【控制点】：启用该复选框，将在选择物体的控制点上设置关键帧。这里所说的控制点可以是 NURBS 曲面的 CV 控制点、多边形表面顶点或晶格点。如果在要设置关键帧的物体上存在许多控制点，Maya 将会记录大量的关键帧，这样会降低 Maya 的操作性能，所以只有当非常有必要时才启用该复选框。

> **注意**：当为物体的控制点设置了关键帧后，如果删除物体构造历史，将导致动画不能正常工作。

(8) 【形状】：如果启用该复选框，将在选择物体的形状节点和变换节点设置关键帧；如果取消启用该复选框，将只在选择物体的变换节点设置关键帧。

8.2.2　设置变换关键帧

在【动画】|【设置变换关键帧】菜单下有 3 个子命令，分别是【平移】、【旋转】和【缩放】，如图 8-14 所示。执行这些命令可以为选择对象的相关属性设置关键帧。

图 8-14　【设置变换关键帧】菜单

设置变换关键帧菜单命令介绍如下。

● 【平移】：只为平移属性设置关键帧，快捷键为 Shift+W 组合键。
● 【旋转】：只为旋转属性设置关键帧，快捷键为 Shift+E 组合键。
● 【缩放】：只为缩放属性设置关键帧，快捷键为 Shift+R 组合键。

8.2.3　自动关键帧

利用【时间轴】右侧的【自动关键帧切换】按钮，可以为物体属性自动记录关键帧。这样只需要改变当前时间和调整物体属性数值，省去了每次执行【设置关键帧】命令的麻烦。在使用自动设置关键帧功能之前，必须先采用手动方式为要制作动画的物体属性设置一个关键帧，之后自动设置关键帧功能才会发挥作用。

为物体属性自动记录关键帧的操作步骤如下。

第一步：先采用手动方式为要制作动画的物体属性设置一个关键帧。

第二步：单击【自动关键帧切换】按钮，使该按钮处于开启状态。

第三步：用鼠标左键在时间轴上拖曳时间滑块，确定要记录关键帧的位置。

第四步：改变先前已经设置了关键帧的物体属性数值，这时在当前时间位置会自动记录一个关键帧。

> 提示：如果要继续在不同的时间为物体属性设置关键帧，可以重复执行第三步和第四步的操作，直到再次单击【自动关键帧切换】按钮，使该按钮处于关闭状态，结束自动记录关键帧操作。

8.2.4　在通道盒中设置关键帧

在通道盒中设置关键帧是最常用的一种方法，这种方法十分简便，控制起来也很容易，其操作步骤如下。

第一步：用鼠标左键在时间轴上拖曳时间滑块确定要记录关键帧的位置。

第二步：选择要设置关键帧的物体，修改相应的物体属性。

第三步：在通道盒中选择要设置关键帧的属性名称。

第四步：在属性名称上右击，在弹出的快捷菜单中选择【为选定项设置关键帧】命令，如图 8-15 所示。

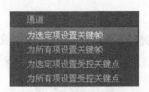

图 8-15　右键快捷菜单

提示： 也可以在弹出的快捷菜单中选择【为所有项设置关键帧】命令，为【通道盒】中的所有属性设置关键帧。

8.3　受驱动关键帧动画

【受驱动关键帧】是 Maya 中一种特殊的关键帧，利用受驱动关键帧功能，可以将一个物体的属性与另一个物体属性建立连接关系，从而通过改变一个物体的属性值来驱动另一个物体属性值发生相应的改变。其中，能主动驱使其他物体属性发生变化的物体称为驱动物体，而受其他物体属性影响的物体称为被驱动物体。

选择【动画】|【设置受驱动关键帧】|【设置】菜单命令，打开【设置受驱动关键帧】对话框，该对话框由菜单栏、驱动列表和功能按钮 3 部分组成，如图 8-16 所示。为物体属性设置受驱动关键帧的工作主要是在该对话框中完成的。

图 8-16　【设置受驱动关键帧】对话框

受驱动关键帧与正常关键帧的区别如下。

正常关键帧是在不同时间值位置为物体的属性值设置关键帧，通过改变时间值使物体属性值发生变化。而受驱动关键帧是在驱动物体不同的属性值位置为被驱动物体的属性值设置关键帧，通过改变驱动物体属性值使被驱动物体属性值发生变化。

正常关键帧与时间相关，而受驱动关键帧与时间无关。当创建了受驱动关键帧之后，可以在【曲线图编辑器】对话框中查看和编辑受驱动关键帧的动画曲线。这条动画曲线描述了驱动与被驱动物体之间的属性连接关系。

对于正常关键帧，在曲线图表视图中的水平轴向表示时间值，垂直轴向表示物体属性值；但对于受驱动关键帧，在曲线图表视图中的水平轴向表示驱动物体的属性值，垂直轴向表示被驱动物体的属性值。

受驱动关键帧功能不只限于一对一的控制方式。可以使用多个驱动物体属性控制同一个被驱动物体属性；也可以使用一个驱动物体属性控制多个被驱动物体属性。

8.3.1　驱动列表

【驱动者】列表：由左、右两个列表框组成。左侧的列表框中将显示驱动物体的名称；右侧的列表框中将显示驱动物体的可设置关键帧属性。可以从右侧列表框中选择一个属性，该属性将作为设置受驱动关键帧时的驱动属性。

【受驱动】列表：由左、右两个列表框组成。左侧的列表框中将显示被驱动物体的名称；右侧的列表框中将显示被驱动物体的可设置关键帧属性。可以从右侧列表框中选择一个属性，该属性将作为设置受驱动关键帧时的被驱动属性。

8.3.2　菜单栏

【设置受驱动关键帧】对话框中的菜单栏中包括【加载】、【选项】、【关键帧】、【选择】和【帮助】5 个菜单。下面简要介绍各菜单中命令的功能。

1. 加载

【加载】菜单包含 3 个命令，如图 8-17 所示。

图 8-17　【加载】菜单

【加载】菜单介绍如下。

- 【作为驱动者选择】：设置当前选择的物体将作为驱动物体被载入到【驱动者】列表中。该命令与下面的【加载驱动者】按钮的功能相同。
- 【作为受驱动项选择】：设置当前选择的物体将作为被驱动物体被载入到【受驱动】列表中。该命令与下面的【加载受驱动项】按钮的功能相同。
- 【当前驱动者】：执行该命令，可以从【驱动者】列表中删除当前的驱动物体和属性。

2. 选项

【选项】菜单包含 5 个命令，如图 8-18 所示。

图 8-18 【选项】菜单

【选项】菜单介绍。

- 【通道名称】：设置右侧列表中属性的显示方式，共有【易读】、【长】和【短】3 种方式。选择【易读】方式，属性将显示为中文，如图 8-19 所示；选择【长】方式，属性将显示为最全的英文，如图 8-20 所示；选择【短】方式，属性将显示为缩写的英文，如图 8-21 所示。

图 8-19　易读　　　　　图 8-20　长　　　　　图 8-21　短

- 【加载时清除】：如果启用该复选框，在加载驱动或被驱动物体时，将删除【驱动者】或【受驱动】列表中的当前内容；如果取消启用该复选框，在加载驱动或被驱动物体时，将添加当前物体到【驱动者】或【受驱动】列表中。

- 【加载形状】：如果启用该复选框，只有被加载物体的形状节点属性会出现在【驱动者】或【受驱动】列表窗口右侧的列表框中；如果取消启用该复选框，只有被加载物体的变换节点属性会出现在【驱动者】或【受驱动】列表窗口右侧的列表框中。

- 【自动选择】：如果启用该复选框，当在【设置受驱动关键帧】对话框中选择一个驱动或被驱动物体名称，在场景视图中将自动选择该物体；如果取消启用该复选框，当在【设置受驱动关键帧】对话框中选择一个驱动或被驱动物体名称，在场景视图中将不会选择该物体。

- 【列出可设置关键帧的受驱动属性】：如果启用该复选框，只有被载入物体的可设置关键帧属性会出现在【驱动者】列表窗口右侧的列表框中；如果取消启用该复选框，被载入物体的所有可设置关键帧属性和不可设置关键帧属性都会出现在【受驱动】列表窗口右侧的列表框中。

3. 关键帧

【关键帧】菜单包含 3 个命令，如图 8-22 所示。

【关键帧】菜单介绍如下。

- 【设置】：执行该命令，可以使用当前数值连接选择的驱动与被驱动物体属性。该命令与下面的【关键帧】按钮的功能相同。
- 【转到上/下一个】：执行这两个命令，可以周期性循环显示当前选择物体的驱动或被驱动属性值。利用这个功能，可以查看物体在每一个驱动关键帧所处的状态。

4. 选择

【选择】菜单只包含一个【受驱动项目】命令，如图 8-23 所示。在场景视图中选择被驱动物体，这个物体就是在【受驱动】窗口左侧列表框中选择的物体。例如，如果在【受驱动】窗口左侧列表框中选择名称为 nurbsCylinderl 的物体，选择【选择】|【受驱动项目】命令，可以在场景视图中选择这个名称为 nurbsCylinderl 的被驱动物体。

图 8-22 【关键帧】菜单　　　　图 8-23 【选择】菜单

8.3.3 功能按钮

【设置受驱动关键帧】对话框下面的几个功能按钮非常重要，设置受驱动关键帧动画基本上都靠这几个按钮来完成，如图 8-24 所示。

图 8-24 功能按钮

功能按钮介绍如下。

- 【关键帧】：只有在【驱动者】和【受驱动】窗口右侧列表框中选择了要设置驱动关键帧的物体属性之后，该按钮才可用。单击该按钮，可以使用当前数值连接选择的驱动与被驱动物体属性，即为选择物体属性设置一个受驱动关键帧。
- 【加载驱动者】：单击该按钮，将当前选择的物体作为驱动物体加载到【驱动者】列表窗口中。
- 【加载受驱动项】：单击该按钮，将当前选择的物体作为被驱动物体载入到【受驱动】列表窗口中。
- 【关闭】：单击该按钮可以关闭【设置受驱动关键帧】对话框。

8.4　曲线图编辑器

【曲线图编辑器】对话框是一个功能强大的关键帧动画编辑对话框。在 Maya 中，所有与编辑关键帧和动画曲线相关的工作几乎都可以利用【曲线图编辑器】来完成。

【曲线图编辑器】能让用户以曲线图表的方式形象化地观察和操纵动画曲线。所谓动

295

画曲线，就是在不同时间为动画物体的属性值设置关键帧，并通过在关键帧之间连接曲线段所形成的一条能够反映动画时间与属性值对应关系的曲线。利用【曲线图编辑器】提供的各种工具和命令，可以对场景中动画物体上现有的动画曲线进行精确细致的编辑调整，最终创造出更加令人信服的关键帧动画效果。

选择【窗口】|【动画编辑器】|【曲线图编辑器】菜单命令，打开【曲线图编辑器】对话框，如图 8-25 所示。【曲线图编辑器】对话框由菜单栏、工具栏、大纲列表和曲线图表视图 4 个部分组成。

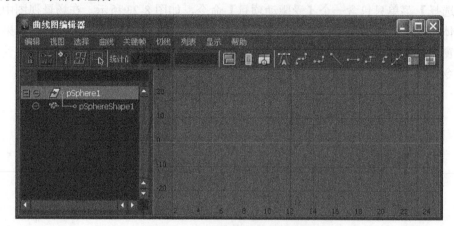

图 8-25　【曲线图编辑器】对话框

8.4.1　工具栏

为了节省操作时间，提高工作效率，Maya 在【曲线图编辑器】对话框中增加了工具栏，如图 8-26 所示。工具栏中的多数工具按钮都可以在菜单栏的各个菜单中找到。因为在编辑动画曲线时这些命令和工具的使用频率很高，所以把它们做成工具按钮放在工具栏上。

图 8-26　【曲线图编辑器】工具栏

工具栏中的工具介绍如下。

【移动最近拾取的关键帧工具】 ：使用这个工具，可以让用户利用鼠标中键在激活的动画曲线上直接拾取并拖曳一个最靠近的关键帧或切线手柄，用户不必精确选择它们就能够自由改变关键帧的位置和切线手柄的角度。

【插入关键帧工具】 ：使用这个工具，可以在现有动画曲线上插入新的关键帧。首先用单击一条要插入关键帧的动画曲线，使该曲线处于激活状态；然后拖曳鼠标中键确定在曲线上要插入关键帧的位置；当找到理想位置后松开鼠标中键，完成一个新关键帧的插入。新关键帧的切线将保持原有动画曲线的形状不被改变。

【添加关键帧工具】 ：使用这个工具，可以随意在现有动画曲线的任何位置添加关键帧。它的操作方法与【插入关键帧工具】 完全相同，有所不同的是在被添加关键帧的位置，原有动画曲线的形状会受切线影响而被改变。新添加关键帧的切线类型将与相邻关键帧的切线类型保持一致。

【晶格变形关键帧】：使用这个工具，可以在曲线图表视图中操纵动画曲线。该工具可以让用户围绕选择的一组关键帧周围创建【晶格】变形器，通过调节晶格操纵手柄可以一次操纵许多个关键帧，这个工具提供了一种高级的控制动画曲线方式。

【关键帧状态数值输入框】：这个关键帧状态数值输入框能显示出选择关键帧的时间值和属性值；用户也可以通过键盘输入数值的方式来编辑当前选择关键帧的时间值和属性值。

【框显全部】：激活该按钮，可以使所有动画曲线都能最大化显示在【曲线图编辑器】对话框中。

【框显播放范围】：激活该按钮，可以使在【时间轴】定义的播放时间范围能最大化显示在【曲线图编辑器】对话框中。

【使视图围绕当前时间居中】：激活该按钮，将在曲线图表视图的中间位置显示当前时间。

【自动切线】：该工具会根据相邻关键帧值将帧之间的曲线值钳制为最大点或最小点。

【样条线切线】：用该工具可以为选择的关键帧指定一种样条切线方式。这种方式能在选择关键帧的前后两侧创建平滑动画曲线。

【钳制切线】：用该工具可以为选择的关键帧指定一种钳制切线方式。这种方式创建的动画曲线同时具有样条线切线方式和线性切线方式的特征。当两个相邻关键帧的属性值非常接近时，关键帧的切线方式为线性；当两个相邻关键帧的属性值相差很大时，关键帧的切线方式为样条线。

【线性切线】：用该工具可以为选择的关键帧指定一种线性切线方式。这种方式使两个关键帧之间可以直线连接。如果入切线的类型为线性，在关键帧之前的动画曲线段是直线；如果出切线的类型为线性，在关键帧之后的动画曲线段是直线。线性切线方式适用于表现匀速运动或变化的物体动画。

【平坦切线】：用该工具可以为选择的关键帧指定一种平直切线方式。这种方式创建的动画曲线在选择关键帧上入切线和出切线手柄是水平放置的。平直切线方式适用于表现存在加速和减速变化的动画效果。

【阶跃切线】：用该工具可以为选择的关键帧指定一种阶梯切线方式。这种方式创建的动画曲线在选择关键帧的出切线位置为直线，这条直线会在水平方向一直延伸到下一个关键帧位置，并突然改变为下一个关键帧的属性值。阶梯切线方式适用于表现瞬间突然变化的动画效果，如电灯的打开与关闭。

【高原切线】：用该工具可以为选择的关键帧指定一种高原切线方式。这种方式可以强制创建的动画曲线不超过关键帧属性值的范围。当想要在动画曲线上保持精确的关键帧位置时，平稳切线方式是非常有用的。

【缓冲区曲线快照】：单击该工具，可以为当前动画曲线形状捕捉一个快照。通过与【交换缓冲区曲线】工具配合使用，可以在当前曲线和快照曲线之间进行切换，用来比较当前动画曲线和先前动画曲线的形状。

【交换缓冲区曲线】：单击该工具，可以在原始动画曲线(即缓冲区曲线快照)与当前动画曲线之间进行切换，同时也可以编辑曲线。利用这项功能，可以测试和比较两种动画效果的不同之处。

【断开切线】：用该工具单击选择的关键帧，可以将切线手柄在关键帧位置处打断，这样允许单独操作一个关键帧的入切线手柄或出切线手柄，使进入和退出关键帧的动画曲线段彼此互不影响。

【统一切线】：用该工具单击选择的关键帧，在单独调整关键帧任何一侧的切线手柄之后，仍然能保持另一侧切线手柄的相对位置。

【自由切线权重】：当移动切线手柄时，用该工具可以同时改变切线的角度和权重。该工具仅应用于权重动画曲线。

【锁定切线权重】：当移动切线手柄时，用该工具只能改变切线的角度，而不能影响动画曲线的切线权重。该工具仅应用于权重动画曲线。

【自动加载曲线图编辑器开/关】：激活该工具后，每次在场景视图中改变选择的物体时，在【曲线图编辑器】对话框中显示的物体和动画曲线也会自动更新。

【从当前选择加载曲线图编辑器】：激活该工具后，可以使用手动方式将在场景视图中选择的物体载入到【曲线图编辑器】对话框中显示。

【时间捕捉开/关】：激活该工具后，在曲线图视图中移动关键帧时，将强迫关键帧捕捉到与其最接近的整数时间单位值位置，这是默认设置。

【值捕捉开/关】：激活该工具后，在曲线图视图中移动关键帧时，将强迫关键帧捕捉到与其最接近的整数属性值位置。

【启用规格化曲线显示】：用该工具可以按比例缩减大的关键帧值或提高小的关键帧值，使整条动画曲线沿属性数值轴向适配到-1~1 的范围内。当想要查看、比较或编辑相关的动画曲线时，该工具非常有用。

【禁用规格化曲线显示】：用该工具可以为选择的动画曲线关闭标准化设置。当曲线返回到非标准化状态时，动画曲线将退回到它们的原始范围。

【重新规格化曲线】：缩放当前显示在图表视图中的所有选定曲线，以适配在-1~1 的范围内。

【启用堆叠的曲线显示】：激活该工具后，每个曲线均会使用其自身的值轴显示。默认情况下，该值已规格化为 1~-1 之间的值。

【禁用堆叠的曲线显示】：激活该工具后，可以不显示堆叠的曲线。

【前方无限循环】：在动画范围之外无限重复动画曲线的拷贝。

【前方无限循环加偏移】：在动画范围之外无限重复动画曲线的拷贝，并且循环曲线最后一个关键帧值将添加到原始曲线第一个关键帧值的位置。

【后方无限循环】：在动画范围之内无限重复动画曲线的拷贝。

【后方无限循环加偏移】：在动画范围之内无限重复动画曲线的拷贝，并且循环曲线最后一个关键帧值将添加到原始曲线第一个关键帧值的位置。

【打开摄影表】：单击该按钮，可以快速打开【摄影表】窗口，并载入当前物体的动画关键帧，如图 8-27 所示。

图 8-27 【摄影表】窗口

【打开 Trax 编辑器】：单击该按钮，可以快速打开【Trax 编辑器】窗口，并载入当前物体的动画片段，如图 8-28 所示。

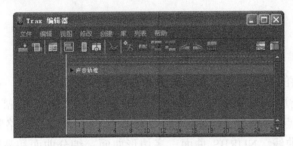

图 8-28 【Trax 编辑器】窗口

8.4.2 大纲列表

【曲线图编辑器】对话框的大纲列表与选择【窗口】|【大纲视图】菜单命令打开的【大纲视图】对话框有许多共同的特性。大纲列表中显示动画物体的相关节点，如果在大纲列表中选择一个动画节点，该节点的所有动画曲线将显示在曲线图表视图中，如图 8-29 所示。

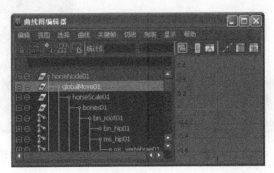

图 8-29 【曲线图编辑器】对话框的大纲列表

8.4.3 曲线图表视图

在【曲线图编辑器】对话框的曲线图表视图中，可以显示和编辑动画曲线段、关键帧和关键帧切线。如果在曲线图表视图中的任何位置右击，还会弹出一个快捷菜单，这个菜单组中包含与【曲线图编辑器】对话框的菜单栏相同的命令，如图8-30所示。

图8-30 右键菜单

8.5 变 形 技 术

使用 Maya 提供的变形功能，可以改变可变形物体的几何形状，在可变形物体上产生各种变形效果。可变形物体就是由控制顶点构建的物体。这里所说的控制顶点，可以是NURBS 曲面的控制点、多边形曲面的顶点、细分曲线的顶点和晶格物体的晶格点。由此可以得出，NURBS 曲线、NURBS 曲面、多边形曲面、细分曲面和晶格物体都是可变形物体，如图8-31 所示。

为了满足制作变形动画的需要，Maya 提供了各种功能齐全的变形器，用于创建和编辑这些变形器的工具和命令都被集合在【创建变形器】菜单中，如图8-32 所示。

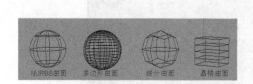

图8-31 各种曲面

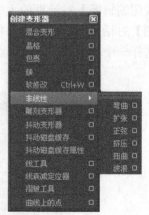

图8-32 【创建变形器】菜单

8.5.1 混合变形

【混合变形】可以使用一个基础物体来与多个目标物体进行混合，能将一个物体的形状以平滑过渡的方式改变成另一个物体的形状。

【混合变形】是一个很重要的变形工具。它经常被用于制作角色表情动画，如图 8-33 所示。

图 8-33 混合变形

不同于其他变形器，【混合变形】还提供了一个【混合变形】对话框(这是一个编辑器)，如图 8-34 所示。利用这个编辑器可以控制场景中所有的混合变形，例如调节各混合变形受目标物体的影响程度，添加或删除混合变形、设置关键帧等。

图 8-34 【混合变形】对话框

当创建混合变形时，因为会用到多个物体，所以还要对物体的类型加以区分。如果在混合变形中，一个 A 物体的形状被变形成 B 物体的形状，通常就说 B 物体是目标物体，A 物体是基础物体。在创建一个混合变形时可以同时存在多个目标物体，但基础物体只有一个。

单击【混合变形】命令后面的口按钮，打开【创建混合变形选项】对话框，如图 8-35 所示。该对话框包含【基本】和【高级】两个选项卡。

图 8-35 【创建混合变形选项】对话框

1. 【基本】选项卡

【基本】选项卡参数介绍如下。

(1) 【混合变形节点】：用于设置混合变形运算节点的具体名称。

(2)【封套】：用于设置混合变形的比例系数，其取值范围为 0～1。数值越大，混合变形的作用效果就越明显。

(3)【原点】：指定混合变形是否与基础物体的位置、旋转和比例有关，包括以下两个选项。

● 【局部】：当选中该单选按钮时，在基础物体形状与目标物体形状进行混合时，将忽略基础物体与目标物体之间在位置、旋转和比例上的不同。对于面部动画设置，应该选择该选项，因为在制作面部表情动画时通常要建立很多目标物体形状。

● 【世界】：当选中该单选按钮时，在基础物体形状与目标物体形状进行混合时，将考虑基础物体与目标物体之间在位置、旋转和比例上的任何差别。

(4)【目标形状选项】：共有以下 3 个选项。

● 【介于中间】：指定是依次混合还是并行混合。如果启用该复选框，混合将依次发生，形状过渡将按照选择目标形状的顺序发生；如果取消启用该复选框，混合将并行发生，各个目标对象形状能够以并行方式同时影响混合，而不是依次进行。

● 【检查拓扑】：该选项可以指定是否检查基础物体形状与目标物体形状之间存在相同的拓扑结构。

● 【删除目标】：该选项指定在创建混合变形后是否删除目标物体形状。

2. 【高级】选项

单击【创建混合变形选项】对话框中的【高级】标签，切换到【高级】选项卡，如图 8-36 所示。

图 8-36　【创建混合变形选项】的【高级】选项卡

【高级】选项卡参数介绍如下。

● 【变形顺序】：指定变形器节点在可变形对象的历史中的位置。

● 【排除】：指定变形器集是否位于某个划分中；划分中的集可以没有重叠的成员。启用该复选框后，【要使用的划分】和【新划分名称】选项才可用。

● 【要使用的划分】：列出所有的现有划分。

● 【新划分名称】：指定将包括变形器集的新划分的名称。

8.5.2　晶格

【晶格】变形器可以利用构成晶格物体的晶格点来自由改变可变形物体的形状，在物体上创造出变形效果。用户可以直接移动、旋转或缩放整个晶格物体来整体影响可变形物体，也可以调整每个晶格点，在可变形物体的局部创造变形效果。

【晶格】变形器经常用于变形结构复杂的物体，如图 8-37 所示。

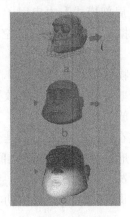

图 8-37　晶格变化

【晶格】变形器可以利用环绕在可变形物体周围的晶格物体，自由改变可变形物体的形状。

【晶格】变形器依靠晶格物体来影响可变形物体的形状。晶格物体是由晶格点构建的线框结构物体。可以采用直接移动、旋转、缩放晶格物体或调整晶格点位置的方法创建晶格变形效果。

一个完整的晶格物体由【基础晶格】和【影响晶格】两部分构成。在编辑晶格变形效果时，其实就是对影响晶格进行编辑操作。晶格变形效果是基于基础晶格的晶格点和影响晶格的晶格点之间存在的差别而创建的。在默认状态下，基础晶格被隐藏，这样可以方便对影响晶格进行编辑操作。但是变形效果始终取决于影响晶格和基础晶格之间的关系。

单击【晶格】命令后面的■按钮，打开【晶格选项】对话框，如图 8-38 所示。

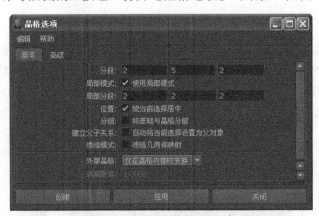

图 8-38　【晶格选项】对话框

晶格部分参数介绍如下。

(1) 【分段】：在晶格的局部 STU 空间中指定晶格的结构(STU 空间是为指定晶格结构提供的一个特定的坐标系统)。

(2) 【局部模式】：当启用【使用局部模式】复选框时，可以通过设置【局部分段】数值来指定每个晶格点能影响靠近其自身的可变形物体上的点的范围；当取消启用该复选框时，每个晶格点将影响全部可变形物体上的点。

(3) 【局部分段】：只有在【局部模式】中启用了【使用局部模式】复选框时，该选项才起作用。【局部分段】可以根据晶格的局部 STU 空间指定每个晶格点的局部影响力的范围大小。

(4) 【位置】：指定创建晶格物体将要放置的位置。

(5) 【分组】：指定是否将影响晶格和基础晶格放置到一个组中，编组后的两个晶格物体可以同时进行移动、旋转或缩放等变换操作。

(6) 【建立父子关系】：指定在创建晶格变形后是否将影响晶格和基础晶格作为选择可变形物体的子物体，从而在可变形物体和晶格物体之间建立父子连接关系。

(7) 【冻结模式】：指定是否冻结晶格变形映射。当启用该复选框时，在影响晶格内的可变形物体组分元素将被冻结，即不能对其进行移动、旋转或缩放等变换操作，这时可变形物体只能被影响晶格变形。

(8) 【外部晶格】：指定晶格变形对可变形物体上点的影响范围，共有以下 3 个选项。

- 【仅在晶格内部时变换】：只有在基础晶格之内的可变形物体点才能被变形，这是默认选项。

- 【变换所有点】：所有目标可变形物体上(包括在晶格内部和外部)的点，都能被晶格物体变形。

- 【在衰减范围内则变换】：只有在基础晶格和指定衰减距离之内的可变形物体点，才能被晶格物体变形。

(9) 【衰减距离】：只有在【外部晶格】中选择了【在衰减范围内则变换】选项时，该选项才起作用。该复选框用于指定从基础晶格到哪些点的距离能被晶格物体变形，衰减距离的单位是实际测量的晶格宽度。

8.5.3 包裹

【包裹】变形器可以使用 NURBS 曲线、NURBS 曲面或多边形表面网格作为影响物体来改变可变形物体的形状。在制作动画时，经常会采用一个低精度模型通过【包裹】变形的方法来影响高精度模型的形状，这样可以使对高精度模型的控制更加容易。

单击【包裹】命令后面的█按钮，打开【创建包裹选项】对话框，如图 8-39 所示。

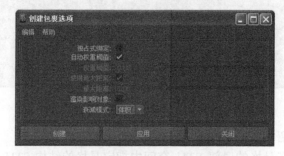

图 8-39 【创建包裹选项】对话框

创建包裹选项参数介绍如下。

(1)　【独占式绑定】：启用该复选框后，【包裹】变形器目标曲面的行为将类似于刚性绑定蒙皮，同时【权重阈值】将被禁用。【包裹】变形器目标曲面上的每个曲面点只受单个包裹影响对象点的影响。

(2)　【自动权重阈值】：启用该复选框后，【包裹】变形器将通过计算最小【最大距离】值，自动设定包裹影响对象形状的最佳权重，从而确保网格上的每个点受一个影响对象的影响。

(3)　【权重阈值】：设定包裹影响物体的权重。根据包裹影响物体的点密度(如 CV 点的数量)，改变【权重阈值】可以调整整个变形物体的平滑效果。

(4)　【使用最大距离】：如果要设定【最大距离】值并限制影响区域，就需要启用【使用最大距离】复选框。

(5)　【最大距离】：设定包裹影响物体上每个点所能影响的最大距离，在该距离范围以外的顶点或 CV 点将不受包裹变形效果的影响。一般情况下都将【最大距离】设置为很小的值(不为 0)，然后在【通道盒】中调整该参数直到得到满意的效果。

(6)　【渲染影响对象】：设定是否渲染包裹影响对象。如果启用该复选框，包裹影响对象将在渲染场景时可见；如果取消启用该复选框，包裹影响对象将不可见。

(7)　【衰减模式】：包含以下两种模式。

● 　【体积】：将【包裹】变形器设定为使用直接距离来计算包裹影响对象的权重。

● 　【表面】：将【包裹】变形器设定为使用基于曲面的距离来计算权重。

● 　在创建包裹影响物体时，需要注意以下 4 点。

● 　包裹影响物体的 CV 点或顶点的形状和分布将影响包裹变形效果，特别注意的是应该让影响物体的点少于要变形物体的点。

● 　通常要让影响物体包住要变形的物体。

● 　如果使用多个包裹影响物体，则在创建包裹变形之前必须将它们成组。当然，也可在创建包裹变形后添加包裹来影响物体。

● 　如果要渲染影响物体，要在【属性编辑器】对话框中的【渲染统计信息】中开启物体的【主可见性】属性。Maya 在创建包裹变形时，默认情况下关闭了影响物体的【主可见性】属性，因为大多情况下都不需要渲染影响物体。

8.5.4　簇

使用【簇】变形器可以同时控制一组可变形物体上的点，这些点可以是 NURBS 曲线或曲面的控制点、多边形曲面的顶点、细分曲面的顶点和晶格物体的晶格点。用户可以根据需要为组中的每个点分配不同的变形权重。只要对【簇】变形器手柄进行变换(移动、旋转、缩放)操作，就可以使用不同的影响力变形【簇】有效作用区域内的可变形物体。

【簇】变形器会创建一个变形点组，该组中包含可变形物体上选择的多个可变形物体点，可以为组中的每个点分配变形权重的百分比，这个权重百分比表示【簇】变形在每个点上变形影响力的大小。【簇】变形器还提供了一个操纵手柄，在视图中显示为 C 字母图标。当对【簇】变形器手柄进行变换(移动、旋转、缩放)操作时，组中的点将根据设置的不同权重百分比来产生不同程度的变换效果。

单击【簇】命令后面的■按钮，打开【簇选项】对话框，如图 8-40 所示。

图 8-40 【簇选项】对话框

簇参数介绍如下。

(1) 【模式】：指定是否只有当【簇】变形器手柄自身进行变换(移动、旋转、缩放)操作时，【簇】变形器才能对可变形物体产生变形影响。

【相对】：如果启用该复选框，只有当【簇】变形器手柄自身进行变换操作时，才能引起可变形物体产生变形效果；当取消启用该复选框时，如果对【簇】变形器手柄的父(上一层级)物体进行变换操作，也能引起可变形物体产生变形效果。

(2) 【封套】：设置【簇】变形器的比例系数。如果设置为 0，将不会产生变形效果；如果设置为 0.5，将产生全部变形效果的一半；如果设置为 1，会得到完全的变形效果。

注意：Maya 中顶点和控制点是无法成为父子关系的，但可以为顶点或控制点创建簇，间接实现其父子关系。

8.5.5 非线性

【非线性】变形器菜单包含 6 个命令，分别是【弯曲】、【扩张】、【正弦】、【挤压】、【扭曲】和【波浪】，如图 8-41 所示。

非线性命令介绍如下。

- 【弯曲】：使用【弯曲】变形器可以沿着圆弧变形操纵器弯曲可变形物体，如图 8-42 所示。

图 8-41 【非线性】菜单

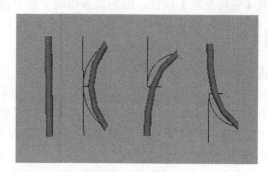

图 8-42 弯曲

- 【扩张】：使用【扩张】变形器可以沿着两个变形操纵平面来扩张或锥化可变形物体，如图 8-43 所示。

- 【正弦】：使用【正弦】变形器可以沿着一个正弦波形改变任何可变形物体的形状，如图 8-44 所示。

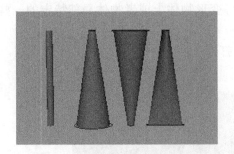

图 8-43　扩张　　　　　　　　　　　　　　图 8-44　正弦

- 【挤压】：使用【挤压】变形器可以沿着一个轴向挤压或伸展任何可变形物体，如图 8-45 所示。

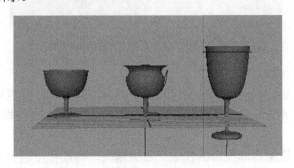

图 8-45　挤压

- 【扭曲】：使用【扭曲】变形器可以利用两个旋转平面围绕一个轴向扭曲可变形物体，如图 8-46 所示。
- 【波浪】：使用【波浪】变形器可以通过一个圆形波浪变形操纵器改变可变形物体的形状，如图 8-47 所示。

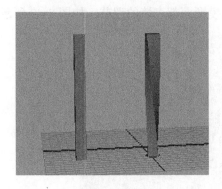

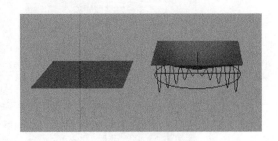

图 8-46　扭曲　　　　　　　　　　　　　　图 8-47　波浪

8.5.6　抖动

在可变形物体上创建【抖动变形器】后，当物体移动、加速或减速时，会在可变形物体表面产生抖动效果。抖动变形器适用于表现头发在运动中的抖动、相扑运动员腹部脂肪在运动中的颤动、昆虫触须的摆动等效果。

用户可以将抖动变形器应用到整个可变形物体上或者物体局部特定的一些点上，如图 8-51 所示。

单击抖动变形器命令后面的█按钮，打开【创建抖动变形器选项】对话框，如图 8-48 所示。

图 8-48 【创建抖动变形器选项】对话框

创建抖动变形器参数介绍如下。

- 【刚度】：设定抖动变形的刚度。数值越大，抖动动作越僵硬。
- 【阻尼】：设定抖动变形的阻尼值，可以控制抖动变形的程度。数值越大，抖动程度越小。
- 【权重】：设定抖动变形的权重。数值越大，抖动程度越大。
- 【仅在对象停止时抖动】：只有在物体停止运动时才开始抖动变形。
- 【忽略变换】：在抖动变形时，忽略物体的位置变换。

8.5.7 线工具

用【线工具】可以使用一条或多条 NURBS 曲线改变可变形物体的形状。【线工具】就好像是雕刻家手中的雕刻刀，它经常被用于角色模型面部表情的调节，如图 8-49 所示。

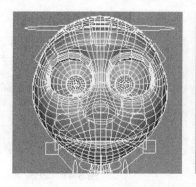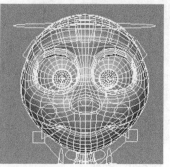

图 8-49 线工具

单击【线工具】命令后面的█按钮，打开其【工具设置】对话框，如图 8-50 所示。

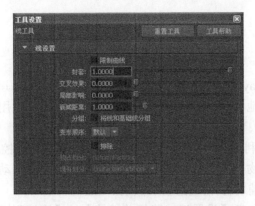

图 8-50 线工具【工具设置】对话框

线工具部分参数介绍如下。

- 【限制曲线】：设定创建的线变形是否带有固定器，使用固定器可限制曲线的变形范围。
- 【封套】：设定变形影响系数。该参数最大为 1，最小为 0。
- 【交叉效果】：控制两条影响线交叉处的变形效果。

> 注意：用于创建线变形的 NURBS 曲线称为【影响线】。在创建线变形后，还有一种曲线，是为每一条影响线所创建的，称为【基础线】。线变形效果取决于影响线和基础线之间的差别。

- 【局部影响】：设定两个或多个影响线变形作用的位置。
- 【衰减距离】：设定每条影响线影响的范围。
- 【分组】：如果启用【将线和基础线分组】复选框，可以群组影响线和基础线；如果取消启用【将线和基础线分组】复选框，则影响线和基础线将独立存在于场景中。
- 【变形顺序】：设定当前变形在物体的变形顺序中的位置。

8.5.8 褶皱工具

【褶皱工具】是【线工具】和【簇】变形器的结合。使用【褶皱工具】可以在物体表面添加褶皱细节效果，如图 8-51 所示。

图 8-51 褶皱工具

8.6 路 径 动 画

运动路径动画是 Maya 提供的另一种制作动画的技术手段。运动路径动画可以沿着指定形状的路径曲线平滑地让物体产生运动效果。运动路径动画适用于表现汽车在公路上行驶、飞机在天空中飞行、鱼在水中游动等动画效果。

运动路径动画可以利用一条 NURBS 曲线作为运动路径来控制物体的位置和旋转角度。能被制作成动画的物体类型不仅仅是几何体，也可以利用运动路径来控制摄影机、灯光、粒子发射器或其他辅助物体沿指定的路径曲线运动。

【运动路径】菜单包括【设置运动路径关键帧】、【连接到运动路径】和【流动路径对象】3 个命令，如图 8-52 所示。

图 8-52 【运动路径】菜单

8.6.1 设置运动路径关键帧

使用【设置运动路径关键帧】命令可以采用制作关键帧动画的工作流程创建一个运动路径动画。使用这种方法，在创建运动路径动画之前不需要创建作为运动路径的曲线。路径曲线会在设置运动路径关键帧的过程中自动被创建。

8.6.2 连接到运动路径

使用【连接到运动路径】命令可以将选定对象放置和连接到当前曲线，当前曲线将成为运动路径。单击【连接到运动路径】命令后面的■按钮，打开【连接到运动路径选项】对话框，如图 8-53 所示。

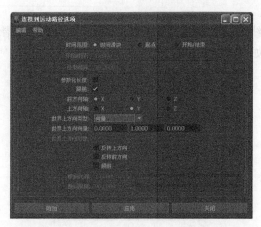

图 8-53 【连接到运动路径选项】对话框

连接到运动路径参数介绍如下。

(1) 【时间范围】：指定创建运动路径动画的时间范围，共有以下 3 种设置方式。

- 【时间滑块】：当选中该单选按钮时，将按照在【时间轴】上定义的播放开始时间和结束时间来指定一个运动路径动画的时间范围。

- 【起点】：当选中该单选按钮时，下面的【开始时间】选项才起作用，可以通过输入数值的方式来指定运动路径动画的开始时间。

- 【开始/结束】：当选中该单选按钮时，下面的【开始时间】和【结束时间】选项才起作用。可以通过输入数值的方式来指定一个运动路径动画的时间范围。

(2) 【开始时间】：当选中【起点】或【开始/结束】单选按钮时，该选项才可用，利用该选项可以指定运动路径动画的开始时间。

(3) 【结束时间】：当选中【开始/结束】单选按钮时，该选项才可用，利用该选项可以指定运动路径动画的结束时间。

(4) 【参数化长度】：指定 Maya 用于定位沿曲线移动的对象的方法。

(5) 【跟随】：当启用该复选框时，在物体沿路径曲线移动时，Maya 不但会计算物体的位置，也将计算物体的运动方向。

(6) 【前方向轴】：指定物体的哪个局部坐标轴与向前向量对齐，提供了 X、Y、Z 3 个选项。

- X：当选择该选项时，指定物体局部坐标轴的 x 轴向与向前向量对齐。
- Y：当选择该选项时，指定物体局部坐标轴的 y 轴向与向前向量对齐。
- Z：当选择该选项时，指定物体局部坐标轴的 z 轴向与向前向量对齐。

(7) 【上方向轴】：指定物体的哪个局部坐标轴与向上向量对齐，提供了 X、Y、Z 3 个选项。

- X：当选择该选项时，指定物体局部坐标轴的 x 轴向与向上向量对齐。
- Y：当选择该选项时，指定物体局部坐标轴的 y 轴向与向上向量对齐。
- Z：当选择该选项时，指定物体局部坐标轴的 z 轴向与向上向量对齐。

(8) 【世界上方向类型】：指定上方向向量对齐的世界上方向向量类型，共有以下 5 种类型。

- 【场景上方向】：指定上方向向量尝试与场景的上方向轴，而不是与世界上方向向量对齐，世界上方向向量将被忽略。

- 【对象上方向】：指定上方向向量尝试对准指定对象的原点，而不是与世界上方向向量对齐，世界上方向向量将被忽略。

- 【对象旋转上方向】：指定相对于一些对象的局部空间，而不是场景的世界空间来定义世界上方向向量。

- 【向量】：指定上方向向量尝试尽可能紧密地与世界上方向向量对齐。世界上方向向量是相对于场景世界空间来定义的，这是默认设置。

- 【法线】：指定【上方向轴】指定的轴将尝试匹配路径曲线的法线。曲线法线的插值不同，这具体取决于路径曲线是否是世界空间中的曲线，或曲面曲线上的曲线。

(9) 【世界上方向向量】：指定【世界上方向向量】相对于场景的世界空间方向。因为 Maya 默认的世界空间是 y 轴向上，因此默认值为(0，1，0)，即表示【世界上方向向量】将指向世界空间的 y 轴正方向。

(10)【世界向上方向对象】：该选项只有设置【世界上方向类型】为【对象上方向】或【对象旋转上方向】选项时才起作用。可以通过输入物体名称来指定一个世界向上对象，使向上向量总是尽可能尝试对齐该物体的原点，以防止物体沿路径曲线运动时发生意外的翻转。

(11)【反转上方向】：当启用该复选框时，【上方向轴】将尝试用向上向量的相反方向对齐它自身。

(12)【反转前方向】：当启用该复选框时，将反转物体沿路径曲线向前运动的方向。

(13)【倾斜】：当启用该复选框时，使物体沿路径曲线运动时，在曲线弯曲位置会朝向曲线曲率中心倾斜，就像摩托车在转弯时总是向内倾斜一样。只有当启用【跟随】复选框时，【倾斜】复选框才起作用。

(14)【倾斜比例】：设置物体的倾斜程度，较大的数值会使物体倾斜效果更加明显。如果输入一个负值，物体将会向外侧倾斜。

(15)【倾斜限制】：限制物体的倾斜角度。如果增大【倾斜比例】数值，物体可能在曲线上曲率大的地方产生过度的倾斜。利用该选项可以将倾斜效果限制在一个指定的范围之内。

8.6.3　流动路径对象

使用【流动路径对象】命令可以沿着当前运动路径或围绕当前物体周围创建【晶格】变形器，使物体沿路径曲线运动的同时也能跟随路径曲线曲率的变化改变自身形状，创建出一种流畅的运动路径动画效果。

单击【流动路径对象】命令后面的■按钮，打开【流动路径对象选项】对话框，如图 8-54 所示。

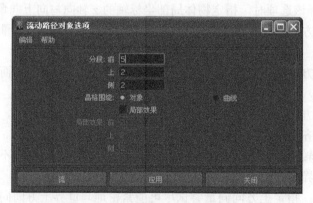

图 8-54　【流动路径对象选项】对话框

流动路径对象参数介绍如下。

(1)【分段】：代表将创建的晶格部分数。【前】、【上】和【侧】与创建路径动画时指定的轴相对应。

(2)【晶格围绕】：指定创建晶格物体的位置，提供了以下两个单选按钮。

- 【对象】：当选中该单选按钮时，将围绕物体创建晶格，这是默认选项。
- 【曲线】：当选中该单选按钮时，将围绕路径曲线创建晶格。

(3)　【局部效果】：当围绕路径曲线创建晶格时，该选项将非常有用。如果创建了一个很大的晶格，多数情况下，可能不希望在物体靠近晶格一端时仍然被另一端的晶格点影响。例如，如果设置【晶格围绕】为【曲线】，并将【分段：前】设置为 35，这意味晶格物体将从路径曲线的起点到终点共有 35 个细分。当物体沿着路径曲线移动通过晶格时，它可能只被 3～5 个晶格分割度围绕。如果【局部效果】选项处于关闭状态，这个晶格中的所有晶格点都将影响物体的变形。这可能会导致物体脱离晶格，因为距离物体位置较远的晶格点也会影响到它。【局部效果】利用【前】、【上】和【侧】3 个属性数值输入框，可以设置晶格能够影响物体的有效范围。一般情况下，设置的数值应该使晶格点的影响范围能够覆盖整个被变形的物体。

8.7　上机实践操作——昆虫拍打翅膀动画

本范例完成文件：/08/8-1.mb

多媒体教学路径：光盘→多媒体教学→第 8 章

8.7.1　实例介绍与展示

本章实例使用速度控制属性完成一个昆虫拍打翅膀的动画，效果如图 8-55 所示。

图 8-55　昆虫拍打翅膀动画效果

8.7.2　实例制作

(1)　创建三个 NURBS 球体，通过变形和移动命令完成一个粗略的飞虫身体和一对翅膀的建模，翅膀名称分别为【nurbsSphere2】和【nurbsSphere3】，身体命名为【nurbsSphere1】或者其他，如果读者喜欢，也可以赋予它们一些简单的材质，如图 8-56 所示。

(2)　移动翅膀的轴点让它们能围绕适当的轴旋转，如图 8-57 所示。

(3)　现在【编辑】｜【父对象】命令，将翅膀与身体连接为父子关系，使其能跟随身体移动，如图 8-58 所示。

(4)　选择【窗口】｜【动画编辑器】｜【表达式编辑器】命令，打开【表达式编辑器】对话框，如图 8-59 所示。在编辑器的【对象】列表框中会看到我们当前选择的物体，而在【属性】列表框中是其可设关键帧的属性。【表达式】则输入在文本框内。要知道的是我们输入的表达式不一定是与现在选择的物体关联的，我们可以为任何东西写表达式，例如别的物体，或者一个材质，任何我们想要的都可以。当然，如果我们已经有了一个选择的物体，就可以轻松地知道我们想控制的属性的确切名称了。因为所有的可设关键帧属性都已经列在该对话框的【属性】列表框中了。

图 8-56　创建模型

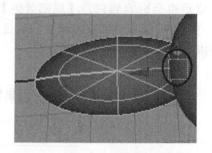

图 8-57　移动轴点

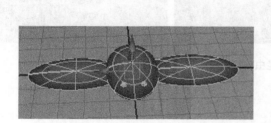

图 8-58　建立父子关系

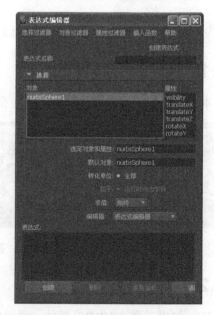

图 8-59　【表达式编辑器】对话框

(5) 在【表达式名称】文本框中输入"nurbsSphere2"，接着在【表达式】文本框中输入如下内容：

```
nurbsSphere2.rotateZ = time * 10;
```

单击【创建】按钮使该表达式生效。

我们输入了物体的名字(确切地说是节点的名字)，接着我们要控制属性和周期。在这个例子中，我们想要控制的是 nurbsSphere2 的 Z 轴。time 属性是 Maya 的内置值，它以秒为单位来跟 Maya 交流，它以 10 为倍数，因此运动效果也就更加显而易见了(翅膀拍打得更快)。在 Maya 中每个表达式的表述最后都要用分号以示结束。单击 Play 按钮，我们会看到翅膀旋转起来了。

(6)　创建一个重复往返运动最简单的方法就是运用正弦函数。将这个表达式修改如下：

```
nurbsSphere2 .rotateZ = sin (time * 10) * 40;
```

如果之前在【表达式编辑器】中输入的表达式不见了，只要选择【选择过滤器】｜【按表达式名称】命令，然后在【对象】列表框中点击 nurbsSphere8 即可。这个正弦函数的结果乘以 40，也就是说此运动描述了一个大的弧形；当然，也可以在两个很小的数值范围内做往返拍打运动，这取决于我们在此输入的数值，如图 8-60 所示。

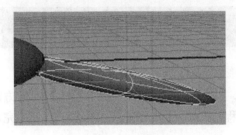

图 8-60　翅膀扇动

(7)　我们会发现这个运动并不符合空气动力学，因为对应的一双翅膀在同一时间中 Z 轴旋转的方向应该是相反的，即上下拍打的方向应该是一致的。为解决这个问题，我们在右边翅膀表达式的正弦函数前加一个负号，如下：

```
nurbsSphere2.rotateZ = sin (time * 10) * 40;
nurbsSphere3.rotateZ = -sin (time * 10) * 40;
```

(8)　现在假设我们想要控制翅膀拍打的速度。当前，这个速度由表达式中 *10 这部分来决定。为翅膀的速度创建一个属性以让我们去改变动力速度甚至为它设置关键帧。在【属性编辑器】中，选择这个飞虫的转换节点(即 nurbsSphere1)，接着选择【修改】｜【添加属性】命令。参数设置如图 8-61 所示。

图 8-61　参数设置

(9) 现在于飞虫转换节点窗口的附加属性中，我们会发现一个新的属性：Wing Speed，并已经根据我们的设置要求定值在 5，现在我们不必管它，如图 8-62 所示。

可见性 启用
Wing Speed 5

图 8-62　添加属性

(10) 让我们先回到【表达式编辑器】，将两行表述中的数值改为 nurbsSphere1. WingSpeed，如图 8-63 所示。

```
nurbsSphere2.rotateX = sin (time * nurbsSphere1.wingSpeed) * 40;
nurbsSphere3.rotateX = -sin (time * nurbsSphere1.wingSpeed) * 40;
```

表达式:
nurbsSphere2.rotateX = sin (time * nurbsSphere1.WingSpeed) * 40;
nurbsSphere3.rotateX = -sin (time * nurbsSphere1.WingSpeed) * 40;

图 8-63　添加属性

(11) 重复做这个实例，我们可以在各个步骤中尝试不同的方法，输入不同的数据，帮助我们更为透彻地理解教程。最后为动画赋予材质进行渲染，完成范例制作，翅膀拍打动画效果如图 8-64 所示。

图 8-64　渲染动画效果

8.8　操作练习

课后练习 Maya 关键帧动画，效果如图 8-65 所示。

图 8-65　练习效果

第 9 章   角色动画技术

教学目标

本章主要了讲解骨骼绑定和约束以及蒙皮。是非常重要的章节。大家要对这些重要技术进行熟练掌握。

教学重点和难点

1. 掌握骨骼绑定的方法。
2. 掌握约束的方法。
3. 掌握蒙皮的使用方法。

9.1   骨 骼 绑 定

Maya 提供了一套非常优秀的动画控制系统——骨架。动物的外部形体是由骨架、肌肉和皮肤组成的。从功能上来说，骨架主要起着支撑动物躯体的作用，它本身不能产生运动。动物的运动实际上都是由肌肉来控制的。在肌肉的带动下，肌腱拉动骨架沿着各个关节产生转动或在某些局部发生移动，从而表现出整个形体的运动状态。但在数字空间中，骨架、肌肉和皮肤的功能与现实中是不同的。数字角色的形态只由一个因素来决定，就是角色的三维模型，也就是数字空间中的皮肤。一般情况下，数字角色是没有肌肉的，控制数字角色运动的就是三维软件里提供的骨架系统。所以，通常所说的角色动画，就是制作数字角色骨架的动画，骨架控制着皮肤，或是由骨架控制着肌肉，再由肌肉控制皮肤来实现角色动画。总体来说，在数字中间只有两个因素最重要，一个是模型，它控制着角色的形体；另一个是骨架，它控制着角色的运动。肌肉系统在角色动画中只是为了让角色在运动时，让形体的变形更加符合解剖学原理，也就是使角色动画更加生动。

9.1.1   了解骨架结构

骨架是由关节和骨两部分构成的。关节位于骨与骨之间的连接位置，由关节的移动或旋转来带动与其相关的骨的运动。每个关节可以连接一个或多个骨。关节在场景视图中显示为球形线框结构物体；骨是连接在两个关节之间的物体结构，它能起到传递关节运动的作用，骨在场景视图中显示为棱锥状线框结构物体。另外，骨也可以指示出关节之间的父子层级关系，位于棱锥方形一端的关节为父级，位于棱锥尖端位置处的关节为子级，如图 9-1 所示。

1. 关节链

关节链又称为骨架链，它是一系列关节和与之相连接的骨的组合。在一条关节链中，所有的关节和骨之间都是呈线性连接的。也就是说，如果从关节链中的第一个关节开始绘制一条路径曲线到最后一个关节结束，可以使该关节链中的每个关节都经过这条曲线，如

图 9-2 所示。

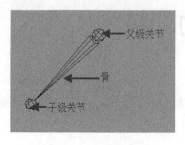
图 9-1 骨架结构

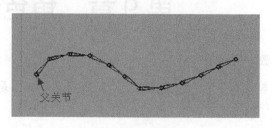
图 9-2 关节链结构图

在创建关节链时，首先创建的关节将成为该关节链中层级最高的关节，称为父关节。只要对这个父关节进行移动或旋转操作，就会使整体关节链发生位置或方向上的变化。

2. 肢体链

肢体链是多条关节链连接在一起的组合。与关节链不同，肢体链是一种树状结构，其中所有的关节和骨之间并不是呈线性方式连接的。也就是说，无法绘制出一条经过肢体链中所有关节的路径曲线，如图 9-3 所示。

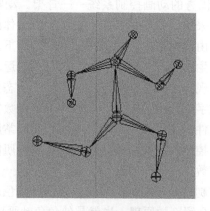
图 9-3 肢体链结构图

在肢体链中，层级最高的关节称为根关节。每个肢体链中只能存在一个根关节，但是可以存在多个父关节。其实，父关节和子关节是相对而言的，在关节链中任意的关节都可以成为父关节或子关节。只要在一个关节的层级之下有其他的关节存在，这个位于上一级的关节就是其层级之下关节的父关节，而这个位于层级之下的关节就是其层级之上关节的子关节。

9.1.2　父子关系

在 Maya 中，可以把父子关系理解成一种控制与被控制的关系。也就是说，把存在控制关系的物体中处于控制地位的物体称为父物体；把被控制的物体称为子物体。父物体和子物体之间的控制关系是单向的，前者可以控制后者，但后者不能控制前者。同时还要注意，一个父物体可以同时控制若干个子物体，但一个子物体不能同时被两个或两个以上的父物体控制。

对于骨架，不能仅仅局限于它的外观上的状态和结构。在本质上，骨架上的关节其实是在定义一个空间位置，而骨架就是这一系列空间位置以层级的方式所形成的一种特殊关系，连接关节的骨只是这种关系的外在表现。

9.1.3　创建骨架

在角色动画制作中，创建骨架通常就是创建肢体链的过程。创建骨架都使用【关节工具】来完成，如图 9-4 所示。

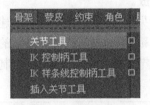

图 9-4　【骨架】菜单

选择【骨架】｜【关节工具】命令，单击【关节工具】命令后面的■按钮，打开【工具设置】对话框，如图 9-5 所示。

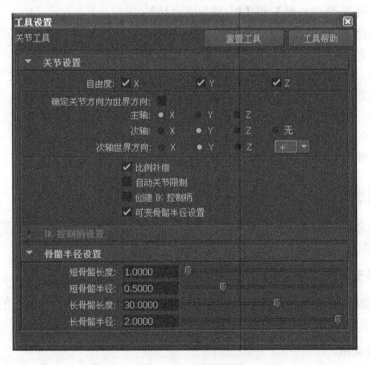

图 9-5　关节工具【工具设置】对话框

关节工具参数介绍如下。

- 【自由度】：指定被创建关节的哪些局部旋转轴向能被自由旋转，共有 X、Y、Z 3 个选项。
- 【确定关节方向为世界方向】：启用该复选框后，被创建的所有关节局部旋转轴向将与世界坐标轴向保持一致。

- 【主轴】：设置被创建关节的局部旋转主轴方向。
- 【次轴】：设置被创建关节的局部旋转次轴方向。
- 【次轴世界方向】：为使用【关节工具】创建的所有关节的第二个旋转轴设定世界轴(正或负)方向。
- 【比例补偿】：如果启用该复选框，在创建关节链后，当对位于层级上方的关节进行比例缩放操作时，位于其下方的关节和骨架不会自动按比例缩放；如果取消启用该复选框，当对位于层级上方的关节进行缩放操作时，位于其下方的关节和骨架也会自动按比例缩放。
- 【自动关节限制】：如果启用该复选框，被创建关节的一个局部旋转轴向将被限制，使其只能在 180°范围之内旋转。被限制的轴向就是与创建关节时被激活视图栅格斗平面垂直的关节局部旋转轴向，被限制的旋转方向在关节链小于 180°夹角的一侧。

> 提示：【自动关节限制】复选框适用于类似有膝关节旋转特征的关节链的创建。该复选框的设置不会限制关节链的开始关节和末端关节。

- 【可变骨骼半径设置】：启用该复选框后，可以在【骨骼半径设置】卷展栏下设置【短/长骨骼长度】和【短/长骨骼半径】。
- 【创建 IK 控制柄】：启用该复选框后，【IK 控制柄设置】卷展栏下的相关复选框才起作用。这时，使用【关节工具】创建关节链的同时会自动创建一个 IK 控制柄。创建的 IK 控制柄将从关节链的第一个关节开始，到末端关节结束。
- 【短骨骼长度】：设置一个长度数值来确定哪些骨为短骨骼。
- 【短骨骼半径】：设置一个数值作为短骨的半径尺寸，它是骨半径的最小值。
- 【长骨骼长度】：设置一个长度数值来确定哪些骨为长骨。
- 【长骨骼半径】：设置一个数值作为长骨的半径尺寸，它是骨半径的最大值。

9.1.4　编辑骨架

创建骨架之后，可以采用多种方法来编辑骨架，使骨架能更好地满足动画制作的需要。Maya 提供了一些方便的骨架编辑工具，如图 9-6 所示。

1. 插入关节工具

如果要增加骨架中的关节数，可以使用【插入关节工具】在任何层级的关节下插入任意数目的关节，如图 9-7 所示。

2. 重设骨架根

使用【重设骨架根】命令可以改变关节链或肢体链的骨架层级，以重新设定根关节在骨架链中的位置。如果选择的是位于整个骨架链中层级最下方的一个子关节，重新设定根关节后骨架的层级将会颠倒；如果选择的是位于骨架链中间层级的一个关节，重新设定根关节后，在根关节的下方将有两个分离的骨架层级被创建。

图 9-6　【骨架】菜单

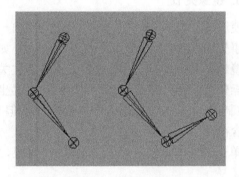

图 9-7　插入关节工具

3. 移除关节

使用【移除关节】命令可以从关节链中删除当前选择的一个关节，并且可以将剩余的关节和骨结合为一个单独的关节链。也就是说，虽然删除了关节链中的关节，但仍然会保持该关节链的连接状态。

> **注意**：一次只能移除一个关节，但使用【移除关节】命令移除当前关节后并不影响它的父级和子级关节的位置关系。

4. 断开关节

使用【断开关节】命令可以将骨架在当前选择的关节位置处打断，将原本单独的一条关节链分离为两条关节链。

5. 连接关节

使用【连接关节】命令能采用两种不同方式【连接或父子关系】将断开的关节连接起来，形成一个完整的骨架链。单击【连接关节】命令后面的■按钮，打开【连接关节选项】对话框，如图 9-8 所示。

图 9-8　【连接关节选项】对话框

连接关节参数介绍如下。

- 【连接关节】：这种方式是使用一条关节链中的根关节去连接另一条关节链中除根关节之外的任何关节，使其中一条关节链的根关节直接移动位置，对齐到另一条关节链中选择的关节上。使两条关节链连接形成一个完整的骨架链。
- 【将关节设为父子关系】：这种方式是使用一根骨，将一条关节链中的根关节作为子物体与另一条关节链中除根关节之外的任何关节连接起来，形成一个完整的骨架链。这种方法连接关节时不会改变关节链的位置。

6. 镜像关节

使用【镜像关节】命令可以镜像复制出一个关节链的副本。镜像关节的操作结果将取决于事先设置的镜像交叉平面的放置方向。如果选择关节链中的关节进行部分镜像操作，这个镜像交叉平面的原点在原始关节链的父关节位置；如果选择关节链的根关节进行整体镜像操作，这个镜像交叉平面的原点在世界坐标原点位置。当镜像关节时，关节的属性、IK 控制柄连同关节和骨一起被镜像复制。但其他一些骨架数据(如约束、连接和表达式)不能包含在被镜像复制出的关节链副本中。

单击【镜像关节】命令后面的■按钮，打开【镜像关节选项】对话框，如图 9-9所示。

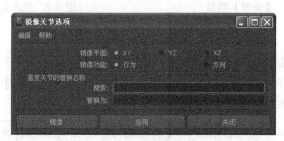

图 9-9　【镜像关节选项】对话框

镜像关节参数介绍如下。

(1)　【镜像平面】：指定一个镜像关节时使用的平面。镜像交叉平面就像是一面镜子，它决定了产生的镜像关节链副本的方向，提供了以下 3 个选项。

- XY：当选中该单选按钮时，镜像平面是由世界空间坐标 XY 轴向构成的平面，将当前选择的关节链沿该平面镜像复制到另一侧。
- YZ：当选中该单选按钮时，镜像平面是由世界空间坐标 YZ 轴向构成的平面，将当前选择的关节链沿该平面镜像复制到另一侧。
- XZ：当选中该单选按钮时，镜像平面是由世界空间坐标 XZ 轴向构成的平面，将当前选择的关节链沿该平面镜像复制到另一侧。

(2)　【镜像功能】：指定被镜像复制的关节与原始关节的方向关系，提供了以下两个选项。

- 【行为】：当选中该单选按钮时，被镜像的关节将与原始关节具有相对的方向，并且各关节局部旋转轴指向与它们对应副本的相反方向。
- 【方向】：当选中该单选按钮时，被镜像的关节将与原始关节具有相同的方向。

(3)　【搜索】：可以在文本输入框中指定一个关节命名标识符，以确定在镜像关节链中要查找的目标。

(4)　【替换为】：可以在文本输入框中指定一个关节命名标识符，将使用这个命名标识符来替换被镜像关节链中查找到的所有在【搜索】文本框中指定的命名标识符。

注意：不能使用【编辑】|【特殊复制】菜单命令对关节链进行镜像复制操作。

7. 确定关节方向

在创建骨架链之后，为了让某些关节与模型能更准确地对位，经常需要调整一些关节的位置。因为每个关节的局部旋转轴向并不能跟随关节位置改变来自动调整方向。例如，如果使用【关节工具】的默认参数创建一条关节链，在关节链中关节局部旋转轴的 X 轴将指向骨的内部；如果使用【移动工具】对关节链中的一些关节进行移动，这时关节局部旋转轴的 X 轴将不再指向骨的内部。所以在通常情况下，调整关节位置之后，需要重新定向关节的局部旋转轴向，使关节局部旋转轴的 X 轴重新指向骨的内部。这样可以确保在为关节链添加 IK 控制柄时，获得最理想的控制效果。

9.1.5　IK 控制柄

IK 控制柄是制作骨架动画的重要工具。本节主要针对 Maya 中提供的【IK 控制柄工具】来讲解 IK 控制柄的功能、使用方法和参数设置。角色动画的骨架运动遵循运动学原理，定位和动画骨架包括两种类型的运动学，分别是正向运动学和反向运动学。

1. 正向运动学

正向运动学简称 FK，它是一种通过层级控制物体运动的方式。这种方式是由处于层级上方的父级物体运动，经过层层传递来带动其下方子级物体的运动。

如果采用正向运动学方式制作角色抬腿的动作，需要逐个旋转角色腿部的每个关节，如首先旋转大腿根部的髋关节，接着旋转膝关节，然后是踝关节，依次向下直到脚尖关节位置处结束，如图 9-10 所示。

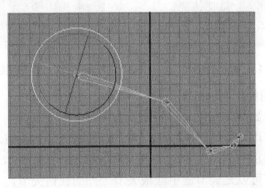

图 9-10　正向运动学

由于正向运动学的直观性，所以它很适合创建一些简单的圆弧状运动。但是在使用正向运动学时，也会遇到一些问题。例如，使用正向运动学调整角色的腿部骨架到一个姿势后，如果腿部其他关节位置都很正确，只是对大腿根部的髋关节位置不满意，这时当对髋关节位置进行调整后，发现其他位于层级下方的腿部关节位置也会发生改变，还需要逐个调整这些关节才能达到想要的结果。如果这是一个复杂的关节链，那么要重新调整的关节将会很多，工作量也非常大。

那么，是否有一种可以使工作更加简化的方法呢？随着技术的发展，用反向运动学控制物体运动的方式产生了，它可以使制作复杂物体的运动变得更加方便和快捷。

2. 反向运动学

反向运动学简称 IK，从控制物体运动的方式来看，它与正向运动学刚好相反，这种方式是由处于层级下方的子级物体运动来带动其层级上方父级物体的运动。与正向运动学不同，反向运动学不是依靠逐个旋转层级中的每个关节来达到控制物体运动的目的，而是创建一个额外的控制结构，此控制结构称为 IK 控制柄。用户只需要移动这个控制柄，就能自动旋转关节链中的所有关节。例如，如果为角色的腿部骨架链创建了 IK 控制柄，制作角色抬腿动作时只需要向上移动 IK 控制柄使脚离开地面，这时腿部骨架链中的其他关节就会自动旋转相应角度来适应脚部关节位置的变化，如图 9-11 所示。

3. IK 控制柄工具

【IK 控制柄工具】提供了一种使用反向运动学定位关节链的方法，它能控制关节链中每个关节的旋转和关节链的整体方向。【IK 控制柄工具】是解决常规反向运动学控制问题的专用工具，使用系统默认参数创建的 IK 控制柄结构如图 9-12 所示。

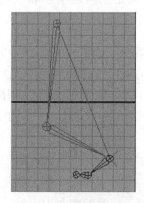
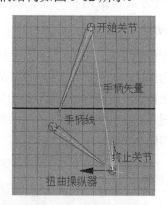

图 9-11　反向运动学　　　　图 9-12　IK 控制柄工具

IK 控制柄结构介绍如下。

- 开始关节：开始关节是受 IK 控制柄控制的第一个关节，是 IK 控制柄开始的地方。开始关节可以是关节链中除末端关节之外的任何关节。
- 终止关节：终止关节是受 IK 控制柄控制的最后一个关节，是 IK 控制柄终止的地方。终止关节可以是关节链中除根关节之外的任何关节。
- 手柄线：手柄线是贯穿被 IK 控制柄控制关节链的所有关节和骨的一条线。手柄线从开始关节的局部旋转轴开始，到终止关节的局部旋转轴位置结束。
- 手柄矢量：手柄矢量是从 IK 控制柄的开始关节引出，到 IK 控制柄的终止关节(末端效应器)位置结束的一条直线。

提示：末端效应器是创建 IK 控制柄时自动增加的一个节点。IK 控制柄被连接到末端效应器。当调节 IK 控制柄时，由末端效应器驱动关节链与 IK 控制柄的运动相匹配。在系统默认设置下，末端效应器被定位在受 IK 控制柄控制的终止关节位置并处于隐藏状态；末端效应器与终止关节处于同一个骨架层级中。可以通过【大纲视图】对话框或【Hypergraph：层次】对话框来观察和选择末端效应器节点。

- 极矢量：极矢量是可以改变 IK 链方向的操纵器，同时也可以防止 IK 链发生意外翻转。
- 扭曲操纵器：扭曲操纵器是一种可以扭曲或旋转关节链的操纵器，它位于 IK 链的终止关节位置。

选择【骨架】|【IK 控制柄工具】命令，单击【IK 控制柄工具】命令后面的█按钮，打开【工具设置】对话框，如图 9-13 所示。

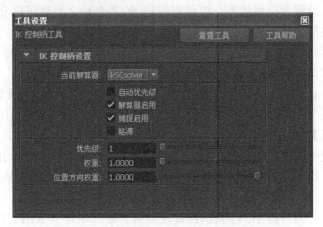

图 9-13　IK 控制柄工具【工具设置】对话框

IK 控制柄工具参数介绍如下。

(1)　【当前解算器】：指定被创建的 IK 控制柄将要使用的解算器类型，共有 ikRPsolver(IK 旋转平面解算器)和 ikSCsolver(IK 单链解算器)两种类型。

- ikRPsolver(IK 旋转平面解算器)：使用该解算器创建的 IK 控制柄，将利用旋转平面解算器来计算 IK 链中所有关节的旋转，但是它并不计算关节链的整体方向。可以使用极矢量和扭曲操纵器来控制关节链的整体方向。ikRPsolver 解算器非常适合控制角色手臂或腿部关节链的运动。例如，可以在保持腿部髋关节、膝关节和踝关节在同一个平面的前提下，沿手柄矢量为轴自由旋转整个腿部关节链。
- ikSCsolver(IK 单链解算器)：使用该解算器创建的 IK 控制柄，不但可以利用单链解算器来计算 IK 链中所有关节的旋转，而且也可以利用单链解算器计算关节链的整体方向。也就是说，可以直接使用【旋转工具】对选择的 IK 单链手柄进行旋转操作来达到改变关节链整体方向的目的。

提示：IK 单链手柄与 IK 旋转平面手柄之间的区别：IK 单链手柄的末端效应器总是尝试尽量达到 IK 控制柄的位置和方向，而 IK 旋转平面手柄的末端效应器只尝试尽量达到 IK 控制柄的位置。正因为如此，使用 IK 旋转平面手柄对关节旋转的影响结果是更加可预测的。对于 IK 旋转平面手柄可以使用极矢量和扭曲操纵器来控制关节链的整体方向。

(2)　【自动优先级】：如果启用该复选框，在创建 IK 控制柄时 Maya 将自动设置 IK 控制柄的优先权。Maya 是根据 IK 控制柄的开始关节在骨架层级中的位置来分配 IK 控制柄优先权的。例如，如果 IK 控制柄的开始关节是根关节，则优先权被设置为 1；如果 IK

控制柄刚好开始在根关节之下，优先权将被设置为2，依次类推。

> **提示：** 只有当一条关节链中有多个(超过一个)IK 控制柄的时候，IK 控制柄的优先权才是有效的。为 IK 控制柄分配优先权的目的是确保一个关节链中的多个 IK 控制柄能按照正确的顺序被解算，以便能得到所希望的动画结果。

(3) 【解算器启用】：启用该复选框后，在创建的 IK 控制柄上 IK 解算器将处于激活状态。该选项默认设置为启用状态，以便在创建 IK 控制柄之后就可以立刻使用 IK 控制柄摆放关节链到需要的位置。

(4) 【捕捉启用】：启用该复选框后，创建的 IK 控制柄将始终捕捉到 IK 链的终止关节位置，该选项默认设置为启用状态。

(5) 【粘滞】：启用该复选框后，如果使用其他 IK 控制柄摆放骨架姿势或直接移动、旋转、缩放某个关节时，这个 IK 控制柄将黏附在当前位置和方向上。

(6) 【优先级】：该选项可以为关节链中的 IK 控制柄设置优先权，Maya 基于每个 IK 控制柄在骨架层级中的位置来计算 IK 控制柄的优先权。优先权为 1 的 IK 控制柄将在解算时首先旋转关节；优先权为 1 的 IK 控制柄将在优先权为 1 的 IK 控制柄之后再旋转关节，依次类推。

(7) 【权重】：为当前 IK 控制柄设置权重值。该选项对于 ikRPsolver(IK 旋转平面解算器)和 ikSCsolver(IK 单链解算器)是无效的。

(8) 【位置方向权重】：指定当前 IK 控制柄的末端效应器将匹配到目标的位置或方向。当该数值设置为 1 时，末端效应器将尝试到达 IK 控制柄的位置；当该数值设置为 0 时，末端效应器将只尝试到达 IK 控制柄的方向；当该数值设置为 0.5 时，末端效应器将尝试达到与 IK 控制柄位置和方向的平衡。另外，该选项对于 ikRPsolver(IK 旋转平面解算器)是无效的。

【IK 控制柄工具】的使用方法如下。

第一步：打开 IK 控制柄工具的【工具设置】对话框，根据实际需要进行相应参数设置后关闭对话框，这时光标将变成十字形。

第二步：在关节链上单击选择一个关节，此关节将作为创建 IK 控制柄的开始关节。

第三步：继续在关节链上单击选择一个关节，此关节将作为创建 IK 控制柄的终止关节，这时一个 IK 控制柄将在选择的关节之间被创建，如图 9-14 所示。

4. IK 样条线控制柄工具

【IK 样条线控制柄工具】可以使用一条 NURBS 曲线来定位关节链中的所有关节。当操纵曲线时，IK 控制柄的 IK 样条解算器会旋转关节链中的每个关节，所有关节被 IK 样条控制柄驱动以保持与曲线的跟随。与【IK 控制柄工具】不同，IK 样条线控制柄不是依靠移动或旋转 IK 控制柄自身来定位关节链中的每个关节。当为一条关节链创建了 IK 样条线控制柄之后，可以采用编辑 NURBS 曲线形状、调节相应操纵器等方法来控制关节链中各个关节的位置和方向，如图 9-15 所示的为 IK 样条线控制柄的结构。

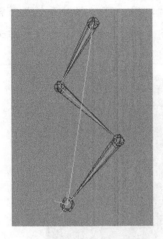 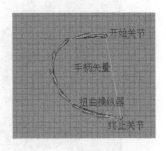

图 9-14 IK 控制柄　　　　　图 9-15 IK 样条线控制柄工具

IK 样条线控制柄结构介绍如下。

- 开始关节：开始关节是受 IK 样条线控制柄控制的第 1 个关节，是 IK 样条线控制柄开始的地方。开始关节可以是关节链中除末端关节之外的任何关节。
- 终止关节：终止关节是受 IK 样条线控制柄控制的最后一个关节，是 IK 样条线控制柄终止的地方。终止关节可以是关节链中除根关节之外的任何关节。
- 手柄矢量：手柄矢量是从 IK 样条线控制柄的开始关节引出，到 IK 样条线控制柄的终止关节(末端效应器)位置结束的一条直线。
- 滚动操纵器：滚动操纵器位于开始关节位置，用左键拖曳滚动操纵器的圆盘可以从 IK 样条线控制柄的开始关节滚动整个关节链。
- 偏移操纵器：偏移操纵器位于开始关节位置，利用偏移操纵器可以沿曲线作为路径滑动开始关节到曲线的不同位置。偏移操纵器只能在曲线两个端点之间的范围内滑动，在滑动过程中，超出曲线终点的关节将以直线形状排列。
- 扭曲操纵器：扭曲操纵器位于终止关节位置，用左键拖曳扭曲操纵器的圆盘可以从 IK 样条线控制柄的终止关节扭曲关节链。

> 提示：上述 IK 样条线控制柄的操纵器默认并不显示在场景视图中。如果要调整这些操纵器，可以首先选择 IK 样条线控制柄，然后在 Maya 用户界面左侧的工具盒中单击【显示操纵器工具】，这样就会在场景视图中显示出 IK 样条线控制柄的操纵器。单击并拖曳相应操纵器控制柄，可以调整关节链以得到想要的效果。

单击【IK 样条线控制柄工具】命令后面的▢按钮，打开【工具设置】对话框，如图 9-16 所示。

IK 样条线控制柄工具参数介绍如下。

(1)【根在曲线上】：如果启用该复选框，IK 样条线控制柄的开始关节会被约束到 NURBS 曲线上，这时可以拖曳偏移操纵器沿曲线滑动开始关节(和它的子关节)到曲线的不同位置。

提示：当【根在曲线上】复选框为取消启用状态时，用户可以移动开始关节离开曲线，开始关节不再被约束到曲线上。Maya 将忽略【偏移】属性，并且开始关节位置也不会存在偏移操纵器。

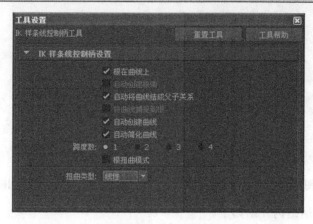

图 9-16 IK 样条线控制柄工具【工具设置】对话框

(2) 【自动创建根轴】：该复选框只有在【根在曲线上】复选框处于未启用状态时才变为有效。当启用该复选框时，在创建 IK 样条线控制柄的同时也会为开始关节创建一个父变换节点，此父变换节点位于场景层级的上方。

(3) 【自动将曲线结成父子关系】：如果 IK 样条线控制柄的开始关节有父物体，选择该选项会使 IK 样条曲线成为开始关节父物体的子物体，也就是说 IK 样条曲线与开始关节将处于骨架的同一个层级上。因此 IK 样条曲线与开始关节(和它的子关节)将跟随其层级上方父物体的变换而作出相应的改变。

(4) 【将曲线捕捉到根】：该选项只有在【自动创建根轴】复选框处于未启用状态时才有效。当启用该复选框时，IK 样条曲线的起点将捕捉到开始关节位置，关节链中的各个关节将自动旋转以适应曲线的形状。

提示：如果想让事先创建的 NURBS 曲线作为固定的路径，使关节链移动并匹配到曲线上，可以取消启用该复选框。

(5) 【自动创建曲线】：当启用该复选框时，在创建 IK 样条线控制柄的同时也会自动创建一条 NURBS 曲线，该曲线的形状将与关节链的摆放路径相匹配。

如果启用【自动创建曲线】复选框的同时取消启用【自动简化曲线】复选框，在创建 IK 样条线控制柄的同时会自动创建一条通过此 IK 链中所有关节的 NURBS 曲线，该曲线在每个关节位置都会放置一个编辑点。如果 IK 链中存在有许多关节，那么创建的曲线会非常复杂，这将不利于对曲线的操纵。

如果【自动创建曲线】和【自动简化曲线】复选框都处于启用状态，在创建 IK 样条线控制柄的同时会自动创建一条形状与 IK 链相似的简化曲线。

当取消启用【自动创建曲线】复选框时，用户必须事先绘制一条 NURBS 曲线以满足创建 IK 样条线控制柄的需要。

(6) 【自动简化曲线】：该选项只有在【自动创建曲线】复选框处于启用状态时才变

为有效。当启用该复选框时，在创建 IK 样条线控制柄的同时会自动创建一条经过简化的
NURBS 曲线，曲线的简化程度由【跨度数】数值来决定。【跨度数】与曲线上的 CV 控
制点数量相对应，该曲线是具有 3 次方精度的曲线。

(7)　【跨度数】：在创建 IK 样条线控制柄时，该选项用来指定与 IK 样条线控制柄同
时创建的 NURBS 曲线上 CV 控制点的数量。

(8)　【根扭曲模式】：当启用该复选框时，可以调节扭曲操纵器在终止关节位置对开
始关节和其他关节进行轻微的扭曲操作；当取消启用该复选框时，调节扭曲操纵器将不会
影响开始关节的扭曲，这时如果想要旋转开始关节，必须使用位于开始关节位置的滚动操
纵器。

(9)　【扭曲类型】：指定在关节链中扭曲将如何发生，共有以下 4 个选项。

● 　【线性】：均匀扭曲 IK 链中的所有部分，这是默认选项。

● 　【缓入】：在 IK 链中的扭曲作用效果由终止关节向开始关节逐渐减弱。

● 　【缓出】：在 IK 链中的扭曲作用效果由开始关节向终止关节逐渐减弱。

● 　【缓入缓出】：在 IK 链中的扭曲作用效果由中间关节向两端逐渐减弱。

9.2　约　　束

【约束】也是角色动画制作中经常使用到的功能，它在角色装配中起着非常重要的作
用。使用约束能以一个物体的变换设置来驱动其他物体的位置、方向和比例。根据使用约
束类型的不同，得到的约束效果也各不相同。

处于约束关系下的物体，它们之间都是控制与被控制和驱动与被驱动的关系。通常把
受其他物体控制或驱动的物体称为被约束物体，而用来控制或驱动被约束物体的物体称为
目标物体。

为了满足动画制作的需要，Maya 提供了常用的 9 种约束，分别是【点】约束、【目
标】约束、【方向】约束、【缩放】约束、【父对象】约束、【几何体】约束、【正常】
约束、【切线】约束和【极向量】约束，如图 9-17 所示。

图 9-17　【约束】菜单

9.2.1 点

选择【约束】|【点】命令，可以让一个物体跟随另一个物体的位置移动，或使一个物体跟随多个物体的平均位置移动。如果想让一个物体匹配其他物体的运动，使用【点】约束是最有效的方法。单击【点】命令后面的■按钮，打开【点约束选项】对话框，如图9-18所示。

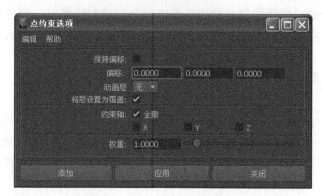

图9-18 【点约束选项】对话框

点约束参数介绍如下。

- 【保持偏移】：当启用该复选框时，创建【点】约束后，目标物体和被约束物体的相对位移将保持在创建约束之前的状态，即可以保持约束物体之间的空间关系不变；如果取消启用该复选框，可以在下面的【偏移】数值框中输入数值来确定被约束物体与目标物体之间的偏移距离。

- 【偏移】：设置被约束物体相对于目标物体的位移坐标数值。

- 【动画层】：选择要向其中添加【点】约束的动画层。

- 【将层设置为覆盖】：当启用该复选框时，在【动画层】下拉列表中选择的层会在将约束添加到动画层时自动设定为覆盖模式。这是默认模式，也是建议使用的模式。当取消启用该复选框时，在添加约束时层模式会设定为相加模式。

- 【约束轴】：指定约束的具体轴向，既可以单独约束其中的任何轴向，又可以启用【全部】复选框来同时约束X、Y、Z 3个轴向。

- 【权重】：指定被约束物体的位置能被目标物体影响的程度。

9.2.2 目标

选择【约束】|【目标】命令，可以约束一个物体的方向，使被约束物体始终瞄准目标物体。目标约束的典型用法是将灯光或摄影机瞄准约束到一个物体或一组物体上，使灯光或摄影机的旋转方向受物体的位移属性控制，实现跟踪照明或跟踪拍摄效果，如图9-19所示。在角色装配中，【目标】约束的一种典型用法是建立一个定位器来控制角色眼球的运动。

单击【目标】命令后面的■按钮，打开【目标约束选项】对话框，如图9-20所示。

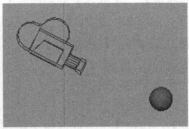

图 9-19 目标约束

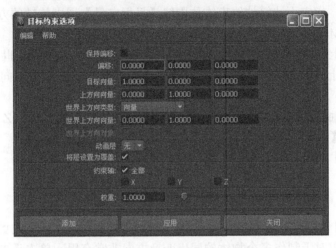

图 9-20 【目标约束选项】对话框

目标约束参数介绍如下。

(1) 【保持偏移】：如果启用该复选框，在创建【目标】约束后，目标物体和被约束物体的相对位移和旋转将保持在创建约束之前的状态，即可以保持约束物体之间的空间关系和旋转角度不变；如果取消启用该复选框，可以在下面的【偏移】数值框中输入数值来确定被约束物体的偏移方向。

(2) 【偏移】：设置被约束物体偏移方向 X、Y、Z 坐标的弧度数值。通过输入需要的弧度数值，可以确定被约束物体的偏移方向。

(3) 【目标向量】：指定【目标向量】相对于被约束物体局部空间的方向，【目标向量】将指向目标点，从而迫使被约束物体确定自身的方向。

> 提示：【目标向量】用来约束被约束物体的方向，以便它总是指向目标点。【目标向量】在被约束物体的枢轴点开始，总是指向目标点。但是【目标向量】不能完全约束物体，因为【目标向量】不控制物体怎样在【目标向量】周围旋转。物体围绕【目标向量】周围旋转是由【上方向向量】和【世界上方向向量】来控制的。

(4) 【上方向向量】：指定【上方向向量】相对于被约束物体局部空间的方向。

(5) 【世界上方向类型】：选择【世界上方向向量】的作用类型，共有以下 5 个选项。

● 【场景上方向】：指定【上方向向量】尽量与场景的向上轴对齐，以代替【世界

上方向向量】，【世界上方向向量】将被忽略。

- 【对象上方向】：指定【上方向向量】尽量瞄准被指定物体的原点，而不再与【世界上方向向量】对齐，【世界上方向向量】将被忽略。

- 【对象旋转上方向】：指定【世界上方向向量】相对于某些物体的局部空间被定义，代替这个场景的世界空间，【上方向向量】在相对于场景的世界空间变换之后将尝试与【世界上方向向量】对齐。

- 【向量】：指定【上方向向量】将尽可能尝试与【世界上方向向量】对齐，这个【世界上方向向量】相对于场景的世界空间被定义，这是默认选项。

- 【无】：指定不计算被约束物体围绕【目标向量】周围旋转的方向；当选择该选项时，Maya 将继续使用在指定【无】选项之前的方向。

(6) 【世界上方向向量】：指定【世界上方向向量】相对于场景的世界空间方向。

(7) 【世界上方向对象】：输入对象名称来指定一个【世界上方向对象】。在创建【目标】约束时，使【上方向向量】来瞄准该物体的原点。

(8) 【约束轴】：指定约束的具体轴向，既可以单独约束 X、Y、Z 轴其中的任何轴向，又可以启用【全部】复选框来同时约束 3 个轴向。

(9) 【权重】：指定被约束物体的方向能被目标物体影响的程度。

9.2.3 方向

选择【约束】|【方向】命令，可以将一个物体的方向与另一个或更多其他物体的方向相匹配。该约束对于制作多个物体的同步变换方向非常有用，单击【方向】命令后面的按钮，打开【方向约束选项】对话框，如图 9-21 所示。

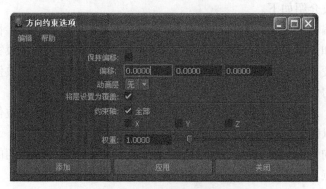

图 9-21 【方向约束选项】对话框

方向约束部分参数介绍如下。

- 【保持偏移】：如果启用该复选框，在创建【方向】约束后，被约束物体的相对旋转将保持在创建约束之前的状态，即可以保持约束物体之间的空间关系和旋转角度不变；如果取消启用该复选框，可以在下面的【偏移】选项中输入数值来确定被约束物体的偏移方向。

- 【偏移】：设置被约束物体偏移方向 X、Y、Z 坐标的弧度数值。

- 【约束轴】：指定约束的具体轴向既可以单独约束 X、Y、Z 其中的任何轴向，又可以启用【全部】复选框来同时约束 3 个轴向。

- 【权重】：指定被约束物体的方向能被目标物体影响的程度。

9.2.4　缩放

选择【约束】|【缩放】命令，可以将一个物体的缩放效果与另一个或更多其他物体的缩放效果相匹配，该约束对于制作多个物体同步缩放比例非常有用。单击【缩放】命令后面的■按钮，打开【缩放约束选项】对话框，如图 9-22 所示。

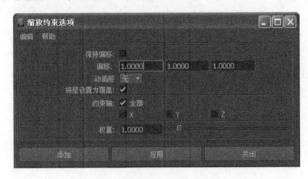

图 9-22　【缩放约束选项】对话框

9.2.5　父对象

选择【约束】|【父对象】命令，可以将一个物体的位移和旋转关联到其他物体上，一个被约束物体的运动也能被多个目标物体平均位置约束。当【父对象】约束被应用于一个物体的时候，被约束物体将仍然保持独立，它不会成为目标物体层级或组中的一部分，但是被约束物体的行为看上去好像是目标物体的子物体。单击【父对象】命令后面的■按钮，打开【父约束选项】对话框，如图 9-23 所示。

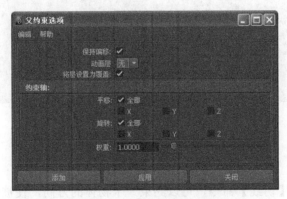

图 9-23　【父约束选项】对话框

父约束部分参数介绍如下。

- 【平移】：设置将要约束位移属性的具体轴向，既可以单独约束 X、Y、Z 其中的任何轴向，又可以启用【全部】复选框来同时约束这 3 个轴向。
- 【旋转】：设置将要约束旋转属性的具体轴向，既可以单独约束 X、Y、Z 其中

的任何轴向，又可以启用【全部】复选框来同时约束这 3 个轴向。

9.2.6　几何体

选择【约束】|【几何体】命令，可以将一个物体限制到 NURBS 曲线、NURBS 曲面或多边形曲面上。如果想要使被约束物体的自身方向能适应于目标物体表面，也可以在创建【几何体】约束之后再创建一个【正常】约束。单击【几何体】命令后面的■按钮，打开【几何体约束选项】对话框，如图 9-24 所示。

图 9-24　【几何体约束选项】对话框

9.2.7　正常

选择【约束】|【正常】命令(即【法线】约束)，可以约束一个物体的方向，使被约束物体的方向对齐到 NURBS 曲面或多边形曲面的法线向量。当需要一个物体能以自适应方式在形状复杂的表面上移动时，【正常】约束将非常有用。如果没有【正常】约束，制作沿形状复杂的表面移动物体的动画将十分烦琐和费时。单击【正常】命令后面的■按钮，打开【法线约束选项】对话框，如图 9-25 所示。

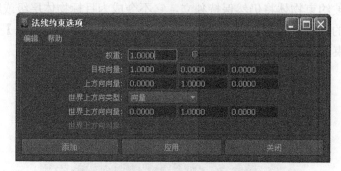

图 9-25　【法线约束选项】对话框

9.2.8　切线

选择【约束】|【切线】命令，可以约束一个物体的方向，使被约束物体移动时的方向总是指向曲线的切线方向。当需要一个物体跟随曲线的方向运动时，【切线】约束将非常有用。例如，可以利用【切线】约束来制作汽车行驶时，轮胎沿着曲线轨迹滚动的效果。单击【切线】命令后面的■按钮，打开【切线约束选项】对话框，如图 9-26 所示。

图 9-26　【切线约束选项】对话框

9.2.9　极向量

选择【约束】|【极向量】命令，可以让 IK 旋转平面手柄的极向量终点跟随一个物体或多个物体的平均位置移动。在角色装配中，经常用【极向量】约束将控制角色胳膊或腿部关节链上的 IK 旋转平面手柄的极向量终点约束到一个定位器上。这样做的目的是避免在操作 IK 旋转平面手柄时，由于手柄向量与极向量过于接近或相交所引起关节链意外发生反转的现象。单击【极向量】命令后面的■按钮，打开【极向量约束选项】对话框，如图 9-27 所示。

图 9-27　【极向量约束选项】对话框

9.3　角 色 动 画

所谓蒙皮就是绑定皮肤，当完成了角色建模、骨架创建和角色装配工作之后，就可以着手对角色模型进行蒙皮操作了。蒙皮就是将角色模型与骨架建立绑定连接关系，使角色模型能够跟随骨架运动产生类似皮肤的变形效果。

蒙皮后的角色模型表面被称为皮肤，它可以是 NURBS 曲面、多边形表面或细分表面。蒙皮后角色模型表面上的点被称为蒙皮物体点，它可以是 NURBS 曲面的 CV 控制点、多边形表面顶点、细分表面顶点或晶格点。

经过角色蒙皮操作后，就可以为高精度的模型制作动画了。Maya 提供了 3 种类型的蒙皮方式：平滑绑定、交互式蒙皮绑定和刚性绑定，它们各自具有不同的特性，分别适合应用在不同的场合。

9.3.1　蒙皮前的准备工作

在蒙皮之前，需要充分检查模型和骨架的状态，以保证模型和骨架能最正确地绑在一起，这样在以后的动画制作中才不至于出现异常情况。在检查模型时需要从以下三个方面入手。

第一点：首先要测试的就是角色模型是否适合制作动画，或者说检查角色模型在绑定之后是否能完成预定的动作。模型是否适合制作动画，主要从模型的布线方面进行分析。在动画制作中，凡是角色模型需要弯曲或褶皱的地方都必须要有足够多的线来划分，以供变形处理。在关节位置至少需要 3 条线的划分，这样才能实现基本的弯曲效果，而在关节处划分的线呈扇形分布是最合理的。

第二点：分析完模型的布线情况后要检查模型是否干净整洁。所谓干净是指模型上除了必要的历史信息外不含无用的历史信息；所谓整洁就是要对模型的各个部位进行准确清晰的命名。

> 提示：正是由于变形效果是基于历史信息的，所以在绑定或者用变形器变形前都要清除模型上的无用历史信息，以此来保证变形效果的正常解算。如果需要清除模型的历史信息，可以选择模型后执行【编辑】|【按类型删除】|【历史】菜单命令。
>
> 要做到模型干净整洁，还需要将模型的变换参数都调整到 0，选择模型后执行【修改】|【冻结变换】菜单命令即可。

第三点：检查骨架系统的设置是否存在问题。各部分骨架是否已经全部正确清晰地进行了命名，这对后面的蒙皮和动画制作有很大的影响。一个不太复杂的人物角色，用于控制其运动的骨架节点也有数十个之多。如果骨架没有清晰的命名而是采用默认的 joint1、joint2 和 joint3 方式，那么在编辑蒙皮时，想要找到对应位置的骨架节点就非常困难。所以在蒙皮前，必须对角色的每个骨架节点进行命名。骨架节点的名称没有统一的标准，但要求看到名称时就能准确找到骨架节点的位置。

9.3.2　平滑绑定

【平滑绑定】方式能使骨架链中的多个关节共同影响被蒙皮模型表面(皮肤)上同一个蒙皮物体点，提供一种平滑的关节连接变形效果。从理论上讲，一个被平滑绑定后的模型表面会受到骨架链中所有关节的共同影响。但在对模型进行蒙皮操作之前，可以利用选项参数设置来决定只有最靠近相应模型表面的几个关节才能对蒙皮物体点产生变形影响。

采用平滑绑定方式绑定的模型表面上的每个蒙皮物体点可以由多个关节共同影响，而且每个关节对该蒙皮物体点影响力的大小是不同的。这个影响力大小用蒙皮权重来表示，它是在进行绑定皮肤计算时由系统自动分配的。如果一个蒙皮物体点完全受一个关节的影响，那么这个关节对于此蒙皮物体点的影响力最大，此时蒙皮权重数值为 1；如果一个蒙皮物体点完全不受一个关节的影响，那么这个关节相对于此蒙皮物体点的影响力最小，此时蒙皮权重数值为 0。

在默认状态下，平滑绑定权重的分配是按照标准化原则进行的。所谓权重标准化原则就是无论一个蒙皮物体点受几个关节的共同影响，这些关节对该蒙皮物体点影响力(蒙皮权重)的总和始终等于 1，例如一个蒙皮物体点同时受两个关节的共同影响。其中一个关节的影响力(蒙皮权重)是 0.5，另一个关节的影响力(蒙皮权重)也是 0.5，它们总和为 1；如果将其中一个关节的蒙皮权重修改为 0.8，则另一个关节的蒙皮权重会自动调整为 0.2，它们的蒙皮权重总和将始终保持为 1。

选择【蒙皮】|【绑定蒙皮】|【平滑绑定】菜单命令，单击【平滑绑定】命令后面

的 按钮，打开【平滑绑定选项】对话框，如图 9-28 所示。

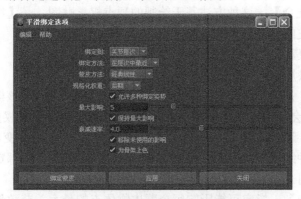

图 9-28　【平滑绑定选项】对话框

平滑绑定参数介绍如下。

(1)【绑定到】：指定平滑蒙皮操作将绑定整个还是只绑定选择的关节，共有以下 3 个选项。

- 【关节层级】：当选择该选项时，选择的模型表面 (可变形物体)将被绑定到骨架链中的全部关节上，即使选择了根关节之外的一些关节。该选项是角色蒙皮操作中常用的绑定方式，也是系统默认的选项。

- 【选定关节】：当选择该选项时，选择的模型表面(可变形物体)将被绑定到骨架链中选择的关节上，而不是绑定到整个骨架链。

- 【对象层次】：当选择该选项时，这个选择模型的表面(可变形物体)将被绑定到选择的关节或非关节变换节点(如组节点和定位器)的整个层级。只有选择这个选项，才能利用非蒙皮物体(如组节点和定位器)与模型表面(可变形物体)建立绑定关系，使非蒙皮物体能像关节一样影响模型表面，产生类似皮肤的变形效果。

(2)【绑定方法】：指定关节影响被绑定物体表面上的蒙皮物体点是基于骨架层次还是基于关节与蒙皮物体点的接近程度，共有以下两个选项。

- 【在层次中最近】：当选择该选项时，关节的影响基于骨架层次。在角色设置中，通常需要使用这种绑定方法，因为它能防止产生不适当的关节影响。例如，在绑定手指模型和骨架时，使用这个选项可以防止一个手指关节影响与其相邻近的另一个手指上的蒙皮物体点。

- 【最近距离】：当选择该选项时，关节的影响基于它与蒙皮物体点的最近距离；当绑定皮肤时，Maya 将忽略骨架的层次。因为它能引起不适当的关节影响，所以在角色设置中，通常需要避免使用这种绑定方法。例如，在绑定手指模型和骨架时，使用这个选项可能导致一个手指关节影响与其相邻的另一个手指上的蒙皮物体点。

(3)【蒙皮方法】：指定希望为选定可变形对象使用哪种蒙皮方法。

- 【经典线性】：如果希望得到基本平滑蒙皮变形效果，可以使用该方法。这个方法允许出现一些体积收缩和收拢变形效果。

- 【双四元数】：如果希望在扭曲关节周围变形时保持网格中的体积，可以使用该方法。

- 【权重已混合】：这种方法基于绘制的顶点权重贴图，是【经典线性】和【双四元数】蒙皮的混合。

(4) 【规格化权重】：设定如何规格化平滑蒙皮权重。

- 【无】：禁用平滑蒙皮权重规格化。
- 【交互式】：如果希望精确使用输入的权重值，可以选择该模式。当使用该模式时，Maya 会从影响添加或移除权重，以便所有影响的合计权重为 1。
- 【后期】：选择该模式时，Maya 会延缓规格化计算，直至变形网格。

(5) 【允许多种绑定姿势】：设定是否允许让每个骨架用多个绑定姿势。如果正绑定几何体的多个片到同一骨架，该复选框非常有用。

(6) 【最大影响】：指定可能影响每个蒙皮物体点的最大关节数量。该选项默认设置为 5，对于四足动物角色这个数值比较合适；如果角色结构比较简单，可以适当减小这个数值，以优化平滑绑定计算的数据量，提高工作效率。

(7) 【保持最大影响】：如果启用该复选框，平滑蒙皮几何体在任何时间都不能具有比【最大影响】指定数量更大的影响数量。

(8) 【衰减速率】：指定每个关节对象蒙皮物体点的影响随着点的关节距离的增加而逐渐减小的速度。该选项数值越大，影响减小的数值越慢，关节对蒙皮物体点的影响范围也越大；该选项数值越小，影响减小的速度越快，关节对蒙皮物体点的影响范围也越小。

(9) 【移除未使用的影响】：如果启用该复选框，平滑绑定皮肤后可以断开所有蒙皮权重值为 0 的关节和蒙皮物体点之间的关联，避免 Maya 对这些无关数据进行检测计算。当想要减少场景数据的计算量、提高场景播放速度时，选择该复选框将非常有用。

(10) 【为骨架上色】：如果启用该复选框，被绑定的骨架和蒙皮物体点将变成彩色，使蒙皮物体点显示出与影响它们的关节和骨头相同的颜色。这样可以很直观地区分不同关节和骨头在被绑定可变形物体表面上的影响范围，如图 9-29 所示。

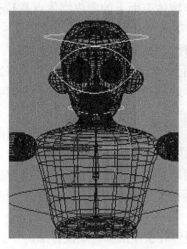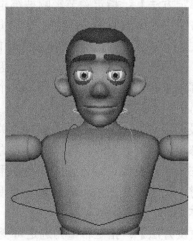

图 9-29　观察骨架

9.3.3 交互式蒙皮绑定

【交互式蒙皮绑定】可以通过一个包裹物体来实时改变绑定的权重分配，这样可以大大减少权重分配的工作量。单击【交互式蒙皮绑定】命令后面的█按钮，打开【交互式蒙皮绑定选项】对话框，如图 9-30 所示。

图 9-30 【交互式蒙皮绑定选项】对话框

9.3.4 刚性绑定

【刚性绑定】是通过骨架链中的关节去影响被蒙皮模型表面(皮肤)上的蒙皮物体点，提供一种关节连接变形效果。与平滑绑定方式不同，在刚性绑定中每个蒙皮物体点只能受到一个关节的影响，而在平滑绑定中每个蒙皮物体点能受到多个关节的共同影响。正是因为如此，刚性绑定在关节位置产生的变形效果相对比较僵硬，但是刚性绑定比平滑绑定具有更少的数据处理量和更容易的编辑修改方式。另外，可以借助变形器(如晶格变形、簇变形和屈肌等)对刚性绑定进行辅助控制，使刚性绑定物体表面也能获得平滑的变形效果。

在刚性绑定过程中，对于被绑定表面上的每个蒙皮物体点，Maya 会自动分配一个刚性绑定点的权重，用来控制关节对蒙皮物体点的影响力大小。在系统默认设置下，每个关节都能够均衡地影响与它最靠近的蒙皮物体点；用户也可以自由编辑每个关节所影响蒙皮物体点的数量。

单击【刚性绑定】命令后面的█按钮，打开【刚性绑定蒙皮选项】对话框，如图 9-31 所示。

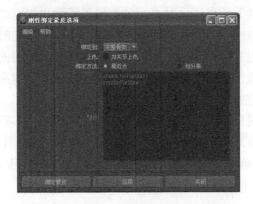

图 9-31 【刚性绑定蒙皮选项】对话框

刚性绑定蒙皮参数介绍如下。

(1) 【绑定到】：指定刚性蒙皮操作将绑定整个骨架还是只绑定选择的关节，共有以下 3 个选项。

● 【完整骨架】：当选择该选项时，被选择的模型表面(可变形物体)将被绑定到骨架链中的全部关节上，即使选择了根关节之外的一些关节。该选项是角色蒙皮操作中常用的绑定方式，也是系统默认的选项。

● 【选定关节】：当选择该选项时，被选择的模型表面(可变形物体)将被绑定到骨架链中选择的关节上，而不是绑定到整个骨架链。

● 【强制全部】：当选择该选项时，被选择的模型表面(可变形物体)将被绑定到骨架链中的全部关节上，其中也包括那些没有影响力的关节。

(2) 【为关节上色】：如果启用该复选框，被绑定的关节上会自动分配与蒙皮物体点组相同的颜色。当编辑蒙皮物体点组成员(关节对蒙皮物体的影响范围)时，启用这个复选框将有助于以不同的颜色区分各个关节所影响蒙皮物体点的范围。

(3) 【绑定方法】：可以选择一种刚性绑定方法，共有以下两个单选按钮。

● 【最近点】：当选中该单选按钮时，Maya 将基于每个蒙皮物体点与关节的接近程度，自动将可变形物体点放置到不同的蒙皮物体点组中。对于每个与骨连接的关节，都会创建一个蒙皮物体点组，组中包括与该关节最靠近的可变形物体点。Maya 将不同的蒙皮物体点组放置到一个分区中，这样可以保证每个可变形物体点只能在一个唯一的组中。最后每个蒙皮物体点组被绑定到与其最靠近的关节上。

● 【划分集】：当选中该单选按钮时，Maya 将绑定在指定分区中已经被编入蒙皮物体点组内的可变形物体点。应该有和关节一样多的蒙皮物体点组，每个蒙皮物体点组被绑定到与其最靠近的关节上。

(4) 【划分】：当设置【绑定方法】为【划分集】时，该选项才起作用，可以在列表框中选择想要刚性绑定的蒙皮物体点组所在的划分集名称。

9.3.5 绘制蒙皮权重工具

【绘制蒙皮权重工具】提供了一种直观的编辑平滑蒙皮权重的方法，让用户可以采用涂抹绘画的方式直接在被绑定物体表面修改蒙皮权重值，并能实时观察到修改结果。这是一种十分有效的工具，也是在编辑平滑蒙皮权重工作中主要使用的工具。它虽然没有【组件编辑器】输入的权重数值精确，但是可以在蒙皮物体表面快速高效地调整出合理的权重分布数值，以获得理想的平滑蒙皮变形效果。

选择【蒙皮】|【编辑平滑蒙皮】|【绘制蒙皮权重工具】菜单命令，单击【绘制蒙皮权重工具】命令后面的按钮，打开【工具设置】对话框，如图 9-32 所示。该对话框分为【工具设置】、【影响】、【渐变】、【笔划】、【光笔压力】和【显示】6 个卷展栏。

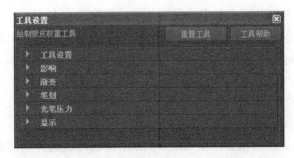

图 9-32　绘制蒙皮权重工具【工具设置】对话框

1. 工具设置

展开【工具设置】卷展栏，如图 9-33 所示。

工具设置卷展栏参数介绍如下。

(1) 【轮廓】：选择笔刷的轮廓样式，有【高斯笔刷】 、【软笔刷】 、【硬笔刷】 和【方形笔刷】 4 种样式。

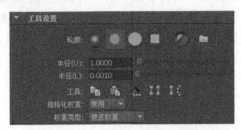

图 9-33　【工具设置】卷展栏

如果预设的笔刷不能满足当前工作的需要，还可以单击右侧的【文件浏览器】按钮 ，在 Maya 安装目录 drive：\Program Files\Alias\Maya 2012\brushShapes 的文件夹中提供了 40 个预设的笔刷轮廓，可以直接加载使用。当然，用户也可以根据需要自定义笔刷轮廓；只要是 Maya 支持的图像文件格式，图像大小在 256×256 像素之内即可。

(2) 【半径(U)】：如果用户正在使用一支压感笔，该选项可以为笔刷设定最大的半径值；如果用户只是使用鼠标，该选项可以设置笔刷的半径范围值。当调节滑块时该值最高可设置为 50，但是按住 B 键拖曳光标可以得到更高的笔刷半径值。

> 提示：在绘制权重过程中，经常采用按住 B 键拖曳光标的方法来改变笔刷半径，在不打开【绘制蒙皮权重工具】的【工具设置】对话框的情况下，根据绘制模型表面的不同部位直接对笔刷半径进行快速调整可以大大提高工作效率。

(3) 【半径(L)】：如果用户正在使用一支压感笔，该选项可以为笔刷设定最小的半径值；如果没有使用压感笔这个属性将不能使用。

(4) 【工具】：对权重进行复制、粘贴等操作。

● 【复制选定顶点的权重】 ：选择顶点后，单击该按钮可以复制选定顶点的权重值。

● 【将复制的权重粘贴到选定顶点上】 ：复制选定顶点的权重值以后，单击该按钮可以将复制的顶点权重值粘贴到其他选定顶点上。

- 【权重锤】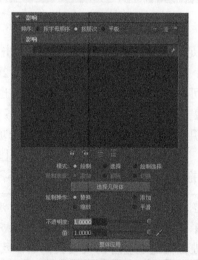：单击该按钮可以修复其权重导致网格上出现不希望的变形的选定顶点。Maya 为选定顶点指定与其相邻顶点相同的权重值，从而可以形成更平滑的变形。

- 【将权重移到选定影响】：单击该按钮可以将选定顶点的权重值从其当前影响移动到选定影响。

- 【显示对选定顶点的影响】：单击该按钮可以选择影响到选定顶点的所有影响。这样可以帮助用户解决网格区域中出现异常变形的疑难问题。

(5) 【规格化权重】：设定如何规格化平滑蒙皮权重。

- 【禁用】：禁用平滑蒙皮权重规格化。

- 【交互式】：如果希望精确使用输入的权重值，可以选择该模式。当使用该模式时，Maya 会从其他影响添加或移除权重，以便所有影响的合计权重为 1。

- 【后期】：选择该模式时，Maya 会延缓规格化计算，直至变形网格。

(6) 【权重类型】：选择以下两种类型中的一种权重进行绘制。

- 【蒙皮权重】：为选定影响绘制基本的蒙皮权重，这是默认设置。

- 【DQ 混合权重】：选择这个类型来绘制权重值，可以逐顶点控制【经典线性】和【双四元数】蒙皮的混合。

2. 影响

展开【影响】卷展栏，如图 9-34 所示。

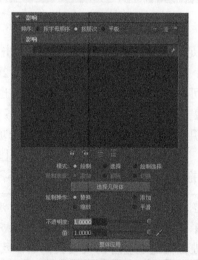

图 9-34　【影响】卷展栏

影响卷展栏参数介绍如下。

(1) 【排序】：在影响列表中设定关节的显示方式，有以下 3 种方式。

- 【按字母排序】：按字母顺序对关节名称排序。

- 【按层次】：按层次(父子层次)对关节名称排序。

- 【平板】：按层次对关节名称排序，但是将其显示在平坦列表中。

(2)　【重置为默认值】 ：将【影响】列表重置为默认大小。

(3)　【展开影响列表】 ：展开【影响】列表，并显示更多行。

(4)　【收拢影响列表】 ：收缩【影响】列表，并显示更少行。

(5)　【影响】：这个列表显示绑定到选定网格的所有影响的列表。例如，影响选定角色网格蒙皮权重的所有关节。

(6)　【过滤器】 ：输入文本以过滤在列表中显示的影响。这样可以更轻松地查找和选择要处理的影响，尤其是在处理具有复杂的装配时很实用。例如，输入 r-*，可以只列出前缀为 r-的那些影响。

(7)　【固定】 ：固定影响列表，可以仅显示选定的影响。

(8)　【保持影响权重】 ：单击该按钮可以保持选定影响的权重。保持影响时，影响列表中影响名称旁边将显示一个锁定图标，绘制其他影响的权重时对该影响无影响。

(9)　【不保持影响权重】 ：单击该按钮可以不保持选定影响的权重。

(10)　【显示选定项】 ：单击该按钮可以自动浏览影响列表，以显示选定影响。在处理具有多个影响的复杂角色时，该按钮非常有用。

(11)　【反选】 ：单击该按钮可以快速反选要在列表中选定的影响。

(12)　【模式】：在绘制模式之间进行切换。

- 　【绘制】：选中该单选按钮时，可以通过在顶点绘制值来设定权重。
- 　【选择】：选中该单选按钮时，可以从绘制蒙皮权重切换到选择蒙皮点和影响。对于多个蒙皮权重任务，例如修复平滑权重和将权重移动到其他影响，该模式非常重要。
- 　【绘制选择】：选中该单选按钮时，可以绘制选择顶点。

(13)　【绘制选择】：通过后面的 3 个附加选项可以设定绘制时是否向选择中添加或从选择中移除顶点。

- 　【添加】：选中该单选按钮时，绘制将向选择添加顶点。
- 　【移除】：选中该单选按钮时，绘制将向选择添加顶点。
- 　【切换】：选中该单选按钮时，绘制将切换顶点的选择。绘制时，从选择中移除选定顶点并添加取消选择的顶点。

(14)　【选择几何体】 ：单击该按钮可以快速选择整个网格。

(15)　【绘制操作】：设置影响的绘制方式。

- 　【替换】：笔刷笔划将使用为笔刷设定的权重替换蒙皮权重。
- 　【添加】：笔刷笔划将增大附近关节的影响。
- 　【缩放】：笔刷笔划将减小远处关节的影响。
- 　【平滑】：笔刷笔划将平滑关节的影响。

(16)　【不透明度】：通过设置该选项可以使用同一种笔刷轮廓来产生更多的渐变效果，使笔刷的作用效果更加精细微妙。如果设置该选项数值为 0，笔刷将没有任何作用。

(17)　【值】：设定笔刷笔划应用的权重值。

(18)　【整体应用】 ：将笔刷设置应用到选定【抖动】变形器的所有权重，结果取决于执行整体应用时定义的笔刷设置。

3. 渐变

展开【渐变】卷展栏，如图 9-35 所示。

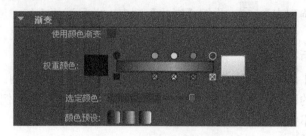

图 9-35 【渐变】卷展栏

【渐变】卷展栏参数介绍如下。

- 【使用颜色渐变】：如果启用该复选框，权重值表示为网格的颜色。这样在绘制时可以更容易地看到较小的值，并确定在不应对顶点有影响的地方关节是否正在影响顶点。
- 【权重颜色】：如果启用【使用颜色渐变】复选框，该选项可以用于编辑颜色渐变。
- 【选定颜色】：为权重颜色的渐变色标设置颜色。
- 【颜色预设】：从预定义的 3 个颜色渐变选项中选择颜色。

4. 笔划

展开【笔划】卷展栏，如图 9-36 所示。

图 9-36 【笔划】卷展栏

【笔划】卷展栏参数介绍如下。

- 【屏幕投影】：如果取消启用该复选框(默认设置)，笔刷会沿着绘画的表面确定方向；如果启用该复选框，笔刷标记将以视图平面作为方向影射到选择的绘画表面。

> 提示：当使用【绘制蒙皮权重工具】涂抹绘画表面权重时，通常需要取消启用【屏幕投影】复选框。如果被绘制的表面非常复杂，可能需要启用该复选框，因为使用该复选框会降低系统的执行性能。

- 【镜像】：该复选框对于【绘制蒙皮权重工具】是无效的，可以使用【蒙皮】 | 【编辑平滑蒙皮】 | 【镜像蒙皮权重】菜单命令来镜像平滑的蒙皮权重。

- 【图章间距】：在被绘制的表面上单击并拖曳光标绘制出一个笔划，用笔刷绘制出的笔画是由许多相互交叠的图章组成的。利用这个属性，用户可以设置笔划中的印记将如何重叠。例如，如果设置【图章间距】数值为 1，创建笔划中每个图章的边缘刚好彼此接触；如果设置【图章间距】数值大于 1，那么在每个相邻的图章之间会留有空隙；如果设置【图章间距】数值小于1，图章之间将会重叠。

- 【图章深度】：该选项决定了图章能被投影多远。例如，当使用【绘制蒙皮权重工具】在一个有褶皱的表面上绘画时，减小【图章深度】数值会导致笔刷无法绘制到一些折痕区域的内部。

5. 光笔压力

展开【光笔压力】卷展栏，如图 9-37 所示。

图 9-37　【光笔压力】卷展栏

【光笔压力】卷展栏参数介绍如下。

- 【光笔压力】：如果启用该复选框，可以激活压感笔的压力效果。

- 【压力映射】：可以在其下拉列表框中选择一个选项来确定压感笔的笔尖压力将会影响的笔刷属性。

6. 显示

展开【显示】卷展栏，如图 9-38 所示。

图 9-38　【显示】卷展栏

【显示】卷展栏参数介绍如下。

- 【绘制笔刷】：利用这个复选框，可以切换【绘制蒙皮权重工具】笔刷在场景视图中的显示和隐藏状态。

- 【绘制时绘制笔刷】：如果启用该复选框，在绘制的过程中会显示出笔刷轮廓；如果取消启用该复选框，在绘制的过程中将只显示出笔刷指针而不显示笔刷轮廓。

- 【绘制笔刷切线轮廓】：如果启用该复选框，在选择的蒙皮表面上移动光标时会显示出笔刷的轮廓；如果取消启用该复选框，将只显示出笔刷指针而不显示笔刷轮廓。

- 【显示笔刷反馈】：如果启用该复选框，会显示笔刷的附加信息，以指示出当前笔刷所执行的绘制操作。当用户在【影响】卷展栏下为【绘制操作】选择了不同方式时，显示出的笔刷附加信息也有所不同。

- 【显示线框】：如果启用该复选框，在选择的蒙皮表面上会显示出线框结构，这样可以观察绘画权重的结果；如果取消启用该复选框，将不会显示出线框结构。

- 【颜色反馈】：如果启用该复选框，在选择的蒙皮表面上将显示出灰度颜色反馈信息，采用这种渐变灰度值来表示蒙皮权重数值的大小；如果取消启用该复选框，将不会显示出灰度颜色反馈信息。

当减小蒙皮权重数值时，反馈颜色会变暗；当增大蒙皮权重数值时，反馈颜色会变亮；当蒙皮权重数值为 0 时，反馈颜色为黑色；当蒙皮权重数值为 1 时，反馈颜色为白色。利用【颜色反馈】功能，可以帮助用户查看选择表面上蒙皮权重的分布情况,并能指导用户采用正确的数值绘制蒙皮权重。要在蒙皮表面上显示出颜色反馈信息，必须使模型在场景视图中以平滑实体的方式显示才行。

- 【多色反馈】：如果启用该复选框，能以多重颜色的方式观察被绑定蒙皮物体表面上绘制蒙皮权重的分配。

- 【X 射线显示关节】：在绘制时，以 X 射线显示关节。

- 【最小颜色】：该选项可以设置最小的颜色显示数值。如果蒙皮物体上的权重数值彼此非常接近，使颜色反馈显示太微妙以至于不易察觉，这时使用该选项将很有用。可以尝试设置不同数值使颜色反馈显示出更大的对比度，为用户进行观察和操作提供方便。

- 【最大颜色】：该选项可以设置最大的颜色显示数值。如果蒙皮物体上的权重数值彼此非常接近，使颜色反馈显示太微妙以至于不易察觉，这时可以尝试设置不同数值使颜色反馈显示出更大的对比度，为用户进行观察和操作提供方便。

9.4　上机实践操作——腿部骨骼控制系统

 本范例完成文件：/09/9-1.mb

 多媒体教学路径：光盘→多媒体教学→第 9 章

9.4.1　实例介绍与展示

本章实例是通过设置腿部骨骼控制系统实例进一步巩固本章所学内容。最终效果如图 9-39 所示。

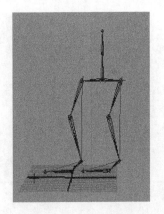

图 9-39　制作效果

9.4.2　实例制作

(1) 按下 F2 键切换到【动画】菜单下，在右视图里，我们进行骨骼创建，依照图 9-40 创建 5 个关节，从上至下分别命名为 x_pelvis、x_knee、x_heel、x_ball 和 x_toe。然后选择【修改】|【冻结变换】命令。从 x_pelvis 关节到 x_heel 关节，我们给它个 IK，选择【骨架】|【IK 控制柄工具】命令，将这个 IK 命名为"ik_leg"。创建的骨骼如图 9-40 所示。

(2) 创建 3 个定位器。选择【创建】|【定位器】命令，按住 V 键，分别将它们定点在【图示】关节上，从左至右相应的更名为 lx_toe、lx_ball 和 lx_heel。然后分别将这三个关节进行点约束，选择【约束】|【点】命令(先选择 x_toe 关节，再选择 lx_toe 定位器，如此类推)，如图 9-41 所示。

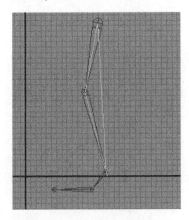

图 9-40　创建骨骼

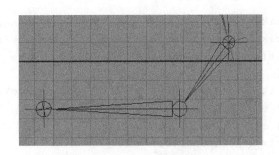

图 9-41　创建点约束

(3) 选择 x_pelvis 关节，然后进行复制。将复制的一套骨骼移到一处，从上至下分别命名为 r_pelvis、r_knee、r_heel、r_ball 和 r_toe。完成后选择 r_toe 关节，选择【骨架】|【重定骨架根】命令。从 r_toe 到 r_ball 创建 IK，选择【骨架】|【IK 控制柄工具】命令，将这个 IK 命名为 rik_ball。然后对 r_heel 到 r_pelvis 也创建 IK，命名为 rik_pelvis。如图 9-42 所示。

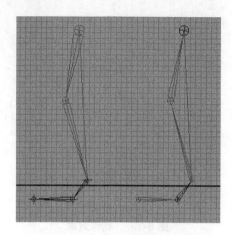

图 9-42　创建 IK

(4)　先选择 x_pelvis 关节，再选择 rik_pelvis IK 手柄，进行点约束，选择【约束】|【点】命令。现在我们选择【窗口】|【动画编辑器】|【表达式编辑器】命令，弹出表达式编辑器，编写一小段表达式。我们命名这表达式为"const_toe"，然后写以下代码：

```
r_toe.translateX = lx_toe.translateX;
r_toe.translateZ = lx_toe.translateZ;
if(lx_toe.translateY>0)
{
r_toe.translateY = lx_toe.translateY;
} else
{
r_toe.translateY = 0;
};
```

然后单击【创建】按钮。

我们再建一个表达式，命名为"const_ball"，写入以下代码：

```
rik_ball.translateX = lx_ball.translateX;
rik_ball.translateZ = lx_ball.translateZ;
if(lx_ball.translateY>0)
{
rik_ball.translateY = lx_ball.translateY;
} else
{
rik_ball.translateY = 0;
};
```

单击【创建】按钮。这两段 MEL 是分别控制 lx_toe 和 lx_ball 的。

现在从【大纲视图】中选择 r_toe 关节，选择【显示】|【对象显示】|【模版】命令。再选择 rik_ball 和 rik_pelvis ikhandles 以及三个 locator(lx_toe、lx_ball、lx_heel)，选择【显示】|【隐藏】|【隐藏当前选择】命令，隐藏它们，如图 9-43 所示。

(5)　从 x_heel 关节到 x_toe 关节创建 IK 并命名为"ik_toe"，接着选择【编辑】｜【分组】命令，将 ik_toe 和 ik_leg 这两个 IK 成组，命名为"foot"。然后我们打开它的【属性编辑器】，在【显示】卷展栏中启用【显示控制柄】复选框，如图 9-44 所示。

图 9-43　大纲视图

图 9-44　【属性编辑器】参数设置

(6) 创建一个定位器，命名为"pole_leg"。然后我们选择这个定位器，按住 Shift 键再选择 rik_pelvis ik 手柄，选择【约束】｜【点】命令，如图 9-45 所示。

(7) 选择 x_pelvis 关节，进行复制。然后将复制的这些关节移到一处，分别将它们命名为 left_pelvis、left_knee、left_heel、left_ball 和 left_toe。再选择【骨架】｜【设置首选角度】命令。

(8) 选择【骨架】｜【关节工具】命令，新建三个关节(图示)，命名为 root、spine1 和 spine2 。然后将 left_pelvis 关节与 root 关节连接，如图 9-46 所示。

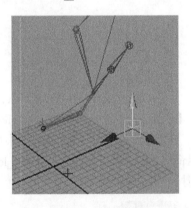

图 9-45　点约束

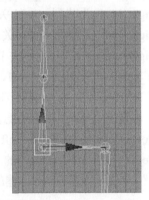

图 9-46　连接骨骼

(9) 选择 left_pelvis 关节，选择【骨架】｜【镜像关节】命令进行镜像，将镜像的一串关节分别命名为 right_pelvis、right_knee、right_heel、right_ball 和 right toe，如图 9-47 所示。

(10) 在大纲视图中，不选择(root)根骨骼，其他的全部选中，将它们成组，这一组命名为"left_leg"。然后将这一组复制(改复制属性如下图 9-48)重命名为"right_leg"，再将它沿 Z 轴稍微移一点，不要与"left_leg"重合，如图 9-48 所示。

(11) 现在我们要创建很多点约束，选择【约束】｜【点】命令。

在 left_leg 一套关节中：

点约束 left_knee 关节到 r_knee 关节。

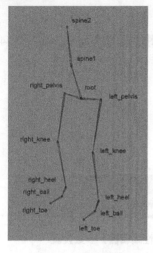

图 9-47　命名名称

图 9-48　【特殊复制选项】对话框

点约束 left_heel 关节到 r_heel 关节。

点约束 left_ball 关节到 r_ball 关节。

点约束 left_toe 关节到 r_toe 关节。

点约束 x_pelvis 关节到 left_pelvis 关节。

在 right_leg 一套关节中：

点约束 right_knee 关节到 r_knee 关节。

点约束 right_heel 关节到 r_heel 关节。

点约束 right_ball 关节到 r_ball 关节。

点约束 right_toe 关节到 r_toe 关节。

点约束 x_pelvis 关节到 right_pelvis 关节。

然后选择 left_leg 组中 x_pelvis 和 r_toe 关节；right_leg 组中的 x_pelvis 和 r_toe，将它们隐藏，再选择【显示】|【隐藏】|【隐藏当前选择】命令。将 left_leg 组中的 pole_leg locatoras 重命名为 "pole_left_leg"；如此类推，将 right_leg 组中的也重命名为 "pole_right_leg"；将 left_leg 组中的 foot 组命名为 "left_foot"，将 right_leg 组中的命名为 "right_foot"。完成范例制作，创建的腿部骨骼如图 9-49 所示。

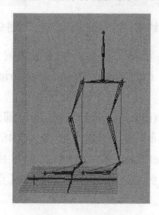

图 9-49　腿部骨骼

9.5　操作练习

课后练习绘制小猫的骨骼绑定，仔细揣摩本章所学内容，如图 9-50 所示。

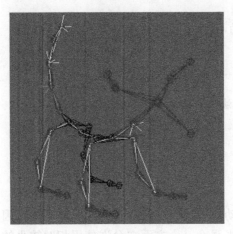

图 9-50　练习效果

第 10 章　粒子动力学技术

教学目标

本章讲解了 Maya 的动力学和粒子系统。对于本章内容，大家掌握重点内容的运用即可。

教学重点和难点

1. 粒子系统的使用方法。
2. 动力学的使用方法。

10.1　粒子系统概述

Maya 作为最优秀的动画制作软件之一，其中一个重要原因就是其令人称道的粒子系统。Maya 的粒子系统相当强大，一方面它允许使用相对较少的输入命令来控制粒子的运动；另一方面还可以与各动画工具混合使用，例如与场、关键帧、表达式等结合起来使用。同时 Maya 的粒子系统即使在控制大量粒子时也能进行交互式作业。另外，粒子有速度、颜色和寿命等属性，可以通过控制这些属性来获得理想的粒子效果，如图 10-1 所示。

图 10-1　粒子效果

切换到【动力学】模块，如图 10-2 所示，此时 Maya 会自动切换到动力学菜单。创建与编辑粒子主要用【粒子】菜单来完成，如图 10-3 所示。

图 10-2　【动力学】模块

图 10-3　【粒子】菜单

10.1.1　粒子工具

选择【粒子】|【粒子工具】命令，用来创建粒子。单击【粒子工具】命令后面的 按钮，打开【工具设置】对话框，如图 10-4 所示。

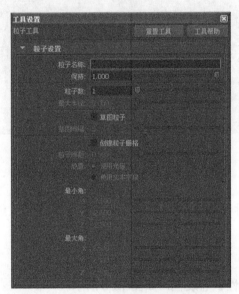

图 10-4　【工具设置】对话框

粒子工具参数介绍如下。

(1)　【粒子名称】：为即将创建的粒子命名。命名粒子有助于在【大纲视图】对话框中识别粒子。

(2)　【保持】：该选项会影响粒子的速度和加速度属性，一般情况下都采用默认值 1。

(3)　【粒子数】：设置要创建的粒子的数量，默认值为 1。

(4)　【最大半径】：如果设置的【粒子数】大于 1，则可以将粒子随机分布在单击的球形区域中。若要选择球形区域，可以将【最大半径】设定为大于 0 的值。

(5)　【草图粒子】：启用该复选框后，拖曳光标可以绘制连续的粒子流的草图。

(6)　【草图间隔】：用于设定粒子之间的像素间距。值为 0 时将提供接近实线的像素；值越大，像素之间的间距也越大。

(7)　【创建粒子栅格】：创建一系列格子阵列式的粒子。

(8)　【粒子间距】：当启用【创建粒子栅格】复选框时才可用，可以在栅格中设定粒子之间的间距(按单位)。

(9)　【使用光标】：使用光标方式创建阵列。

(10)　【使用文本字段】：使用文本方式创建粒子阵列。

(11)　【最小角】：设置 3D 粒子栅格中左下角的 X、Y、Z 坐标。

(12)　【最大角】：设置 3D 粒子栅格中右上角的 X、Y、Z 坐标。

10.1.2　创建发射器

选择【粒子】|【创建发射器】命令，可以创建出粒子发射器，同时可以选择发射器的类型。单击【创建发射器】命令后面的■按钮，打开【发射器选项(创建)】对话框，如图 10-5 所示。

图 10-5　【发射器选项(创建)】对话框

1. 发射器名称

用于设置所创建发射器的名称。命名发射器有助于在【大纲视图】对话框中识别发射器。

2. 基本发射器属性

展开【基本发射器属性】卷展栏，如图 10-6 所示。

图 10-6　【基本发射器属性】卷展栏

基本发射器属性参数介绍如下。

(1)　【发射器类型】：指定发射器的类型，包含【泛向】、【方向】和【体积】3 种类型。

● 　【泛向】：该发射器可以在所有方向发射粒子，如图 10-7 所示。

● 　【方向】：该发射器可以让粒子沿通过【方向 X】、【方向 Y】和【方向 Z】属性指定的方向发射，如图 10-8 所示。

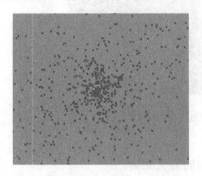

图 10-7　泛向　　　　　　　　　　　图 10-8　方向

- 【体积】：该发射器可以从闭合的体积发射粒子，如图 10-9 所示。

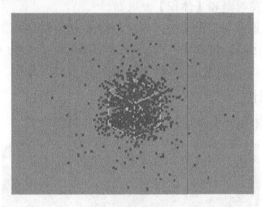

图 10-9　体积

(2)　【速率(粒子数/秒)】：设置每秒发射粒子的数量。

(3)　【对象大小决定的缩放率】：当设置【发射器类型】为【体积】时才可用。如果启用该复选框，则发射粒子的对象的大小会影响每帧的粒子发射速率。对象越大，发射速率越高。

(4)　【需要父对象 UV(NURBS)】：该选项仅适用于 NURBS 曲面发射器。如果启用该复选框，则可以使用父对象 UV 驱动一些其他参数(例如颜色或不透明度)的值。

(5)　【循环发射】：通过该选项可以重新启动发射的随机编号序列。

- 【无(禁用 timeRandom)】：随机编号生成器不会重新启动。
- 【帧(启用 timeRandom)】：序列会以在下面的【循环间隔】选项中指定的帧数重新启动。

(6)　【循环间隔】：定义当使用【循环发射】时重新启动随机编号序列的间隔(帧数)。

3. 距离/方向属性

展开【距离/方向属性】卷展栏，如图 10-10 所示。

图 10-10 　【距离/方向属性】卷展栏

距离/方向属性参数介绍如下。

- 【最大距离】：设置发射器执行发射的最大距离。
- 【最小距离】：设置发射器执行发射的最小距离。
- 【方向 X/Y/Z】：设置相对于发射器的位置和方向的发射方向。这 3 个选项仅适用于【方向】发射器和【体积】发射器。
- 【扩散】：设置发射扩散角度，仅适用于【方向】发射器。该角度定义粒子随机发射的圆锥形区域，可以输入 0~1 之间的任意值。值为 0.5 表示 90 度；值为 1 表示 180 度。

4. 基础发射速率属性

展开【基础发射速率属性】卷展栏，如图 10-11 所示。

图 10-11 　【基础发射速率属性】卷展栏

基础发射速率属性参数介绍如下。

- 【速率】：为已发射粒子的初始发射速度设置速度倍增。值为 1 时速度不变；值为 0.5 时速度减半；值为 2 时速度加倍。
- 【速率随机】：通过【速率随机】属性可以为发射速度添加随机性，而无须使用表达式。
- 【切线速率】：为曲面和曲线发射设置发射速度的切线分量的大小，如图 10-12 所示。

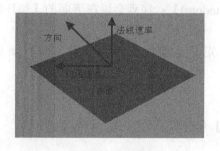

图 10-12 　切线速率

- 【法线速率】：为曲面和曲线发射设置发射速度的法线分量的大小，如图 10-13 所示。

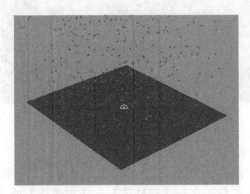

图 10-13　法线速率

5. 体积发射器属性

展开【体积发射器属性】卷展栏，如图 10-14 所示。该卷展栏下的参数仅适用于【体积】发射器。

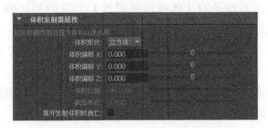

图 10-14　【体积发射器属性】卷展栏

体积发射器属性参数介绍如下。

- 【体积形状】：指定要将粒子发射到的体积的形状，共有【立方体】、【球体】、【圆柱体】、【圆锥体】和【圆环】5 种。
- 【体积偏移 X/Y/Z】：设置将发射体积从发射器的位置偏移。如果旋转发射器，会同时旋转偏移方向，因为它是在局部空间内操作。
- 【体积扫描】：定义除【立方体】外的所有体积的旋转范围，其取值范围为 0～360 度。
- 【截面半径】：仅适用于【圆环】体积形状，用于定义圆环的实体部分的厚度(相对于圆环的中心环的半径)。
- 【离开发射体积时消亡】：如果启用该复选框，则发射的粒子将在离开体积时消亡。

6. 体积速率属性

展开【体积速率属性】卷展栏，如图 10-15 所示。该卷展栏下的参数仅适用于【体积】发射器。

图 10-15 【体积速率属性】卷展栏

体积速率属性参数介绍如下。

- 【远离中心】：指定粒子离开【立方体】或【球体】体积中心点的速度。
- 【远离轴】：指定粒子离开【圆柱体】、【圆锥体】或【圆环】体积的中心轴的速度。
- 【沿轴】：指定粒子沿所有体积的中心轴移动的速度。中心轴定义为【立方体】和【球体】体积 Y 正轴。
- 【绕轴】：指定粒子绕所有体积的中心轴移动的速度。
- 【随机方向】：为粒子的【体积速率属性】的方向和初始速度添加不规则性，有点像【扩散】对其他发射器类型的作用。
- 【方向速率】：在由所有体积发射器的【方向 X】、【方向 Y】、【方向 Z】属性指定的方向上增加速度。
- 【大小决定的缩放速率】：如果启用该复选框，则当增加体积的大小时，粒子的速度也会相应加快。

10.1.3 从对象发射

选择【粒子】│【从对象发射】命令，可以指定一个物体作为发射器来发射粒子，这个物体既可以是几何物体，也可以是物体上的点。单击【从对象发射器】命令后面的回按钮，打开【发射器选项(从对象发射)】对话框，如图 10-16 所示。从【发射器类型】下拉列表框中可以观察到，【从对象发射】的发射器共有 4 种，分别是【泛向】、【方向】、【表面】和【曲线】。

图 10-16 【发射器选项(从对象发射)】对话框

10.1.4　使用选定发射器

由于 Maya 是节点式的软件，所以允许在创建好发射器后使用不同的发射器来发射相同的粒子。

10.1.5　逐点发射速率

选择【粒子】|【逐点发射速率】命令，可以为每个粒子、CV 点、顶点、编辑点或【泛向】、【方向】粒子发射器的晶格点使用不同的发射速率。例如，可以从圆形的编辑点发射粒子，并改变每个点的发射速率，如图 10-17 所示。

图 10-17　粒子发射

注意：【逐点发射速率】命令只能在点上发射粒子，不能在曲面或曲线上发射粒子。

10.1.6　使碰撞

粒子的碰撞可以模拟出很多物理现象。由于碰撞，粒子可能会再分裂，产生出新的粒子或者导致粒子死亡。这些效果都可以通过粒子系统来完成。碰撞不仅可以在粒子和粒子之间发生，也可以在粒子和物体之间发生。选择【粒子】|【使碰撞】命令，单击【使碰撞】命令后面的■按钮，打开【碰撞选项】对话框，如图 10-18 所示。

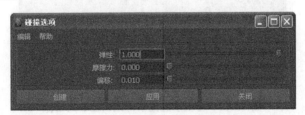

图 10-18　【碰撞选项】对话框

碰撞选项参数介绍如下。

- 【弹性】：设定弹回程度。值为 0 时，粒子碰撞将不会反弹；值为 1 时，粒子将完全弹回；值为 0～-1 时，粒子将通过折射出背面来通过曲面；值大于 1 或小于 -1 时，会增加粒子的速度。
- 【摩擦力】：设定碰撞粒子在从碰撞曲面弹出后在平行于曲面方向上的速度的减小或增大程度。值为 0 意味着粒子不受摩擦力影响；值为 1 时，粒子将立即沿曲面的法线反射；如果【弹性】为 0，而【摩擦力】为 1，则粒子不会反弹。只有

0～1之间的值才符合自然摩擦力，超出这个范围的值会扩大响应。

- 【偏移】：调整物体的碰撞位置，该选项可以对穿透物体表面的粒子的错误进行
  修正。

10.1.7 粒子碰撞事件编辑器

选择【粒子】|【粒子碰撞事件编辑器】命令，可以设置粒子与物体碰撞之后发生的
事件，比如粒子消亡之后改变的形态颜色等。打开【粒子碰撞事件编辑器】对话框，如
图 10-19 所示。

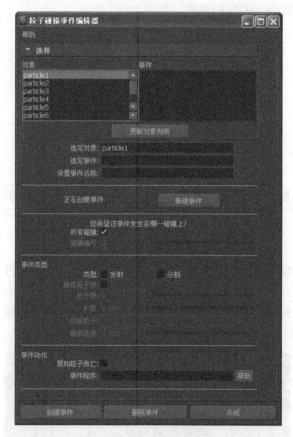

图 10-19　【粒子碰撞事件编辑器】对话框

粒子碰撞事件编辑器参数介绍如下。

- 【对象/事件】：单击【对象】列表框中的粒子可以选择粒子对象，所有属于选定
  对象的事件都会显示在【事件】列表框中。
- 【更新对象列表】：在添加或删除粒子对象和事件时，单击该按钮可以更新对象
  列表。
- 【选定对象】：显示选择的粒子对象。
- 【选定事件】：显示选择的粒子事件。
- 【设置事件名称】：创建或修改事件的名称。

- 【新建事件】：单击该按钮可以为选定的粒子增加新的碰撞事件。
- 【所有碰撞】：启用该复选框后，Maya 将在每次粒子碰撞时都执行事件。
- 【碰撞编号】：如果取消启用【所有碰撞】复选框，则事件会按照所设置的【碰撞编号】进行碰撞。比如 1 表示第 1 次碰撞，2 表示第 2 次碰撞。
- 【类型】：设置事件的类型。【发射】表示当粒子与物体发生碰撞时，粒子保持原有的运动状态，并且在碰撞之后能够发射新的粒子；【分割】表示当粒子与物体发生碰撞时，粒子在碰撞的瞬间会分裂成新的粒子。
- 【随机粒子数】：当取消启用该复选框时，分裂或发射产生的粒子数目由该选项决定；当启用该复选框时，分裂或发射产生的粒子数目为 1 与该选项数值之间的随机数值。
- 【粒子数】：设置在事件之后所产生的粒子数量。
- 【扩散】：设置在事件之后粒子的扩散角度。0 表示不扩散；0.5 表示扩散 90 度；1 表示扩散 180 度。
- 【目标粒子】：可以用于为事件指定目标粒子对象。输入要用作目标粒子的名称 (可以使用粒子对象的形状节点的名称或其变换节点名称)。
- 【继承速度】：设置事件后产生的新粒子继承碰撞粒子速度的百分比。
- 【原始粒子消亡】：启用该复选框后，当粒子与物体发生碰撞时会消亡。
- 【事件程序】：可以用于输入当指定的粒子(拥有事件的粒子)与对象碰撞时将被调用的 MEL 脚本事件程序。

10.1.8　目标

选择【粒子】|【目标】命令，主要用来设定粒子的目标。单击【目标】命令后面的■按钮，打开【目标选项】对话框，如图 10-20 所示。

图 10-20　【目标选项】对话框

目标参数介绍如下。

- 【目标权重】：设定被吸引到目标的后续对象的所有粒子数量。可以将【目标权重】设定为 0～1 之间的值，当该值为 0 时，说明目标的位置不影响后续粒子；当该值为 1 时，会立即将后续粒子移动到目标对象位置。
- 【使用变换作为目标】：使粒子跟随对象的变换，而不是其粒子、CV、顶点或晶格点。

10.1.9　实例化器(替换)

选择【粒子】|【实例化器(替换)】命令，可以使用物体模型来代替粒子，创建出物

体集群，使其继承粒子的动画规律和一些属性，并且可以受到动力场的影响。单击【实例化器(替换)】命令后面的◼按钮，打开【粒子实例化器选项】对话框，如图 10-21 所示。

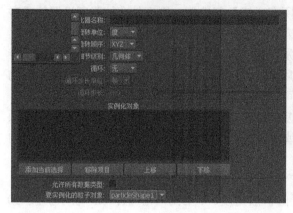

图 10-21 【粒子实例化器选项】对话框

粒子实例化器参数介绍如下。

(1) 【粒子实例化器名称】：设置粒子替换生成的替换节点的名字。

(2) 【旋转单位】：设置粒子替换旋转时的旋转单位。可以选择【度】或【弧度】，默认为【度】。

(3) 【旋转顺序】：设置粒子替代后的旋转顺序。

(4) 【细节级别】：设定在粒子位置是否会显示源几何体，或者是否会改为显示边界框(边界框会加快场景播放速度)。

● 【几何体】：在粒子位置显示源几何体。

● 【边界框】：为实例化层次中的所有对象显示一个框。也可为实例化层次中的每个对象分别显示框。

(5) 【循环】：【无】选项表示实例化单个对象；【顺序】选项表示循环【实例化对象】列表中的对象。

(6) 【循环步长单位】：如果使用的是对象序列，可以选择是将【帧】数还是【秒】数用于【循环步长】值。

(7) 【循环步长】：如果使用的是对象序列，可以输入粒子年龄间隔，序列中的下一个对象按该间隔出现。例如，【循环步长】为 2 秒时，会在粒子年龄超过 2、4、6 等的帧处显示序列中的下一个对象。

(8) 【实例化对象】：当前准备替换的对象列表，排列序号为 0~n。

(9) 【添加当前选择】：单击该按钮可以为【实例化对象】列表添加选定对象。

(10) 【移除项目】：从【实例化对象】列表中移除选择的对象。

(11) 【上移】：向上移动选择的对象序号。

(12) 【下移】：向下移动选择的对象序号。

(13) 【允许所有数据类型】：启用该复选框后，可以扩展属性的下拉列表。扩展下拉列表中包括数据类型与选项数据类型不匹配的属性。

(14) 【要实例化的粒子对象】：选择场景中要被替代的粒子对象。

(15)【位置】：设定实例物体的位置属性，或者输入节点类型，同时也可以在【属性编辑器】对话框中编辑该输入节点来控制属性。

(16)【缩放】：设定实例物体的缩放属性，或者输入节点类型，同时也可以在【属性编辑器】对话框中编辑该输入节点来控制属性。

(17)【斜切】：设定实例物体的斜切属性，或者输入节点类型，同时也可以在【属性编辑器】对话框中编辑该输入节点来控制属性。

(18)【可见性】：设定实例物体的可见性，或者输入节点类型，同时也可以在【属性编辑器】对话框中编辑该输入节点来控制属性。

(19)【对象索引】：如果设置【循环】为【顺序】方式，则该选项不可用；如果设置【循环】为【无】，则该选项可以通过输入节点类型来控制实例物体的先后顺序。

(20)【旋转类型】：设定实例物体的旋转类型，或者输入节点类型，同时也可以在【属性编辑器】对话框中编辑该输入节点来控制属性。

(21)【旋转】：设定实例物体的旋转属性，或者输入节点类型，同时也可以在【属性编辑器】对话框中编辑该输入节点来控制属性。

(22)【目标方向】：设定实例物体的目标方向属性，或者输入节点类型，同时也可以在【属性编辑器】对话框中编辑该输入节点来控制属性。

(23)【目标位置】：设定实例物体的目标位置属性，或者输入节点类型，同时也可以在【属性编辑器】对话框中编辑该输入节点来控制属性。

(24)【目标轴】：设定实例物体的目标轴属性，或者输入节点类型，同时也可以在【属性编辑器】对话框中编辑该输入节点来控制属性。

(25)【目标上方向轴】：设定实例物体的目标上方向轴属性，或者输入节点类型，同时也可以在【属性编辑器】对话框中编辑该输入节点来控制属性。

(26)【目标世界上方向】：设定实例物体的目标世界上方向轴属性，或者输入节点类型，同时也可以在【属性编辑器】对话框中编辑该输入节点来控制属性。

(27)【循环开始对象】：设定循环的开始对象属性，同时也可以在【属性编辑器】对话框中编辑该输入节点来控制属性。该选项只有在设置【循环】为【顺序】方式时才能被激活。

(28)【年龄】：设定粒子的年龄，可以在【属性编辑器】对话框中编辑输入节点来控制该属性。

10.1.10　精灵向导

选择【粒子】|【精灵向导】命令，可以对粒子指定矩形平面，每个平面可以显示指定的纹理或图形序列。打开【精灵向导】对话框，如图 10-22 所示。

精灵向导参数介绍如下。

- 【精灵文件】：单击右边的【浏览】按钮，可以选择要赋予精灵粒子的图片或序列文件。

- 【基础名称】：显示选择的图片或图片序列文件的名称。

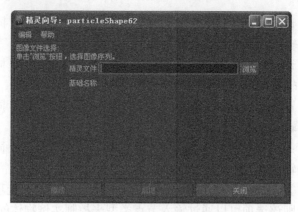

图 10-22　【精灵向导】对话框

10.1.11　连接到时间

选择【粒子】|【连接到时间】命令，可以将时间与粒子连接起来，使粒子受到时间的影响。当粒子的【当前时间】与 Maya 时间脱离时，粒子本身不受 Maya 力场和时间的影响。只有将粒子的时间与 Maya 连接起来后，粒子才可以受到力场的影响并产生粒子动画。

10.2　动　力　学

使用动力场可以模拟出各种物体因受到外力作用而产生的不同特性。在 Maya 中，动力场并非可见物体，就像物理学中的力一样，看不见，也摸不着，但是可以影响场景中能够看到的物体。在动力学的模拟过程中，并不能通过人为设置关键帧来对物体制作动画，这时力场就可以成为制作动力学对象的动画工具。不同的力场可以创建出不同形式的运动，如使用重力场或一致场可以在一个方向上影响动力学对象，也可以创建出漩涡场和径向场等，就好比对物体施加了各种不同种类的力一样，所以可以把场作为外力来使用，如图 10-23 所示是使用动力场制作的特效。

图 10-23　动力学效果

在 Maya 中，可以将动力场分为以下 3 大类。

1. 独立力场

这类力场通常可以影响场景中的所有范围。它不属于任何几何物体(力场本身也没有任何形状)。如果打开【大纲视图】对话框，会发现该类型的力场只有一个节点，不受任何其他节点的控制。

2. 物体力场

这类力场通常属于一个有形状的几何物体，它相当于寄生在物体表面来发挥力场的作用。在工作视图中，物体力场会表现为在物体附近的一个小图标，打开【大纲视图】对话框，物体力场会表现为归属在物体节点下方的一个场节点。一个物体可以包含多个物体力场，可以对多种物体使用物体力场，而不仅仅是对 NURBS 面片或多边形物体。如可以对曲线、粒子物体、晶格体、面片的顶点使用物体力场，甚至可以使用力场影响 CV 点、控制点或晶格变形点。

3. 体积力场

体积力场是一种定义了作用区域形状的力场。这类力场对物体的影响受限于作用区域的形状。在工作视图中，体积力场会表现为一个几何物体中心作为力场的标志。用户可以自己定义体积力场的形状，供选择的有球体、立方体、圆柱体、圆锥体和圆环 5 种。

在 Maya 2012 中，力场共有 10 种，分别是【空气】、【阻力】、【重力】、【牛顿】、【径向】、【湍流】、【一致】、【漩涡】、【体积轴】和【体积曲线】，如图 10-24 所示。

图 10-24　【场】菜单

10.2.1　空气

选择【场】|【空气】命令，是由点向外某一方向产生的推动力，可以把受到影响的物体沿着这个方向向外推出，如同被风吹走一样。

Maya 提供了 3 种类型的【空气】场，分别是【风】、【尾迹】和【扇】。单击【空气】命令后面的 ■按钮，打开【空气选项】对话框，如图 10-25 所示。

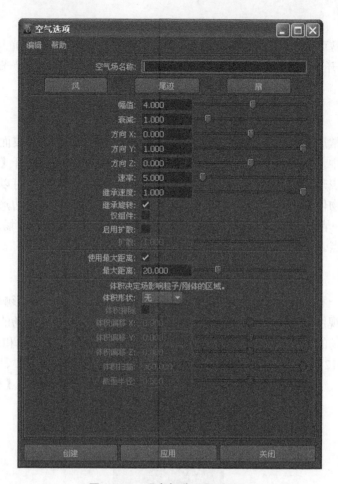

图 10-25 【空气选项】对话框

空气参数介绍如下。

- 【空气场名称】：设置空气场的名称。
- 【风】：产生接近自然风的效果。
- 【尾迹】：产生阵风效果。
- 【扇】：产生风扇吹出的风一样的效果。
- 【幅值】：设置空气场的强度。所有 10 个动力场都用该参数来控制力场对受影响物体作用的强弱。该值越大，力的作用越强。

> 提示：幅值可取负值，负值代表相反的方向。对于【牛顿】场，正值代表引力场，负值代表斥力场；对于【径向】场，正值代表斥力场，负值代表引力场；对于【阻力】场，正值代表阻碍当前运动，负值代表加速当前运动。

- 【衰减】：在一般情况下，力的作用会随距离的加大而减弱。
- 【方向 X/Y/Z】：调节 X、Y、Z 轴方向上作用力的影响。
- 【速率】：设置空气场中的粒子或物体的运动速度。
- 【继承速度】：控制空气场作为子物体时，力场本身的运动速率给空气带来的影响。

- 【继承旋转】：控制空气场作为子物体时，空气场本身的旋转给空气带来的影响。
- 【仅组件】：启用该复选框后，空气场仅对气流方向上的物体起作用；如果取消启用该复选框，空气场对所有物体的影响力都是相同的。
- 【启用扩散】：指定是否使用【扩散】角度。如果启用【启用扩散】复选框，空气场将只影响【扩散】设置指定的区域内的连接对象，运动以类似圆锥的形状呈放射状向外扩散；如果取消启用【启用扩散】复选框，空气场将影响【最大距离】设置内的所有连接对象的运动方向是一致的。
- 【使用最大距离】：启用该方向键后，可以激活下面的【最大距离】选项。
- 【最大距离】：设置力场的最大作用范围。
- 【体积形状】：决定场影响粒子/刚体的区域。
- 【体积排除】：启用该复选框后，体积定义空间中场对粒子或刚体没有任何影响的区域。
- 【体积偏移 X/Y/Z】：从场的位置偏移体积。如果旋转场，也会旋转偏移方向，因为它在局部空间内操作。

> **注意：** 偏移体积仅更改体积的位置(因此，也会更改场影响的粒子)，不会更改用于计算场力、衰减等实际场位置。

- 【体积扫描】：定义除【立方体】外的所有体积的旋转范围，其取值范围为 $0°\sim360°$。
- 【截面半径】：定义【圆环体】的实体部分的厚度(相对于圆环体的中心环的半径)，中心环的半径由场的比例确定。如果缩放场，则【截面半径】将保持其相对于中心环的比例。

10.2.2　阻力

物体在穿越不同密度的介质时，由于阻力的改变，物体的运动速度也会发生变化。选择【场】｜【阻力】命令，可以用来给运动中的动力学对象添加一个阻力，从而改变物体的运动速度。单击【阻力】命令后面的▣按钮，打开【阻力选项】对话框，如图 10-26 所示。

阻力参数介绍如下。

- 【阻力场名字】：输入阻力场名字。
- 【幅值】：设置阻力场的强度。
- 【衰减】：当阻力场远离物体时，阻力场的强度就越小。
- 【使用方向】：设置阻力场的方向。
- 【X/Y/Z 方向】：沿 X、Y 和 Z 轴设定阻力的影响方向。必须启用【使用方向】复选框后，这 3 个选项才可用。

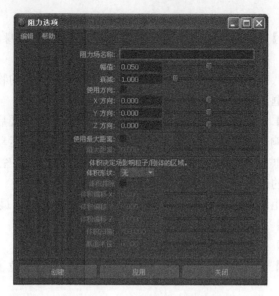

图 10-26　【阻力选项】对话框

10.2.3　重力

选择【场】|【重力】命令，主要用来模拟物体受到万有引力作用而向某一方向进行加速运动的状态。使用默认参数值，可以模拟物体受地心引力的作用而产生自由落体的运动效果。单击【重力】命令后面的██按钮，打开【重力选项】对话框，如图 10-27 所示。

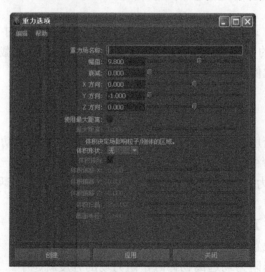

图 10-27　【重力选项】对话框

10.2.4　牛顿

选择【场】|【牛顿】命令，可以用来模拟物体在相互作用的引力和斥力下的作用，相互接近的物体间会产生引力和斥力，其值的大小取决于物体的质量。单击【牛顿】命令

后面的按钮，打开【牛顿选项】对话框，如图 10-28 所示。

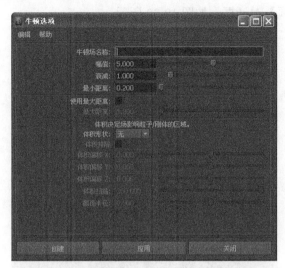

图 10-28 【牛顿选项】对话框

10.2.5 径向

选择【场】|【径向】命令，可以将周围各个方向的物体向外推出。【径向】场可以用于控制爆炸等由中心向外辐射散发的各种现象；同样将【幅值】设置为负值时，也可以用来模拟把四周散开的物体聚集起来的效果。单击【径向】命令后面的按钮，打开【径向选项】对话框，如图 10-29 所示。

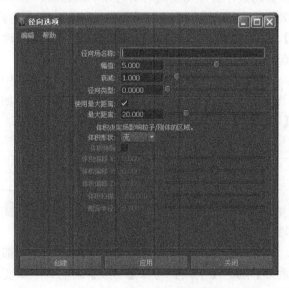

图 10-29 【径向选项】对话框

10.2.6 湍流

选择【场】|【湍流】命令，是经常用到的一种动力场。用【湍流】场可以使范围内

的物体产生随机运动效果，常常应用在粒子、柔体和刚体中。单击【湍流】命令后面的■按钮，打开【湍流选项】对话框，如图 10-30 所示。

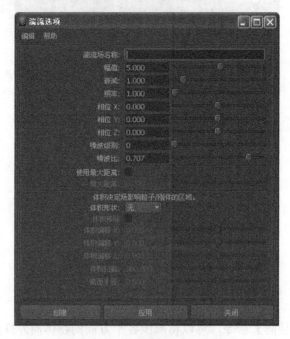

图 10-30　【湍流选项】对话框

湍流部分参数介绍如下。

- 【频率】：该值越大，物体无规则运动的频率就越高。
- 【相位 X/Y/Z】：设定湍流场的相位移，这决定了中断的方向。
- 【噪波级别】：值越大，湍流越不规则。【噪波级别】属性指定了要在噪波表中执行的额外查找的数量。值为 0 表示仅执行一次查找。
- 【噪波比】：指定了连续查找的权重，权重得到累积。例如，如果将【噪波比】设定为 0.5，则连续查找的权重为(0.5，0.25)，依次类推；如果将【噪波级别】设定为 0，则【噪波比】不起作用。

10.2.7　一致

选择【场】|【一致】命令，可以将所有受到影响的物体向同一个方向移动，靠近均匀中心的物体将受到更大程度的影响。单击【一致】命令后面的■按钮，打开【一致选项】对话框，如图 10-31 所示。

对于单一的物体，【一致】场所起的作用与【重力】场类似，都是向某一个方向对物体进行加速运动。【重力】场、【空气】场和【一致】场的一个重要区别是：【重力】场和【空气】场是处于同一个重力场的运动状态(位移、速度、加速度)下的，且与物体的质量无关，而处于同一个【空气】场和【一致】场中的物体的运动状态受到本身质量大小的影响；质量越大，位移、速度变化就越慢。

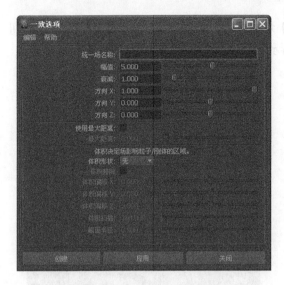

图 10-31　【一致选项】对话框

10.2.8　漩涡

选择【场】｜【漩涡】命令，影响的物体将以漩涡的中心围绕指定的轴进行旋转。利用【漩涡】场可以很轻易地实现各种漩涡状的效果。单击【漩涡】命令后面的█按钮，打开【漩涡选项】对话框，如图 10-32 所示。

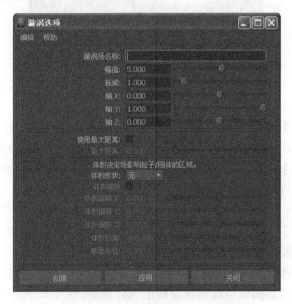

图 10-32　【漩涡选项】对话框

10.2.9　体积轴

选择【场】｜【体积轴】命令，是一种局部作用的范围场，只有在选定的形状范围内的物体才可能受到【体积轴】场的影响。在参数方面，【体积轴】场综合了【漩涡】场、

371

【一致】场和【湍流】场的参数，单击【体积轴】命令后面的按钮，打开【体积轴选项】对话框，如图10-33所示。

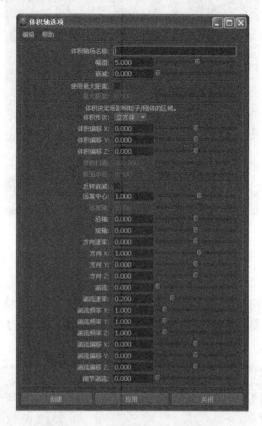

图10-33 【体积轴选项】对话框

体积轴部分参数介绍如下。

- 【反转衰减】：当启用该复选框并将【衰减】设定为大于0的值时，体积轴场的强度在体积的边缘上最强，在体积轴场的中心轴处衰减为0。
- 【远离中心】：指定粒子远离【立方体】或【球体】体积中心点的移动速度。可以使用该属性创建爆炸效果。
- 【远离轴】：指定粒子远离【圆柱体】、【圆锥体】或【圆环】体积中心轴的移动速度。对于【圆环】，中心轴为圆环实体部分的中心环形。
- 【沿轴】：指定粒子沿所有体积中心轴的移动速度。
- 【绕轴】：指定粒子围绕所有体积中心轴的移动速度。当与【圆柱体】体积形状结合使用时，该属性可以创建旋转的气体效果。
- 【方向速率】：在所有体积的【方向 X】、【方向 Y】、【方向 Z】属性指定的方向添加速度。
- 【湍流速率】：指定湍流随时间更改的速度。湍流每秒进行一次无缝循环。
- 【湍流频率 X/Y/Z】：控制适用于反射器边界体积内部的湍流函数的重复次数，低值会创建非常平滑的湍流。
- 【湍流偏移 X/Y/Z】：用该选项可以在体积内平移湍流，为其设置动画可以模拟吹动的湍流风。

● 【细节湍流】：设置第 2 个更高频率湍流的相对强度，第 2 个湍流的速度和频率均高于第 1 个湍流。当【细节湍流】不为 0 时，模拟运行可能有点慢，因为要计算第 2 个湍流。

10.2.10　体积曲线

选择【场】｜【体积曲线】命令，可以沿曲线的各个方向移动对象(包括粒子和 nParticle)以及定义绕该曲线的半径，在该半径范围内轴场处于活动状态。

10.2.11　使用选择对象作为场源

选择【场】｜【使用选择对象作为场源】命令，作用是设定场源，这样可以让力场从所选物体处开始产生作用，并将力场设定为所选物体的子物体。

如果选择物体后再创建一个场，物体会受到场的影响，但是物体与场之间并不存在父子关系。在执行【使用选择对象作为场源】命令之后，物体不受力场的影响，必须执行【场影响选定对象】菜单命令后，物体才会受到场的影响。

10.2.12　影响选定对象

选择【场】｜【影响选定对象】命令，作用是连接所选物体与所选力场，使物体受到力场的影响。选择【窗口】｜【关系编辑器】｜【动力学关系】菜单命令，打开【动力学关系编辑器】对话框，在该对话框中也可以连接所选物体与力场，如图 10-34 所示。

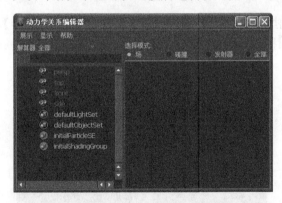

图 10-34　【动力学关系编辑器】对话框

10.3　上机实践操作——创建礼花

本范例完成文件：/10/10-1.mb

多媒体教学路径：光盘→多媒体教学→第 10 章

10.3.1　实例介绍与展示

　　本章实例是运用粒子系统创建礼花，通过实践进一步巩固本章所学内容。最终效果如图 10-35 所示。

图 10-35　制作效果

10.3.2　实例制作

　　(1)　使用粒子发射器创建粒子，选择【粒子】|【创建发射器】命令，单击【创建发射器】命令后面的■按钮，打开【发射器选项(创建)】对话框，设置参数如图 10-36 所示。

图 10-36　【发射器选项(创建)】对话框参数设置

　　(2)　然后在第一帧设置 Y 轴的关键帧，如图 10-37 所示。

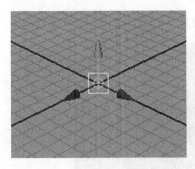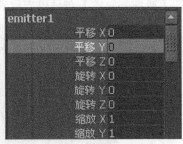

图 10-37　创建发射器

(3) 创建发射器。单击鼠标右键，在弹出的快捷菜单中选择发射器，打开发射器的【属性编辑器】对话框，在 30 帧位置设置平移 Y 轴为 60，如图 10-38 所示。

图 10-38　【属性编辑器】对话框

(4) 在 33 帧位置，设置【速率(粒子/秒)】为 0，在 35 帧位置，设置【速率(粒子/秒)】为 5000，再到 33 帧位置，设置【速率(粒子/秒)】为 0，然后到 36 帧位置，设置【速率】为 2，再到 35 帧位置，设置【速率】为 30。效果如图 10-39 所示。

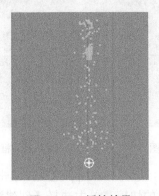

图 10-39　播放效果

(5) 接着在【属性编辑器】对话框中设置粒子属性，如图 10-40 所示。

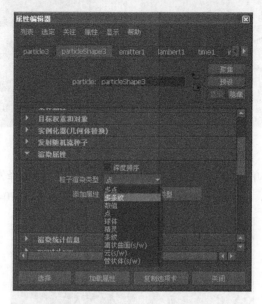

图 10-40　【属性编辑器】对话框参数设置(1)

(6) 在【属性编辑器】对话框中，单击【添加动态属性】选项卡下的【常规】按钮，打开【添加属性】对话框，如图 10-41 所示。

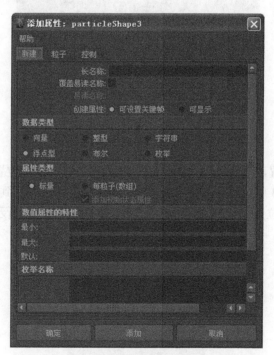

图 10-41　【添加属性】对话框

(7) 切换到【粒子】选项卡，选择 radiuspp 选项，单击【确定】按钮。

(8) 单击鼠标右键，在弹出的快捷菜单中选择【创建渐变】命令，在弹出的【属性管理器】对话框中编辑【渐变】，如图 10-42 所示。

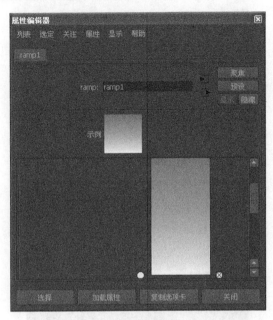

图 10-42　编辑渐变

(9) 设置【属性编辑器】对话框中参数，如图 10-43 所示。

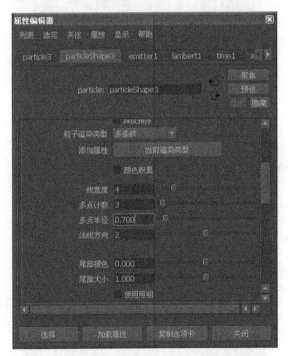

图 10-43　【属性编辑器】对话框参数设置(2)

(10) 创建的粒子效果如图 10-44 所示。

(11) 再为粒子添加底图，完成实例的制作，最终效果如图 10-45 所示。

图 10-44　粒子效果

图 10-45　最终效果

10.4　操 作 练 习

课后练习制作水的模拟，效果如图 10-46 所示。

图 10-46　练习效果

第11章 特效处理

教学目标

本章讲解 Maya 的特效处理，包括柔体、刚体、流体和效果。大家要掌握这些技术。

教学重点和难点

1. 柔体的使用方法。
2. 刚体的使用方法。
3. 流体的使用方法。
4. 效果的使用方法。

11.1 柔　　体

柔体是将几何物体表面的 CV 点或顶点转换成柔体粒子，然后通过对不同部位的粒子给予不同权重值的方法来模拟自然界中的柔软物体，这是一种动力学解算方法。标准粒子和柔体粒子有些不同，一方面柔体粒子互相连接时有一定的几何形状；另一方面，它们又以固定形状而不是以单独的点的方式集合体现在屏幕上及最终渲染中。柔体可以用来模拟有一定几何外形但又不是很稳定且容易变形的物体，如旗帜和波纹等，如图 11-1 所示。

图 11-1　柔体效果

在 Maya 中，若要创建柔体，需要切换到【动力学】模块，通过【柔体/刚体】菜单就可以创建柔体，如图 11-2 所示。

图 11-2　【柔体/刚体】菜单

11.1.1 创建柔体

选择【柔体/刚体】|【创建柔体】命令，主要用来创建柔体，单击【创建柔体】命令后面的■按钮，打开【软性选项】对话框，如图 11-3 所示。

图 11-3 【软性选项】对话框

软性参数介绍如下。

(1) 【创建选项】：选择柔体的创建方式，包含以下 3 种。

● 【生成柔体】：将对象转化为柔体。如果未设置对象的动画，并将使用动力学设置其动画，可以选择该选项。如果已在对象上使用非动力学动画，并且希望在创建柔体之后保留该动画，也可以使用该选项。

> 提示：非动力学动画包括关键帧动画、运动路径动画、非粒子表达式动画和变形器动画。

● 【复制，将副本生成柔体】：将对象的副本生成柔体，而不改变原始对象。如果使用该选项，则可以启用【将非柔体作为目标】复选框，以使原始对象成为柔体的一个目标对象。柔体跟在已设置动画的目标对象后面，可以编辑柔体粒子的目标权重以创建有弹性的或抖动的运动效果。

● 【复制，将原始生成柔体】：该选项的使用方法与【复制，将副本生成柔体】类似，可以使原始对象成为柔体，同时复制出一个原始对象。

(2) 【复制输入图表】：使用任一复制选项创建柔体时，复制上游节点。如果原始对象具有希望能够在副本中使用和编辑的依存关系图输入，可以启用该复选框。

(3) 【隐藏非柔体对象】：如果在创建柔体时复制对象，那么其中一个对象会变为柔体。如果启用该复选框，则会隐藏不是柔体的对象。

> 注意：如果以后需要显示隐藏的非柔体对象，可以在【大纲视图】对话框中选择该对象，然后选择【显示】|【显示】|【显示当前选择】菜单命令。

(4) 【将非柔体作为目标】：如果启用该复选框，可以使柔体跟踪或移向从原始几何体或重复几何体生成的目标对象。使用【绘制柔体权重工具】可以通过在柔体表面上绘制，逐粒子在柔体上设定目标权重。

> 注意：如果在取消启用【将非柔体作为目标】复选框的情况下创建柔体，仍可以为粒子创建目标。选择柔体粒子，按住 Shift 键选择要成为目标的对象，然后选择【粒子】|【目标】菜单命令，可以创建出目标对象。

(5)　【权重】：设定柔体在从原始几何体或重复几何体生成的目标对象后面有多近。值为 0 可以使柔体自由地弯曲和变形；值为 1 可以使柔体变得僵硬；0～1 之间的值具有中间的刚体。

11.1.2　创建弹簧

因为柔体内部是由粒子构成，所以只用权重来控制是不够的，会使柔体显得过于松散。选择【柔体/刚体】|【创建弹簧】命令，就可以解决这个问题。为一个柔体添加弹簧，可以建造柔体内在的结构，以改善柔体的形体效果。单击【创建弹簧】命令后面的■按钮，打开【弹簧选项】对话框，如图 11-4 所示。

图 11-4　【弹簧选项】对话框

弹簧参数介绍如下。

(1)　【弹簧名称】：设置要创建的弹簧的名称。

(2)　【添加到现有弹簧】：将弹簧添加到某个现有弹簧对象，而不是添加到新弹簧对象。

(3)　【不复制弹簧】：如果在两个点之间已经存在弹簧，则可避免在这两个点之间再创建弹簧。如果启用【添加到现有弹簧】复选框，该复选框才起作用。

(4)　【设置排除】：选择多个对象时，会基于点之间的平均长度，使用弹簧将来自选定对象的点链接到每隔一个对象中的点。

(5)　【创建方法】：设置弹簧的创建方式，共有以下 3 种。

● 【最小值/最大值】：仅创建处于【最小距离】和【最大距离】选项范围内的弹簧。

● 【全部】：在所有选定的对点之间创建弹簧。

● 【线框】：在柔体外部边上的所有粒子之间创建弹簧。对于从曲线生成的柔体(如绳索)，该选项很有用。

(6) 【最小/最大距离】：当设置【创建方式】为【最小值/最大值】方式时，这两个选项用来设置弹簧的范围。

(7) 【线移动长度】：该选项可以与【线框】选项一起使用，用来设定在边粒子之间创建多少个弹簧。

(8) 【使用逐弹簧刚度/阻尼/静止长度】：可用于设定各个弹簧的刚度、阻尼和静止长度。创建弹簧后，如果启用这 3 个复选框，Maya 将使用应用于弹簧对象中所有弹簧的【刚度】、【阻尼】和【静止长度】属性值。

(9) 【刚度】：设置弹簧的坚硬程度。如果弹簧的坚硬程度增加过快，那么弹簧的伸展或者缩短也会非常快。

(10) 【阻尼】：设置弹簧的阻尼力。如果该值较高，弹簧的长度变化就会变慢；若该值较低，弹簧的长度变化就会加快。

(11) 【静止长度】：设置播放动画时弹簧尝试达到的长度。如果取消启用【使用逐弹簧静止长度】复选框，【静止长度】将设置为与约束相同的长度。

(12) 【末端 1 权重】：设置应用到弹簧起始点上的弹力的大小。值为 0 时，表明起始点不受弹力的影响；值为 1 时，表明受到弹力的影响。

(13) 【末端 2 权重】：设置应用到弹簧结束点上的弹力的大小。值为 0 时，表明结束点不受弹力的影响；值为 1 时，表明受到弹力的影响。

11.1.3 绘制柔体权重工具

选择【柔体/刚体】|【绘制柔体权重工具】命令，主要用于修改柔体的权重，与骨架、蒙皮中的权重工具相似。单击【绘制柔体权重工具】命令后面的■按钮，打开【工具设置】对话框，如图 11-5 所示。

图 11-5　【工具设置】对话框

创建柔体时，只有当设置【创建选项】为【复制，将副本生成柔体】或【复制，将原始生成柔体】方式，并启用【将非柔体作为目标】复选框时，才能使用【绘制柔体权重工具】修改柔体的权重。

11.2　刚　　体

刚体是把几何物体转换为坚硬的多边形物体表面来进行动力学解算的一种方法，它可以用来模拟物理学中的动量碰撞等效果，如图 11-6 所示。

在 Maya 中，若要创建与编辑刚体，需要切换到【动力学】模块，通过【柔体/刚体】菜单就可以完成创建与编辑操作，如图 11-7 所示。

图 11-6　刚体效果　　　　　　　图 11-7　【柔体/刚体】菜单

刚体可以分为主动刚体和被动刚体两大类。主动刚体拥有一定的质量，可以受动力场、碰撞和非关键帧化的弹簧影响，从而改变运动状态；被动刚体相当于无限大质量的刚体，它能影响主动刚体的运动。但是被动刚体可以用来设置关键帧，一般被动刚体在动力学动画中用来制作地面、墙壁、岩石和障碍物等比较固定的物体，如图 11-8 所示。

在使用刚体时需要注意到以下几点。

● 只能使用物体的形状节点或组节点来创建刚体。

● 曲线和细分曲面几何体不能用来创建刚体。

● 刚体碰撞时根据法线方向来计算。制作内部碰撞时，需要反转外部物体的法线方向。

● 为被动刚体设置关键帧时，在时间轴和通道盒中均不会显示关键帧标记，需要打开【曲线图编辑器】对话框才能看到关键帧的信息。

● 因为 NURBS 刚体解算的速度比较慢，所以要尽量使用多边形刚体。

图 11-8　刚体效果

11.2.1　创建主动刚体

选择【柔体/刚体】|【创建主动刚体】命令，单击【创建主动刚体】命令后面的█按钮，打开【刚性选项】对话框，其参数分为 3 大部分，分别是【刚体属性】、【初始设置】和【性能属性】，如图 11-9 所示。

图 11-9　【刚性选项】对话框

1. 刚体名称

【刚体名称】卷展栏用来设置要创建的主动刚体的名称。

2. 刚体属性

展开【刚体属性】卷展栏，如图 11-10 所示。

刚体属性参数介绍如下

- 【活动】：使刚体成为主动刚体。如果启用该复选框，刚体为被动刚体。
- 【粒子碰撞】：如果已使粒子与曲面发生碰撞，且曲面为主动刚体，则可以启用或取消启用【粒子碰撞】复选框以设定刚体是否对碰撞力作出反应。
- 【质量】：设定主动刚体的质量。质量越大，对碰撞对象的影响也就越大。Maya 将忽略被动刚体的质量属性。
- 【设置质心】：该选项仅适用于主动刚体。

- 【质心 X/Y/Z】：指定主动刚体的质心在局部空间坐标中的位置。

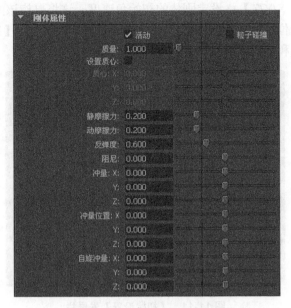

图 11-10　【刚体属性】卷展栏

- 【静摩擦力】：设定刚体阻止从另一刚体的静止接触中移动的阻力大小。值为 0 时，则刚体可自由移动；值为 1 时，则移动将减小。
- 【动摩擦力】：设定移动刚体阻止从另一刚体曲面中移动的阻力大小。值为 0 时，则刚体可自由移动；值为 1 时，则移动将减小。

> 提示：当两个刚体接触时，则每个刚体的【静摩擦力】和【动摩擦力】均有助于其运动。若要调整刚体在接触中的滑动和翻滚，可以尝试使用不同的【静摩擦力】和【动摩擦力】值。

- 【反弹簧】：设定刚体的弹性。
- 【阻尼】：设定与刚体移动方向相反的力。该属性类似于阻力，它会在与其他对象接触之前、接触之中以及接触之后影响对象的移动。正值会减弱移动；负值会加强移动。
- 【冲量 X/Y/Z】：使用幅值和方向，在【冲量位置 X/Y/Z】中指定的局部空间位置的刚体上创建瞬时力。数值越大，力的幅值就越大。
- 【冲量位置 X/Y/Z】：在冲量冲击的刚体局部空间中指定位置。如果冲量冲击质心以外的点，则刚体除了随其速度更改而移动以外，还会围绕质心旋转。
- 【自旋冲量 X/Y/Z】：朝 X、Y、Z 值指定的方向，将瞬时旋转力(扭矩)应用于刚体的质心。这些值将设定幅值和方向；值越大，旋转力的幅值就越大。

3. 初始设置

展开【初始设置】卷展栏，如图 11-11 所示。

初始设置参数介绍如下。

● 【初始自旋 X/Y/Z】：设定刚体的初始角速度，这将自旋该刚体。

● 【设置初始位置】：如果启用该复选框，可以激活下面的【初始位置 X】、【初始位置 Y】和【初始位置 Z】选项。

图 11-11 【初始设置】卷展栏

● 【初始位置 X/Y/Z】：设定刚体在世界空间中的初始位置。

● 【设置初始方向】：如果启用该复选框，可以激活下面的【初始方向 X】、【初始方向 Y】和【初始方向 Z】选项。

● 【初始方向 X/Y/Z】：设定刚体的初始局部空间方向。

● 【初始速度 X/Y/Z】：设定刚体的初始速度和方向。

4. 性能属性

展开【性能属性】卷展栏，如图 11-12 所示。

图 11-12 【性能属性】卷展栏

性能属性参数介绍如下。

● 【替代对象】：允许选择简单的内部【立方体】或【球体】作为刚体计算的替代对象，原始对象仍在场景中可见。如果使用替代对象【球体】或【立方体】，则播放速度会提高，但碰撞反应将与实际对象不同。

● 【细分因子】：Maya 会在设置刚体动态动画之前在内部将 NURBS 对象转化为多边形。【细分因子】将设定转化过程中创建的多边形的近似数量。数量越小，创建的几何体越粗糙，且会降低动画精确度，但却可以提高播放速度。

● 【碰撞层】：可以用碰撞层来创建相互碰撞的对象专用组。只有碰撞层编号相同的刚体才会相互碰撞。

- 【缓存数据】：如果启用该复选框，刚体在模拟动画时的每一帧位置和方向数据都将被存储起来。

11.2.2　创建被动刚体

选择【柔体/刚体】|【创建被动刚体】命令，单击【创建被动刚体】命令后面的■按钮，打开【刚性选项】对话框，其参数与主动刚体的参数完全相同，如图 11-13 所示。

图 11-13　【刚性选项】对话框

11.2.3　创建钉子约束

用【创建钉子约束】命令可以将主动刚体固定到世界空间的一点，相当于将一根绳子的一端系在刚体上，而另一端固定在空间的一个点上。选择【柔体/刚体】|【创建钉子约束】命令，单击【创建钉子约束】命令后面的■按钮，打开【约束选项】对话框，如图 11-14 所示。

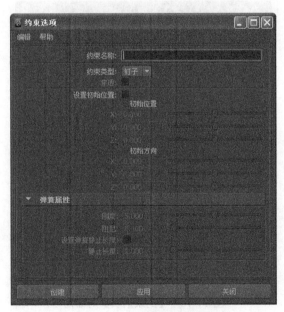

图 11-14　【约束选项】对话框

创建钉子约束参数介绍如下。

- 【约束名称】：设置要创建的钉子约束的名称。
- 【约束类型】：选择约束的类型，包含【钉子】、【固定】、【铰链】、【弹

簧】和【屏障】5 种。

- 【穿透】：当刚体之间产生碰撞时，启用该复选框可以使刚体之间相互穿透。
- 【设置初始位置】：如果启用该复选框，可以激活下面的【初始位置】属性。
- 【初始位置】：设置约束在场景中的位置。
- 【初始方向】：仅适用于【铰链】和【屏障】约束，可以通过输入 X、Y、Z 轴的值来设置约束的初始方向。
- 【刚度】：设置【弹簧】约束的弹力。在具有相同距离的情况下，该数值越大，弹簧的弹力越大。
- 【阻尼】：设置【弹簧】约束的阻尼力。阻尼力的强度与刚体的速度成正比；阻尼力的方向与刚体速度的方向成反比。
- 【设置弹簧静止长度】：当设置【约束类型】为【弹簧】时，启用该复选框可以激活下面的【静止长度】选项。
- 【静止长度】：设置在播放场景时弹簧尝试达到的长度。

11.2.4　创建固定约束

用【创建固定约束】命令可以将两个主动刚体或将一个主动刚体与一个被动刚体链接在一起，其作用就如同金属钉通过两个对象末端的球关节将其连接。【固定】约束经常用来创建类似链或机器臂中的链接效果。选择【柔体/刚体】|【创建固定约束】命令，单击【创建固定约束】命令后面的█按钮，打开【约束选项】对话框，如图 11-15 所示。

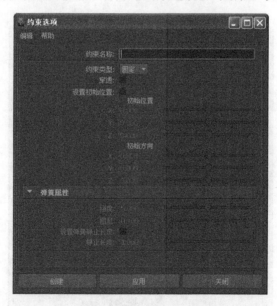

图 11-15　【约束选项】对话框

11.2.5　创建铰链约束

【创建铰链约束】命令是通过一个铰链沿指定的轴约束刚体。可以使用【铰链】约束创建诸如铰链门、连接列车车厢的链或时钟的钟摆之类的效果。可以在一个主动或被动刚

体以及工作区中的一个位置创建【铰链】约束，也可以在两个主动刚体、一个主动刚体和一个被动刚体之间创建【铰链】约束。选择【柔体/刚体】|【创建铰链约束】命令，单击【创建铰链约束】命令后面的▣按钮，打开【约束选项】对话框，如图 11-16 所示。

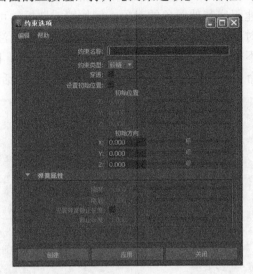

图 11-16 【约束选项】对话框

11.2.6 创建弹簧约束

用【创建弹簧约束】命令可以将弹簧添加到柔体中，从而为柔体提供一个内部结构并改善变形控制，弹簧的数目及其刚度会改变弹簧的效果。此外，还可以将弹簧添加到常规粒子中；选择【柔体/刚体】|【创建弹簧约束】命令，单击【创建弹簧约束】命令后面的▣按钮，打开【约束选项】对话框，如图 11-17 所示。

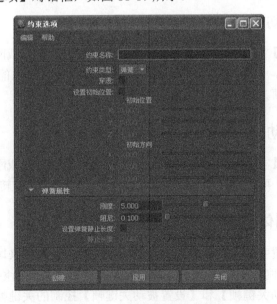

图 11-17 【约束选项】对话框

11.2.7 创建屏障约束

用【创建屏障约束】命令可以创建无限屏障平面，超出后刚体重心将不会移动。可以使用【屏障】约束来创建阻塞其他对象的对象，例如墙或地板。可以使用【屏障】约束替代碰撞效果来节省处理时间，但是对象将偏转但不会弹开平面。注意，【屏障】约束仅适用于单个活动刚体；它不会约束被动刚体。选择【柔体/刚体】|【创建屏障约束】命令，单击【创建屏障约束】命令后面的■按钮，打开【约束选项】对话框，如图11-18所示。

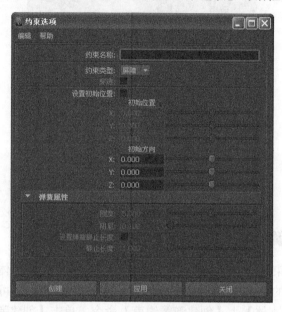

图 11-18 【约束选项】对话框

11.2.8 设置主动关键帧

选择【柔体/刚体】|【设置主动关键帧】命令，可以为柔体或刚体设定主动关键帧。通过设置主动关键帧，可以在设置时设置【活动】属性并为对象的当前【平移】和【旋转】属性值设置关键帧。

11.2.9 设置被动关键帧

选择【柔体/刚体】|【设置被动关键帧】命令，可以为柔体或刚体设置被动关键帧。通过设置被动关键帧，可以将控制从动力学切换到【平移】和【旋转】关键帧。

11.2.10 断开刚体连接

如果使用了【设置主动关键帧】和【设置被动关键帧】命令来切换动力学动画与关键帧动画，选择【柔体/刚体】|【断开刚体连接】命令，可以打断刚体与关键帧之间的连接，从而使【设置主动关键帧】和【设置被动关键帧】控制的关键帧动画失效，而只有刚体动画对物体起作用。

11.3　流　　体

流体最早是工程力学的一门分支学科，用来计算没有固定形态的物体在运动中的受力状态。随着计算机图形学的发展，流体也不再是现实学科的附属物了。Maya 的【动力学】模块中的流体功能是一个非常强大的流体动画特效制作工具。使用流体可以模拟出没有固定形态的物体的运动状态，如云雾、爆炸、火焰和海洋等，如图 11-19 所示。

在 Maya 中，流体可分为两大类，分别是 2D 流体和 3D 流体。切换到【动力学】模块，然后展开【流体效果】菜单，如图 11-20 所示。

图 11-19　流体效果　　　　　　　图 11-20　【流体效果】菜单

11.3.1　创建 3D 容器

选择【流体效果】|【创建 3D 容器】命令主要用来创建 3D 容器。单击【创建 3D 容器】命令后面的■按钮，打开【创建 3D 容器选项】对话框，如图 11-21 所示。

图 11-21　【创建 3D 容器选项】对话框

391

创建 3D 容器参数介绍如下。

- 【X/Y/Z 分辨率】：设置容器中流体显示的分辨率。分辨率越高，流体越清晰。
- 【X/Y/Z 大小】：设置容器的大小。

创建 3D 容器的方法很简单，选择【流体效果】|【创建 3D 容器】命令即可在场景中创建一个 3D 容器，如图 11-22 所示。

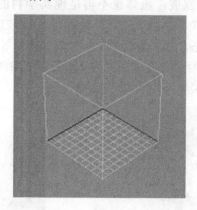

图 11-22　创建 3D 容器

11.3.2　创建 2D 容器

选择【流体效果】|【创建 2D 容器】命令主要用来创建 2D 容器。单击【创建 2D 容器】命令后面的■按钮，打开【创建 2D 容器选项】对话框，如图 11-23 所示。

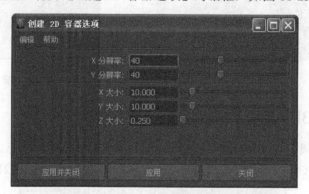

图 11-23　【创建 2D 容器选项】对话框

11.3.3　添加/编辑内容

选择【流体效果】|【添加/编辑内容】命令，包含 6 个命令，分别是【发射器】、【从对象发射】、【渐变】、【绘制流体工具】、【连同曲线】和【初始状态】，如图 11-24 所示。

1. 发射器

选择容器以后，选择【发射器】命令可以为当前容器添加一个发射器。单击【发射器】命令后面的■按钮，打开【发射器选项】对话框，如图 11-25 所示。

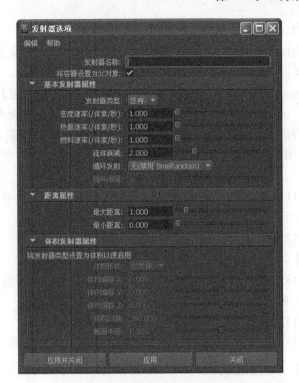

图 11-24　【添加/编辑内容】菜单　　　　图 11-25　【发射器选项】对话框

发射器参数介绍如下。

(1)　【发射器名称】：设置流体发射器的名称。

(2)　【将容器设置为父对象】：启用该复选框后，可以将创建的发射器设置为所选容器的子物体。

(3)　【发射器类型】：包含【泛向】和【体积】两种。

● 　【泛向】：该发射器可以向所有方向发射流体。

● 　【体积】：该发射器可以从封闭的体积发射流体。

(4)　【密度速率(/体素/秒)】：设定每秒内将密度值发射到栅格体素的平均速率。负值会从栅格中移除密度。

(5)　【热量速率(/体素/秒)】：设定每秒内将温度值发射到栅格体素的平均速率。负值会从栅格中移除热量。

(6)　【燃料速率(/体素/秒)】：设走每秒内将燃料值发射到栅格体素的平均速率。负值会从栅格中移除燃料。

【体素】是【体积】和【像素】的缩写，表示把平面的像素推广到立体空间中，可以理解为立体空间内体积的最小单位。另外，密度是流体的可见特性；热量的高低可以影响一个流体的反应；速度是流体的运动特性；燃料是密度定义的可发生反应的区域。密度、热量、燃料和速度是动力学流体必须模拟的，可以通过用速度的力量来推动容器内所有的物体。

(7)　【流体衰减】：设定流体发射的衰减值。对于【体积】发射器，衰减指定远离体积轴(取决于体积形状)移动时发射衰减的程度；对于【泛向】发射器，衰减以发射点为基

础，从【最小距离】发射到【最大距离】。

(8) 【循环发射】：在一段间隔(以帧为单位)后重新启动随机数流。

- 【无(禁用 timeRandom)】：不进行循环发射。

- 【帧(启用 timeRandom)】：如果将【循环发射】设定为【帧(启用 timeRandom)】，并将【循环间隔】设定为 1，将导致在每一帧内重新启动随机流。

(9) 【循环间隔】：设定相邻两次循环的时间间隔，其单位是【帧】。

(10) 【最大距离】：从发射器创建新的特性值的最大距离，不适用于【体积】发射器。

(11) 【最小距离】：从发别器创建新的特性值的最小距离，不适用于【体积】发射器。

(12) 【体积形状】：设定【体积】发射器的形状，包括【立方体】、【球体】、【圆柱体】、【圆锥体】和【圆环】5 种。

(13) 【体积偏移 X/Y/Z】：设定体积偏移发射器的距离，这个距离基于发射器的局部坐标。旋转发射器时设定的体积偏移也会随之旋转。

(14) 【体积扫描】：设定发射体积的旋转角度。

(15) 【截面半径】：仅应用于【圆环体】体积，用于定义圆环体的截面半径。

2. 从对象发射

用【从对象发射】命令可以将流体从选定对象上发射出来。单击【从对象发射】命令后面的 ▣ 按钮，打开【从对象发射选项】对话框，如图 11-26 所示。

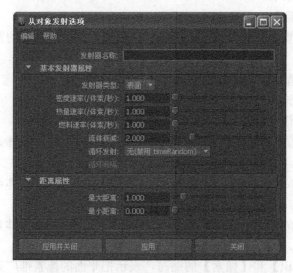

图 11-26　【从对象发射选项】对话框

从对象发射部分参数介绍如下。

【发射器类型】：选择流体发射器的类型，包含【泛向】、【表面】和【曲线】3 种。

- 【泛向】：这种发射器可以从各个方向发射流体。

- 【表面】：这种发射器可以从对象的表面发射流体。

● 　【曲线】：这种发射器可以从曲线上发射流体。

> 提示：必须保证曲线和表面在流体容器内，否则它们不会发射流体。如果曲线和表面只有一部分在流体容器内部，只有在容器内部的部分才会发射流体。

3. 渐变

用【渐变】命令为流体的密度、速度、温度和燃料填充渐变效果。单击【渐变】命令后面的 按钮，打开【流体渐变选项】对话框，如图 11-27 所示。

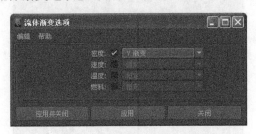

图 11-27　【流体渐变选项】对话框

流体渐变参数介绍如下。

● 　【密度】：设定流体密度的梯度渐变，包含【恒定】、【X 渐变】、【Y 渐变】、【Z 渐变】、【-X 渐变】、【-Y 渐变】、【-Z 渐变】和【中心渐变】8 种。

● 　【速度】：设定流体发射梯度渐变的速度。

● 　【温度】：设定流体温度的梯度渐变。

● 　【燃料】：设定流体燃料的梯度渐变。

4. 绘制流体工具

用【绘制流体工具】可以绘制流体的【密度】、【颜色】、【燃料】、【速度】和【温度】等属性。单击【绘制流体工具】命令后面的 按钮，打开【工具设置】对话框，如图 11-28 所示。

绘制流体工具参数介绍如下。

（1）【自动设置初始状态】：如果启用该复选框，那么在退出【绘制流体工具】、更改当前时间或更改当前选择时，会自动保存流体的当前状态；如果取消启用该复选框，并且在播放或单步执行模拟之前没有设定流体的初始状态，那么原始绘制的值将丢失。

（2）【可绘制属性】：设置要绘制的属性，共有以下 8 个选项。

● 　【密度】：绘制流体的密度。

● 　【密度和颜色】：绘制流体的密度和颜色。

● 　【密度和燃料】：绘制流体的密度和燃料。

● 　【速度】：绘制流体的速度。

● 　【温度】：绘制流体的温度。

● 　【燃料】：绘制流体的燃料。

● 　【颜色】：绘制流体的颜色。

- 【衰减】：绘制流体的衰减程度。

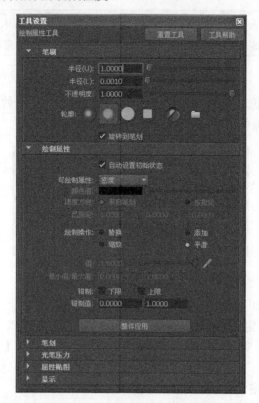

图 11-28　【工具设置】对话框

(3)　【颜色值】：当设置【可绘制属性】为【颜色】或【密度和颜色】时，该选项才可用，主要用来设置绘制的颜色。

(4)　【速度方向】：使用【速度方向】设置可选择如何定义所绘制的速度笔划的方向。

- 【来自笔划】：速度向量值的方向来自沿当前绘制切片的笔刷的方向。
- 【按指定】：选中该单选按钮时，可以激活下面的【已指定】数值输入框，可以通过输入 X、Y、Z 的数值来指定速度向量值。

(5)　【绘制操作】：选择一个操作以定义希望绘制的值如何受影响。

- 【替换】：使用指定的明度值和不透明度替换绘制的值。
- 【添加】：将指定的明度值和不透明度与绘制的当前体素值相加。
- 【缩放】：按明度值和不透明度因子缩放绘制的值。
- 【平滑】：将值更改为周围的值的平均值。

(6)　【值】：设定执行任何绘制操作时要应用的值。

(7)　【最小值/最大值】：设定可能的最小和最大绘制值。默认情况下，可以绘制介于 0～1 之间的值。

(8)　【钳制】：选择是否要将值钳制在指定的范围内，而不管绘制时设定的【值】数值。

- 【下限】：将【下限】值钳制为指定的【钳制值】。
- 【上限】：将【上限】值钳制为指定的【钳制值】。

(9)　【钳制值】：为【钳制】设定【上限】和【下限】值。

(10)　【整体应用】：单击该按钮可以将笔刷设置应用于选定节点上的所有属性值。

5. 连同曲线

用【连同曲线】命令可以让流体从曲线上发射出来，同时可以控制流体的【密度】、【颜色】、【燃料】、【速度】和【温度】等属性。单击【连同曲线】命令后面的█按钮，打开【使用曲线设置流体内容选项】对话框，如图 11-29 所示。

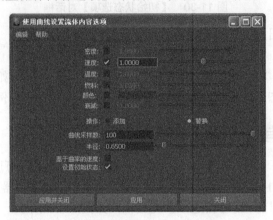

图 11-29　【使用曲线设置流体内容选项】对话框

使用曲线设置流体内容参数介绍如下。

(1)　【密度】：设定曲线插入当前流体的密度值。

(2)　【速度】：设定曲线插入当前流体的速度值(包含速度大小和方向)。

(3)　【温度】：设定曲线插入当前流体的温度值。

(4)　【燃料】：设定曲线插入当前流体的燃料值。

(5)　【颜色】：设定曲线插入当前流体的颜色值。

(6)　【衰减】：设定曲线插入当前流体的衰减值。

(7)　【操作】：可以向受影响体素的内容【添加】内容或【替换】受影响体素的内容。

- 【添加】：曲线上的流体参数设置将添加到相应位置的原有体素上。
- 【替换】：曲线上的流体参数设置将替换相应位置的原有体素设置。

(8)　【曲线采样数】：设定曲线计算流体的次数。该数值越大，效果越好，但计算量会增大。

(9)　【半径】：设定流体沿着曲线插入时的半径。

(10)　【基于曲率的速度】：如果启用该复选框，流体的速度将受到曲线的曲率影响。曲率大的地方速度会变慢；曲率小的地方速度会加快。

(11)　【设置初始状态】：设定当前帧的流体状态为初始状态。

6. 初始状态

【初始状态】命令可以用 Maya 自带流体的初始状态来快速定义物体的初始状态。单击【初始状态】命令后面的■按钮，打开【初始状态选项】对话框，如图 11-30 所示。

图 11-30 【初始状态选项】对话框

初始状态参数介绍如下。

【流体分辨率】：设置流体分辨率的方式，共有以下两种。

● 【按现状】：将流体示例的分辨率设定为当前流体容器初始状态的分辨率。

● 【从初始状态】：将当前流体容器的分辨率设定为流体示例初始状态的分辨率。

11.3.4 创建具有发射器的 3D 容器

选择【流体效果】|【创建具有发射器的 3D 容器】命令，可以直接创建一个带发射器的 3D 容器，如图 11-31 所示。单击【创建具有发射器的 3D 容器】命令后面的■按钮，打开【创建具有发射器的 3D 容器选项】对话框，如图 11-32 所示。

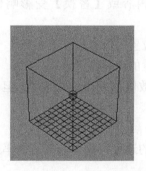

图 11-31 创建具有发射器的 3D 容器　　　　图 11-32 【创建具有发射器的 3D 容器选项】对话框

11.3.5　创建具有发射器的 2D 容器

选择【流体效果】|【创建具有发射器的 2D 容器】命令，可以直接创建一个带发射器的 2D 容器，如图 11-33 所示。单击【创建具有发射器的 2D 容器】命令后面的■按钮，打开【创建具有发射器的 2D 容器选项】对话框，如图 11-34 所示。

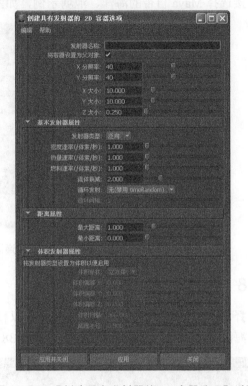

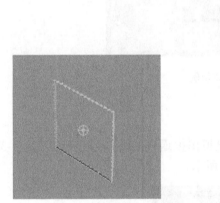

图 11-33　创建具有发射器的 2D 容器　　　图 11-34　【创建具有发射器的 2D 容器选项】对话框

11.3.6　获取流体示例

选择【流体效果】|【获取流体示例】命令，可以打开 Visor 窗口，在该窗口中可以直接选择 Maya 自带的流体示例，如图 11-35 所示。

图 11-35　流体示例

技巧：用鼠标中键可以直接将选取的流体示例拖曳到场景中。

11.3.7 获取海洋/池塘示例

选择【流体效果】|【获取海洋/池塘示例】命令，可以打开 Visor 窗口，在该窗口中可以直接选择 Maya 自带的海洋、池塘示例，如图 11-36 所示。

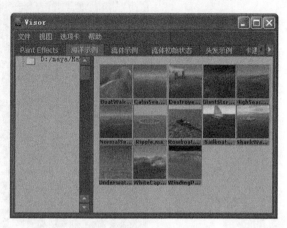

图 11-36 海洋示例

11.3.8 海洋

选择【流体效果】|【海洋】命令，可以模拟出很逼真的海洋效果，如图 11-37 所示。【海洋】命令包含 10 个子命令，如图 11-38 所示。

图 11-37 海洋

图 11-38 【海洋】菜单

1. 创建海洋

用【创建海洋】命令可以创建出海洋流体效果。单击【创建海洋】命令后面的■按钮，打开【创建海洋】对话框，如图 11-39 所示。

图 11-39 【创建海洋】对话框

创建海洋参数介绍如下。

- 【附加到摄影机】：如果启用该复选框，可以将海洋附加到摄影机。自动附加海洋时，可以根据摄影机缩放和下移海洋，从而为给定视点保持最佳细节量。
- 【创建预览平面】：如果该复选框，可以创建预览平面，通过置换在着色显示模式中显示海洋的着色面片。可以缩放和平移预览平面，以预览海洋的不同部分。
- 【预览平面大小】：设置预览平面的 X、Z 轴方向的大小。

提示：预览平面并非真正的模型，不能对其进行编辑，只能用来预览海洋的动画效果。

2. 添加预览平面

【添加预览平面】命令的作用是为所选择的海洋添加一个预览平面来预览海洋动画，这样可以很方便地观察到海洋的动态，如图 11-40 所示。

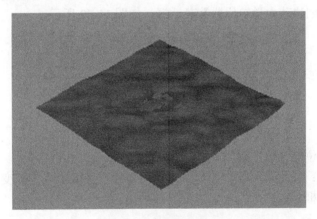

图 11-40 添加预览平面

3. 创建尾迹

【创建尾迹】命令主要用来创建海面上的尾迹效果。单击【创建尾迹】命令后面的 按钮，打开【创建海洋尾迹】对话框，如图 11-41 所示。

创建海洋尾迹参数介绍如下。

- 【尾迹大小】：设定尾迹发射器的大小。数值越大，波纹范围也越大。
- 【尾迹强度】：设定尾迹的强度。数值越大，波纹上下波动的幅度也越大。
- 【泡沫创建】：设定伴随尾迹产生的海水泡沫的大小。数值越大，产生的泡沫就越多。

图 11-41 【创建海洋尾迹】对话框

4. 添加海洋表面定位器

【添加海洋表面定位器】命令主要用来为海洋表面添加定位器。定位器将跟随海洋的波动而上下波动。这样可以根据定位器来检测海洋波动的位置，相当于将【海洋着色器】材质的 Y 轴方向平移属性传递给了定位器。

海洋表面其实是一个 NURBS 物体，模型本身没有任何高低起伏的变化。海洋动画是依靠【海洋着色器】材质来控制的，而定位器的起伏波动是靠表达式来实现的。因此可以将物体设置为定位器的子物体，让物体随海洋的起伏波动而上下浮动。

5. 添加动力学定位器

相比于【添加海洋表面定位器】命令，【添加动力学定位器】命令可以跟随海洋波动而起伏，并且会产生浮力、重力和阻尼等流体效果。单击【添加动力学定位器】命令后面的■按钮，打开【创建动力学定位器】对话框，如图 11-42 所示。

图 11-42 【创建动力学定位器】对话框

创建动力学定位器参数介绍如下。

【自由变换】：如果启用该复选框，可以用自由交互的形式来改变定位器的位置；如果取消启用该复选框，定位器的 Y 轴方向将被约束。

6. 添加船定位器

用【添加船定位器】命令可以为海洋表面添加一个船舶定位器。定位器可跟随海洋的波动而上下起伏，并且控制其浮力、重力和阻尼等流体动力学属性。单击【添加船定位器】命令后面的■按钮，打开【创建船定位器】对话框，如图 11-43 所示。

图 11-43 【创建船定位器】对话框

创建船定位器参数介绍如下。

【自由变换】：如果启用该复选框，可以用自由交互的形式来改变定位器的位置；如果取消启用该复选框，定位器的 Y 轴方向将被约束。

相比【添加海洋表面定位器】命令，【添加船定位器】命令不仅可以跟随海洋的波动而上下波动，同时还可以左右波动；并且加入了旋转控制，使定位器能跟随海洋起伏而适当地旋转，这样可以很逼真地模拟船舶在海洋中的漂泊效果。

7. 添加动力学浮标

【添加动力学浮标】命令主要用来为海洋表面添加动力学浮标。浮标可以跟随海洋波动而上下起伏，而且可以控制其浮力、重力和阻尼等流体动力学属性。单击【添加动力学浮标】命令后面的■按钮，打开【创建动力学浮标】对话框，如图 11-44 所示。

图 11-44　【创建动力学浮标】对话框

创建动力学浮标参数介绍如下。

【自由变换】：如果启用该复选框，可以自由交互的方式来改变浮标的位置；如果取消启用该复选框，浮标的 Y 轴方向将被约束。

8. 漂浮选定对象

【漂浮选定对象】命令可以使选定对象跟随海洋波动而上下起伏，并且可以控制其浮力、重力和阻尼等流体动力学属性。这个命令的原理是为海洋创建动力学定位器，然后将所选对象作为动力学定位器的子物体，一般用来模拟海面上的漂浮物体(如救生圈等)。单击【漂浮选定对象】命令后面的■按钮，打开【漂浮选定对象】对话框，如图 11-45 所示。

图 11-45　【漂浮选定对象】对话框

漂浮选定对象参数介绍如下。

【自由变换】：如果启用该复选框，可以用自由交互的形式来改变定位器的位置；如果取消启用该复选框，定位器的 Y 轴方向将被约束。

9. 生成船

用【生成船】命令可以将所选对象设定为船体，使其跟随海洋起伏而上下波动，并且可以将物体进行旋转，使其与海洋的运动相匹配，以模拟出船舶在水中的动画效果。这个命令的原理是为海洋创建船定位器，然后将所选物体设定为船定位器的子物体，从而使船舶跟随海洋起伏而浮动或旋转。单击【生成船】命令后面的▣按钮，打开【生成船】对话框，如图 11-46 所示。

图 11-46　【生成船】对话框

生成船参数介绍如下。

【自由变换】：如果启用该复选框，可以以自由交互的形式改变定位器的位置；如果取消启用该复选框，定位器的 Y 轴方向将被约束。

10. 生成摩托艇

使用【生成摩托艇】命令可以将所选物体设定为机动船，使其跟随海洋起伏而上下波动，并且可以将物体进行适当的旋转，使其与海洋的运动相匹配，以模拟出机动船在水中的动画效果。这个命令的原理是为海洋创建船定位器，然后将所选物体设定为船定位器的子物体，从而使船舶跟随海洋起伏而波动或旋转。单击【生成摩托艇】命令后面的▣按钮，打开【生成摩托艇】对话框，如图 11-47 所示。

图 11-47　【生成摩托艇】对话框

11.3.9　池塘

选择【流体效果】|【池塘】菜单下的命令与【海洋】菜单下的命令基本相同，只不过这些命令是用来模拟池塘流体效果的，如图 11-48 所示。

图 11-48　【池塘】菜单

11.3.10　扩展流体

选择【流体效果】｜【扩展流体】命令，主要用来扩展所选流体容器的尺寸。单击
【扩展流体】命令后面的■按钮，打开【扩展流体选项】对话框，如图 11-49 所示。

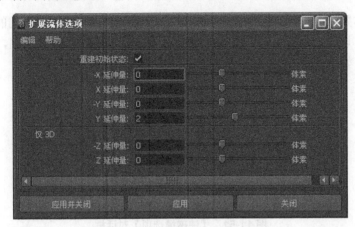

图 11-49　【扩展流体选项】对话框

扩展流体参数介绍如下。

● 【重建初始状态】：如果启用该复选框，可以在扩展流体容器后，重新设置流体
的初始状态。

● 【±X 延伸量/±Y 延伸量】：设定在±X、±Y 方向上扩展流体的量，单位为【体素】。

● 【±Z 延伸量】：设定 3D 容器在±Z 两个方向上扩展流体的量，单位为【体素】。

11.3.11　编辑流体分辨率

选择【流体效果】｜【编辑流体分辨率】命令，主要用来调整流体容器的分辨率大
小。单击【编辑流体分辨率】命令后面的■按钮，打开【编辑流体分辨率选项】对话框，
如图 11-50 所示。

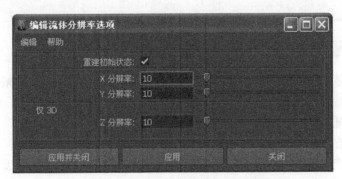

图 11-50　【编辑流体分辨率选项】对话框

编辑流体分辨率参数介绍如下。

● 【重建初始状态】：如果启用该复选框，可以在设置流体容器分辨率之后，重新
设置流体的初始状态。

- 【X/Y 分辨率】：设定流体在 X、Y 方向上的分辨率。
- 【Z 分辨率】：设定 3D 容器在 Z 方向上的分辨率。

11.3.12 使碰撞

选择【流体效果】|【使碰撞】命令，主要用来制作流体和物体之间的碰撞效果，使它们相互影响，以避免流体穿过物体。单击【使碰撞】命令后面的■按钮，打开【使碰撞选项】对话框，如图 11-51 所示。

图 11-51 【使碰撞选项】对话框

使碰撞参数介绍如下。

【细分因子】：Maya 在模拟动画之前会将 NURBS 对象内部转化为多边形，【细分因子】用来设置在该转化期间创建的多边形数目。创建的多边形越少，几何体越粗糙，动画的精确度越低(这意味着有更多流体通过几何体)，但会加快播放速度并延长处理时间。

11.3.13 生成运动场

选择【流体效果】|【生成运动场】命令，主要用来模拟物体在流体容器中移动时，物体对流体动画产生的影响。当一个物体在流体中运动时，该命令可以对流体产生推动和粘滞效果。

> 提示：物体必须置于流体容器的内部，【生成运动场】命令才起作用，并且该命令对海洋无效。

11.3.14 设置初始状态

选择【流体效果】|【设置初始状态】命令，可以将所选择的当前帧或任意一帧设为初始状态，即初始化流体。单击【设置初始状态迹】命令后面的■按钮，打开【设置初始状态选项】对话框，如图 11-52 所示。

设置初始状态参数介绍如下。

【设置】：选择要初始化的属性，包括【密度】、【速度】、【温度】、【燃料】、【颜色】、【纹理坐标】和【衰减】7 个复选框。

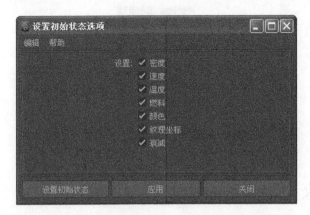

图 11-52　【设置初始状态选项】对话框

11.3.15　清除初始状态

如果已经对流体设置了初始状态，选择【流体效果】|【清除初始状态】命令，可以
清除初始状态，将流体恢复到默认状态。

11.3.16　状态另存为

选择【流体效果】|【状态另存为】命令，可以将当前的流体状态写入到文件并进行
储存。

11.4　效　　果

效果也称特效，这是一种比较难制作的动画效果。但在 Maya 中制作这些效果就是件
比较容易的事情。Maya 可以模拟出现实生活中的很多特效，如光效、火焰、闪电和碎片
等，如图 11-53 所示。

图 11-53　特效

展开【效果】菜单，该菜单下有 8 种与效果相关的命令，如图 11-54 所示。

图 11-54 【效果】菜单

11.4.1 创建火

选择【效果】|【创建火】命令，可以很容易地创建出火焰动画特效，只需要调整简单的参数就能制作出效果很棒的火焰，如图 11-55 所示。

图 11-55 创建火效果

单击【创建火】命令后面的□按钮，打开【创建火效果选项】对话框，如图 11-56 所示。

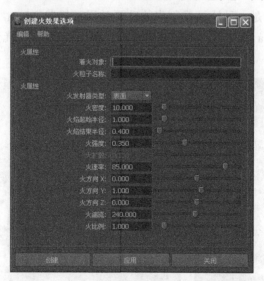

图 11-56 【创建火效果选项】对话框

创建火效果参数介绍如下。

- 【着火对象】：设置着火的名称。如果在场景视图中已经选择了着火对象，则该
选项将被忽略。
- 【火粒子名称】：设置生成的火焰粒子的名称。
- 【火发射器类型】：选择粒子的发射类型，有【泛向粒子】、【定向粒子】、
【表面】和【曲线】4 种类型。创建火焰之后，发射器类型不可以再修改。
- 【火密度】：设置火焰粒子的数量，同时将影响火焰整体的亮度。
- 【火焰起始/结束半径】：火焰效果将发射的粒子显示为【云】粒子渲染类型。这
些属性将设置在其寿命开始和结束时的每个粒子云的半径大小。
- 【火强度】：设置火焰的整体亮度。值越大，亮度越强。
- 【火扩散】：设置粒子发射的展开角度，其取值的范围为 0～1。当值为 1 时，展
开角度为 180 度。
- 【火速率】：设置发射扩散角度。该角度定义粒子随机发射的圆锥形区域，可以
输入 0～1 之间的值，值为 1 表示 180 度。
- 【火方向 X/Y/Z】：设置火焰的移动方向。
- 【火湍流】：设置扰动的火焰速度和方向的数量。
- 【火比例】：缩放【火密度】、【火焰起始半径】、【火焰结束半径】、【火速
率】和【火湍流】。

11.4.2　创建烟

选择【效果】|【创建烟】命令，主要用来制作烟雾和云彩效果。单击【创建烟】命
令后面的■按钮，打开【创建烟效果选项】对话框，如图 11-57 所示。

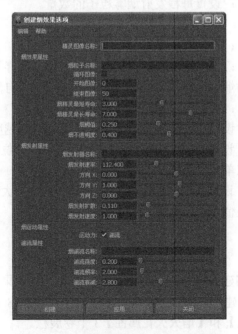

图 11-57　【创建烟效果选项】对话框

创建烟效果参数介绍如下。

- 【精灵图像名称】：标识用于烟的系列中第 1 个图像的文件名(包括扩展名)。

> **提示：** 在【精灵图像名称】中必须输入名称才可以创建烟雾的序列，而且烟雾属于粒子，所以在渲染时必须将渲染器设置为【Maya 硬件】渲染器。

- 【烟粒子名称】：为发射的粒子对象命名。如果未提供名称，则 Maya 会为对象使用默认名称。
- 【循环图像】：如果启用该复选框，则每个发射的粒子将在其寿命期间内通过一系列图像进行循环；如果取消启用该复选框，则每个粒子将拾取一个图像并自始至终都使用该图像。
- 【开始/结束图像】：指定该系列的开始图像和结束图像的数值文件扩展名。系列中的扩展名编号必须是连续的。
- 【烟精灵最短/最长寿命】：粒子的寿命是随机的，均匀分布在【烟精灵最短寿命】和【烟精灵最长寿命】值之间。例如，如果最短寿命为 3，最长寿命为 7，则每个粒子的寿命在 3～7 秒之间。
- 【烟阈值】：每个粒子在发射时，其不透明度为 0。不透明度逐渐增加并达到峰值后，会再次逐渐减少到 0。【烟阈值】可以设定不透明度达到峰值的时刻，指定为粒子寿命的分数形式。例如，如果设置【烟阈值】为 0.25，则每个粒子的不透明度在其寿命的 1/4 时达到峰值。
- 【烟不透明度】：从 0～1 按比例划分整个烟雾的不透明度。值越接近 0，烟越淡；值越接近 1，烟越浓。
- 【烟发射器名称】：设置烟雾发射器的名称。
- 【烟发射速率】：设置每秒发射烟雾粒子的数量。
- 【方向 X/Y/Z】：设置烟雾发射的方向。
- 【烟发射扩散】：设置烟雾在发射过程中的扩散角度。
- 【烟发射速度】：设置烟雾发射的速度。值越大，烟雾发射的速度越快。
- 【运动力】：为烟雾添加【湍流】场，使其更加接近自然状态。
- 【烟湍流名称】：设置烟雾【湍流】场的名字。
- 【湍流强度】：设置湍流的强度。值越大，湍流效果越明显。
- 【湍流频率】：设置烟雾湍流的频率。值越大，在单位时间内发生湍流的频率越高；值越小，在单位时间内发生湍流的频率越低。
- 【湍流衰减】：设置【湍流】场对粒子的影响。值越大，【湍流】场对粒子的影响就越小；如果值为 0，则忽略距离对粒子的影响。

11.4.3 创建焰火

选择【效果】|【创建焰火】命令，主要用于创建焰火效果。单击【创建焰火】命令后面的□按钮，打开【创建焰火效果选项】对话框，如图 11-58 所示。其参数分为【火箭属性】、【火箭轨迹属性】和【焰火火花属性】3 个卷展栏。

图 11-58　【创建焰火效果选项】对话框

1. 焰火名称

【焰火名称】卷展栏用来指定焰火对象的名称。

2. 火箭属性

展开【火箭属性】卷展栏，如图 11-59 所示。

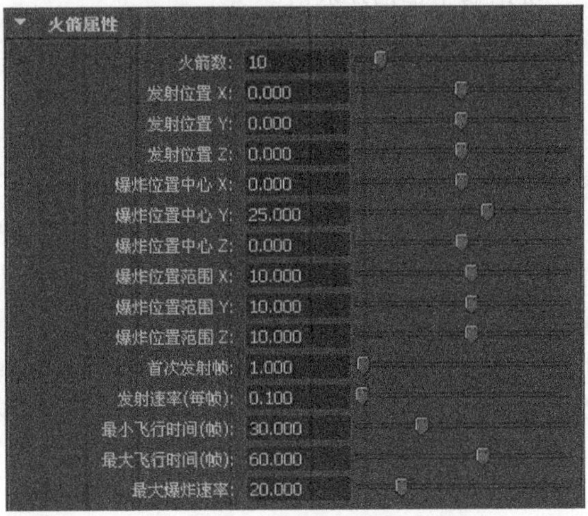

图 11-59　【火箭属性】卷展栏

火箭属性参数介绍如下。

- 【火箭数】：指定发射和爆炸的火箭粒子数量。一旦创建焰火效果，就无法添加或删除火箭；如果需要更多或更少的火箭，需要再次执行【创建焰火】命令。
- 【发射位置 X/Y/Z】：指定用于创建所有焰火火箭的发射坐标。只能在创建时使用这些参数，之后可以指定每个火箭的不同发射位置。
- 【爆炸位置中心 X/Y/Z】：指定所有火箭爆炸围绕的中心位置坐标。只能在创建时使用这些参数；之后可以移动爆炸位置。
- 【爆炸位置范围 X/Y/Z】：指定包含随机爆炸位置的矩形体积大小。
- 【首次发射帧】：在首次发射火箭时设定帧。
- 【发射速率(每帧)】：设定首次发射后的火箭发射速率。
- 【最小/最大飞行时间(帧)】：时间范围设定为每个火箭的发射和爆炸之间。
- 【最大爆炸速率】：设定所有火箭的爆炸速率，并因此设定爆炸出现的范围。

3. 火箭轨迹属性

展开【火箭轨迹属性】卷展栏，如图 11-60 所示。

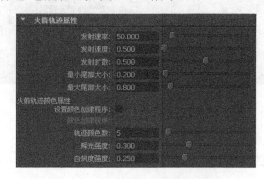

图 11-60 【火箭轨迹属性】卷展栏

火箭轨迹属性参数介绍如下。

- 【发射速率】：设定焰火拖尾的发射速率。
- 【发射速度】：设定焰火拖尾的发射速度。
- 【发射扩散】：设定焰火拖尾发射时的展开角度。
- 【最小/最大尾部大小】：焰火的每个拖尾元素都是由圆锥组成，用这两个选项能够随机设定每个锥形的长短。
- 【设置颜色创建程序】：如果启用该复选框，可以使用用户自定义的颜色程序。
- 【颜色创建程序】：如果启用【设置颜色创建程序】复选框，可以激活该选项。可以使用一个返回颜色信息的程序，利用返回的颜色值来重新定义焰火拖尾的颜色，该程序的固定模式为 global proc vector[] my Firewoks Colors(int \$numColors)。
- 【轨迹颜色数】：设定拖尾的最多颜色数量，系统会提取这些颜色信息随机指定给每个拖尾。
- 【辉光强度】：设定拖尾辉光的强度。
- 【白炽度强度】：设定拖尾的自发光强度。

4. 焰火火花属性

展开【焰火火花属性】卷展栏，如图 11-61 所示。

图 11-61 【焰火火花属性】卷展栏

焰火火花属性参数介绍如下。

- 【最小/最大火花数】：设定火花的数量范围。
- 【最小/最大尾部大小】：设定火花尾部的大小。
- 【设置颜色创建程序】：如果启用该复选框，用户可以使用自定义的颜色程序。
- 【颜色创建程序】：如果启用【设置颜色创建程序】复选框，可以激活该选项，该选项可以使用一个返回颜色信息的程序。
- 【火花颜色数】：设定火花的最大颜色数量。
- 【火花颜色扩散】：设置每个火花爆炸时，所用到的颜色数量。
- 【辉光强度】：设定火花拖尾辉光的强度。
- 【白炽度强度】：设定火花拖尾的自发光强度。

11.4.4　创建闪电

选择【效果】|【创建闪电】命令，主要用来制作闪电特效。单击【创建闪电】命令后面的■按钮，打开【创建闪电效果选项】对话框，如图 11-62 所示。

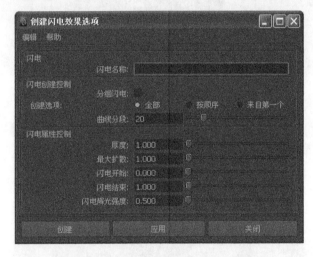

图 11-62　【创建闪电效果选项】对话框

创建闪电效果参数介绍如下。

(1)　【闪电名称】：设置闪电的名称。

(2)　【分组闪电】：如果启用该复选框，Maya 将创建一个组节点并将新创建的闪电放置于该节点内。

(3)　【创建选项】：指定闪电的创建方式，共有以下 3 种。

- 【全部】：在所有选定对象之间创建闪电，如图 11-63 所示。
- 【按顺序】：按选择顺序将闪电从第 1 个选定对象创建到其他选定对象，如图 11-64 所示。
- 【来自第一个】：将闪电从第 1 个对象创建到其他所有选定对象，如图 11-65 所示。

(4)　【曲线分段】：闪电由具有挤出曲面的柔体曲线组成。【曲线分段】可以设定闪电中的分段数量，如图 11-66 所示的是设置该值为 10 和 100 时的闪电效果。

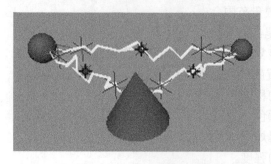

图 11-63　创建闪电效果(1)

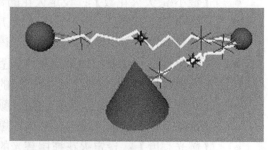

图 11-64　创建闪电效果(2)

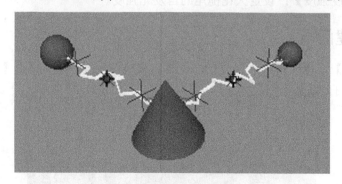

图 11-65　创建闪电效果(3)

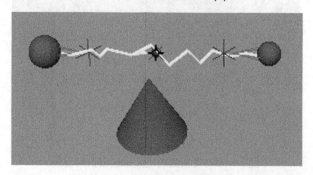

图 11-66　创建闪电效果(4)

(5)　【厚度】：设定闪电曲线的粗细。

(6)　【最大扩散】：设置闪电的最大扩散角度。

(7)　【闪电开始/结束】：设定闪电距离起始、结束物体的距离百分比。

(8)　【闪电辉光强度】：设定闪电辉光的强度。数值越大，辉光强度越大。

> 提示：闪电必须借助物体才能够创建出来，能借助的物体包括 NURBS 物体、多边形物体、细分曲面物体、定位器和组等有变换节点的物体。

11.4.5　创建破碎

爆炸或电击都会产生一些碎片，选择【效果】|【创建破碎】命令，就能实现这个效

果。单击【创建破碎】命令后面的■按钮，打开【创建破碎效果选项】对话框，可以观察到破碎分 3 种类型，分别是【曲面破碎】、【实体破碎】和【裂缝破碎】，如图 11-67～图 11-69 所示。

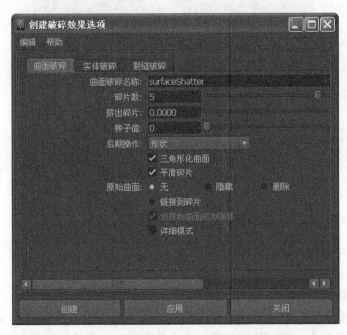

图 11-67 【创建破碎效果选项】对话框【曲面破碎】选项卡

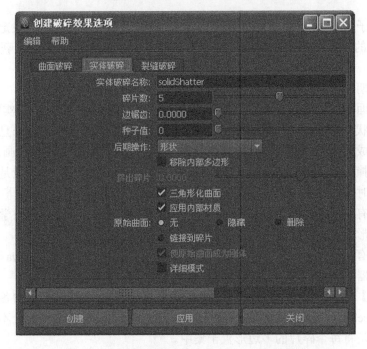

图 11-68 【创建破碎效果选项】对话框【实体破碎】选项卡

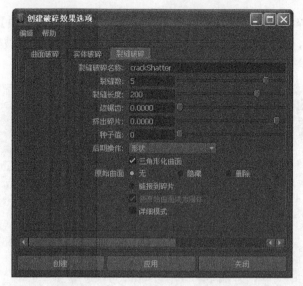

图 11-69 【创建破碎效果选项】对话框【裂缝破碎】选项卡

下面只讲解【曲面破碎】选项卡的参数。

曲面破碎部分参数介绍如下。

(1) 【曲面破碎名称】：设置要创建的曲面碎片的名称。

(2) 【碎片数】：设定物体破碎的片数。数值越大，生成的破碎片数量就越多。

(3) 【挤出碎片】：指定碎片的厚度。正值会将曲面向外推以产生厚度；负值会将曲面向内推。

(4) 【种子值】：为随机数生成器指定一个值。如果将【种子值】设定为 0，则每次都会获得不同的破碎结果；如果将【种子值】设定为大于 0 的值，则会获得相同的破碎结果。

(5) 【后期操作】：设置碎片产生的类型，共有以下 6 个选项。

● 【曲面上的裂缝】：仅适用于【裂缝破碎】。创建裂缝线，但不实际打碎对象。

● 【形状】：将对象打碎，使其成为形状，这些形状称为碎片。一旦将对象打碎，使其成为形状，即可对碎片应用任何类型的动画，例如关键帧动画。

● 【碰撞为禁用的刚体】：将对象打碎，使其成为刚体。禁用碰撞是为了防止碎片接触时出现穿透错误。

● 【具有目标的柔体】：将对象打碎，使其成为柔体，在应用动力学作用力时柔体会变形。

● 【具有晶格和目标的柔体】：将对象打碎，使其成为碎片。Maya 会将【晶格】变形器添加到每个碎片，并使晶格成为柔体。

● 【集】：仅适用于【曲面破碎】和【裂缝破碎】，将构成碎片的各个面置于称为 surfaceShatter#Shard 的集中。当选择【集】选项时，Maya 实际上不会打碎对象，而只是将每个碎片的多边形置于集中。

(6) 【三角形化曲面】：如果启用该复选框，可以三角形化破碎模型，即将多边形转化为三角形面。

(7)　【平滑碎片】：在碎片之间重新分配多边形，以便碎片具有更加平滑的边。

(8)　【原始曲面】：指定如何处理原始对象。

- 【无】：保持原始模型，并创建破碎效果。
- 【隐藏】：创建破碎效果后，隐藏原始模型。
- 【删除】：创建破碎效果后，删除原始模型。
- 【链接到碎片】：创建若干从原始曲面到碎片的连接。该选项允许使用原始曲面变换节点的一个属性控制原始曲面和碎片的可见性。

(9)　【使原始曲面成为刚体】：使原始对象成为主动刚体。

(10)【详细模式】：在【命令反馈】对话框中显示消息。

11.4.6　创建曲线流

选择【效果】｜【创建曲线流】命令，可以创建出粒子沿曲线流动的效果，流从曲线的第 1 个 CV 点开始发射，到曲线的最后一个 CV 点结束。单击【创建曲线流】命令后面的▣按钮，打开【创建流效果选项】对话框，如图 11-70 所示。

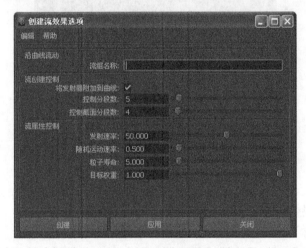

图 11-70　【创建流效果选项】对话框

创建流效果参数介绍如下。

- 【流组名称】：设置曲线流的名称。
- 【将发射器附加到曲线】：如果启用该复选框，【点】约束会使曲线流效果创建的发射器附加到曲线上的第 1 个流定位器(与曲线的第一个 CV 最近的那个定位器)；如果取消启用该复选框，则可以将发射器移动到任意位置。
- 【控制分段数】：在可对粒子扩散和速度进行调整的流动路径上设定分段数。数值越大，对扩散和速度的操纵器控制越精细；数值越小，播放速度越快。
- 【控制截面分段数】：在分段之间设定分段数。数值越大，粒子可以更精确地跟随曲线；数值越小，播放速度越快。
- 【发射速率】：设定每单位时间发射粒子的速率。
- 【随机运动速率】：设定沿曲线移动时粒子的迂回程度。数值越大，粒子漫步程

度越高；值为 0 表示禁用漫步。

- 【粒子寿命】：设定从曲线的起点到终点每个发射粒子存在的秒数。值越高，粒子移动越慢。
- 【目标权重】：每个发射粒子沿路径移动时都跟随一个目标位置。【目标权重】设定粒子跟踪其目标的精确度，权重为 1 表示粒子精确跟随其目标；值越小，跟随精确度越低。

11.4.7　创建曲面流

选择【效果】|【创建曲面流】命令，可以在曲面上创建粒子流效果。单击【创建曲面流】命令后面的 ■ 按钮，打开【创建曲面流效果选项】对话框，如图 11-71 所示。

图 11-71　【创建曲面流效果选项】对话框

创建曲面流效果参数介绍如下。

- 【流组名称】：设置曲面流的名称。
- 【创建粒子】：如果启用该复选框，则会为选定曲面上的流创建粒子；如果取消启用该复选框，则不会创建粒子。

> 提示：如果使用场景中现有的粒子来制作曲面流，可以选择粒子后执行【创建曲面流】命令，这样可以使粒子沿着曲面流动。

- 【逐流创建粒子】：如果选择了多个曲面并希望为每个选定曲面创建单独的流，可以启用该复选框。如果取消启用该复选框，可在所有选定曲面中创建一个流。
- 【操纵器方向】：设置流的方向。该方向可在 UV 坐标系中指定，该坐标系是曲面的局部坐标系，U 或 V 是正向，而-U 或-V 是反向。
- 【控制分辨率】：设置流操纵器的数量。使用流操纵器可以控制粒子速率与曲面的距离及指定区域的其他设置。
- 【子控制分辨率】：设置每个流操纵器之间的子操纵器数量。子操纵器控制粒子流，但不能直接操纵它们。

- 【操纵器分辨率】：设定控制器的分辨率。数值越大，粒子流动与表面匹配得越精确，表面曲率变化也越多。
- 【发射速率】：设定在单位时间内发射粒子的数量。
- 【粒子寿命】：设定粒子从发射到消亡的存活时间。
- 【目标权重】：设定流控制器对粒子的吸引程度。数值越大，控制器对粒子的吸引力就越大。
- 【最小/最大年龄比率】：设置粒子在流中的生命周期。

11.4.8　删除曲面流

创建曲面流以后，选择【效果】|【删除曲面流】命令，可以删除曲面流。单击【删除曲面流】命令后面的█按钮，打开【删除曲面流效果选项】对话框，如图 11-72 所示。

图 11-72　【删除曲面流效果选项】对话框

删除曲面流效果参数介绍如下。
- 【删除曲面流组】：选中该单选按钮将移除选定曲面流的节点。
- 【从曲面流中移除粒子】：选中该单选按钮将仅移除与流相关联的粒子，而不移除流本身。
- 【删除曲面流粒子】：如果启用该复选框，将移除与流相关联的粒子节点；如果取消启用该复选框并删除曲面流，粒子节点将保留在场景中，即使粒子消失也是如此。

11.5　上机实践操作——制作云彩

本范例完成文件：/11/11-1.mb

多媒体教学路径：光盘→多媒体教学→第 11 章

11.5.1　实例介绍与展示

使用 Maya 流体制作云彩，效果如图 11-73 所示。

图 11-73 制作效果

11.5.2 实例制作

(1) 选择【流体效果】|【创建 3D 容器】命令，单击【创建 3D 容器】命令后面的 按钮，打开【创建 3D 容器选项】对话框，参数设置如图 11-74 所示。

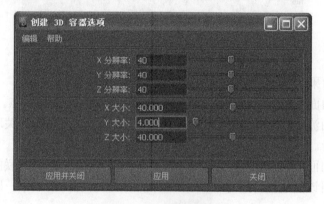

图 11-74 设置参数

(2) 创建 3D 容器。右击并在弹出的快捷菜单中选择 3D 容器，打开其【属性编辑器】对话框，调整【显示】卷展栏中的参数，如图 11-75 所示。

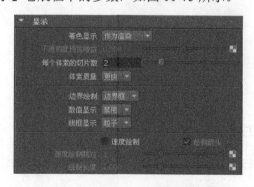

图 11-75 【显示】卷展栏参数设置

(3) 继续调整【着色】卷展栏中的参数，如图 11-76 所示。

(4) 调整颜色，参数设置如图 11-77 所示。

图 11-76　【着色】卷展栏参数设置　　　　　图 11-77　【颜色】卷展栏参数设置

(5) 调整白炽度，参数设置如图 11-78 所示。

(6) 调整不透明度，参数设置如图 11-79 所示。

图 11-78　【白炽度】卷展栏参数设置　　　　图 11-79　【不透明度】卷展栏参数设置

(7) 调整纹理，参数设置如图 11-80 所示。

(8) 继续调整纹理的参数设置，如图 11-81 所示。

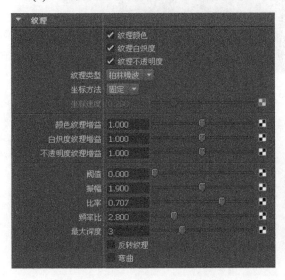

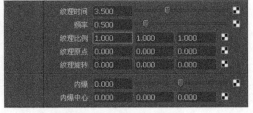

图 11-80　【纹理】卷展栏参数设置　　　　　图 11-81　纹理参数设置

(9) 参数调整完成后，进行渲染，完成云彩制作，最终的渲染效果如图 11-82 所示。

图 11-82　渲染效果

11.6　操作练习

课后练习，制作海洋效果，如图 11-83 所示。

图 11-83　练习效果

第12章 综合范例

教学目标

练习从建筑建模到材质制作、灯光制作、渲染、创建路径动画的全过程。

教学重点和难点

制作木屋主要使用删除历史记录命令，因为在模型确定下来之后，场景越大转动起来会越慢，所以删除历史能提高作图速度。运用环形边插入工具，可以很方便地插入环形边，在制作建筑门窗的时候很方便。还要运用交互式分割工具命令，在使用的过程中会发现鼠标自动吸附到边。如果想要吸附到面，可以在这个命令的【工具设置】对话框中取消启用【约束到边】复选框，这样就可以吸附到面了。使用桥接工具命令，可以很方便地制作出拱门的效果。使用挤出命令，可以制作出不同的一些结构。另外，还要运用 CV 曲线工具进行绘制。

12.1 案例介绍与展示

此案例中包括木屋建筑、桥、水车、树木、植物、河道等，我们先创建摄影机，再对木屋进行建模，并处理细节，然后赋予材质，创建灯光，最后制作路径动画。完成的效果如图 12-1 所示。下面我们进行详细讲解。

图 12-1 最终效果

图 12-1　最终效果(续)

12.2　案例制作

本范例完成文件：/12/范例.mb

多媒体教学路径：光盘→多媒体教学→第 12 章

12.2.1　摄影机与建筑位置设置

在制作之前设置好摄影机，可以帮助读者对画面有一个合理的构图，在制作模型细节的时候，分为近、中、远景来制作。一般情况下近景的细节是最多的，因为离镜头比较近，而远景是相对较少的。

(1)　选择【创建】|【摄影机】|【摄影机和目标】命令，创建摄影机，选择【面板】|【透视】| camera1 命令，切换到摄影机视图，如图 12-2 所示。

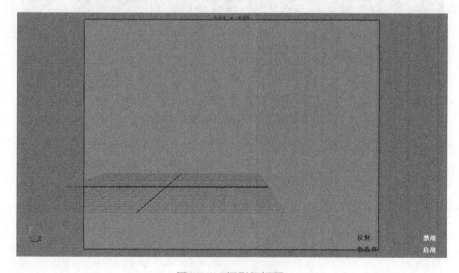

图 12-2　摄影机视图

(2)　首先把地面制作出来，选择【创建】|【多边形基本体】|【平面】命令，创建平面，再选择【创建】|【多边形基本体】|【立方体】命令，创建立方体，使用【移动】、【缩放】和【旋转】命令确定模型的大概位置，并调整高度比例，如图 12-3 所示。

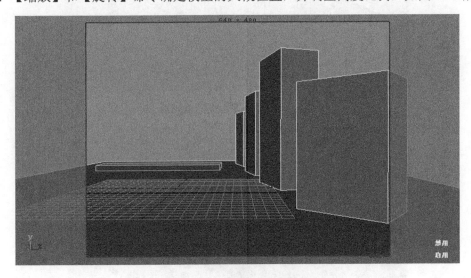

图 12-3　确定模型位置

12.2.2　前景建筑的制作

(1)　首先为离镜头最近的立方体，制作房顶。选择【创建】|【多边形基本体】|【平面】命令，创建平面，设置【宽度分段数】为 19，右击并在弹出的快捷菜单中选择【边】命令，隔一条边选择一条边，使用【移动】命令进行调整，调整后的平面如图 12-4 所示。

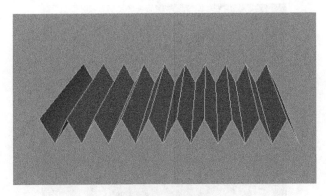

图 12-4　编辑平面

(2)　继续编辑平面。右击并在弹出的快捷菜单中选择【顶点】命令，使用【缩放】命令和【移动】命令编辑平面，调整完之后，选择【修改】|【居中枢轴】命令，回归到中心点，形成屋顶，如图 12-5 所示。

(3)　把制作的屋顶移动到立方体的上面，并复制屋顶，调整到另一边，如图 12-6 所示。

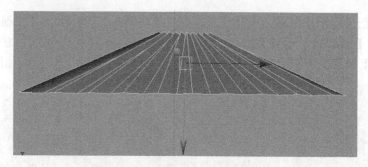

图 12-5　编辑平面后形成屋顶

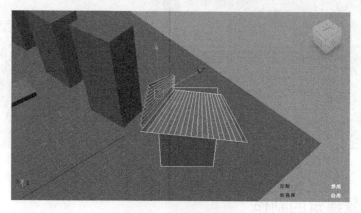

图 12-6　复制移动屋顶

(4) 选择【网格】|【结合】命令，合并两个平面，右击并在弹出的快捷菜单中选择【顶点】命令，然后选择【编辑网格】|【合并顶点工具】命令，合并两个平面的顶点，再调整平面，如图 12-7 所示。为了节省资源，我们只制作前面的屋顶。

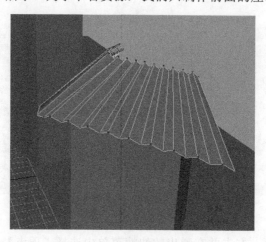

图 12-7　合并调整屋顶平面

(5) 下面进行房体的制作。选择【创建】|【多边形基本体】|【立方体】命令，制作房屋表面木板的效果，在使用组合键 Ctrl+D，复制立方体，调整大小，如图 12-8 所示。

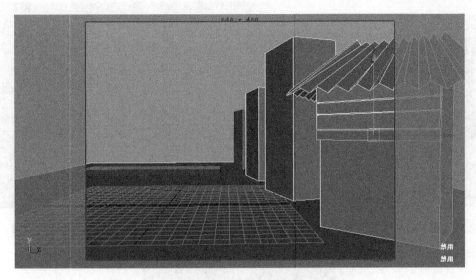

图 12-8　编辑立方体

(6) 使用【移动】命令，调节近景模型，如图 12-9 所示。

(7) 制作水车部分，首先选择【创建】|【多边形基本体】|【圆柱体】命令，创建圆柱体，并使用【缩放】命令，调节圆柱体，如图 12-10 所示。

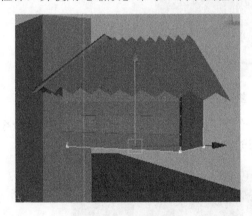

图 12-9　调整模型

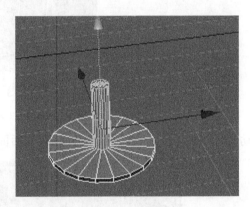

图 12-10　创建圆柱体

(8) 制作水车上面叶片。首先选择【创建】|【多边形基本体】|【立方体】命令，创建立方体，使用【缩放】命令，调节立方体，由于叶片的边是有一定角度的，所以选择【编辑网格】|【倒角】命令，对叶片进行编辑，如图 12-11 所示。

(9) 按 Insert 键，进入中心点模式，按住 V 移动到中心点位置，然后进行叶片复制，选择【编辑】|【特殊复制】命令，单击【特殊复制】命令后面的■按钮，打开【特殊复制选项】对话框，参数设置如图 12-12 所示。

(10) 复制效果如图 12-13 所示。

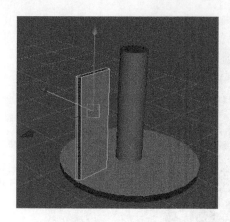

图 12-11　编辑叶片

图 12-12　【特殊复制选项】对话框参数设置

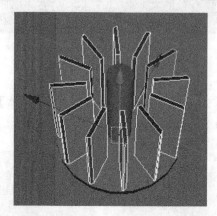

图 12-13　复制叶片

(11) 【编辑】|【分组】命令，组成一个组，再选择【修改】|【居中枢轴】命令，移动水车，并调节水车大小角度，在水车后面创建一个盒子，如图 12-14 所示。

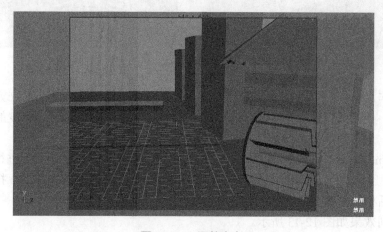

图 12-14　调整水车

(12) 接着制作水车旁边的小木板结构，创建多边形立方体，使用【缩放】和【移动】命令进行调节，复制出 4 个木板，并调节其角度，如图 12-15 所示。

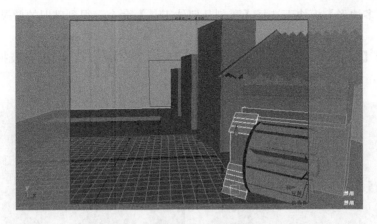

图 12-15　创建小木板结构

(13) 创建多边形立方体，如图 12-16 所示。

(14) 下面制作窗户，调节木板长度，选择【编辑网格】|【插入循环边工具】命令，再使用【挤出】命令，做出窗户的外形，如图 12-17 所示。

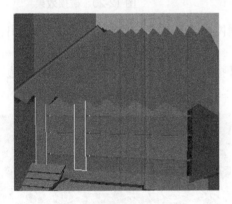

图 12-16　创建多边形立方体

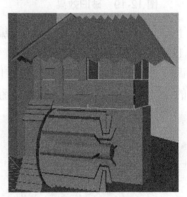

图 12-17　创建窗户

12.2.3　添加前景建筑的细节

(1) 首先来修改屋顶的结构，让它看起来更像铁皮的屋顶，选择【编辑网格】|【插入循环边工具】命令，插入循环边，如图 12-18 所示。

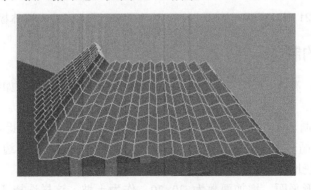

图 12-18　插入循环边

(2) 在【多边形】模块下选择【雕刻几何体工具】命令，得到破旧的效果，如图 12-19 所示。

(3) 选择【编辑网格】|【交互式分割工具】命令，制作出铁皮破损的效果，如图 12-20 所示。

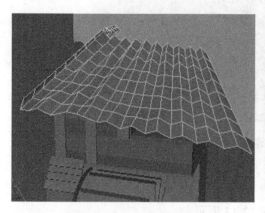

图 12-19　破旧效果　　　　　　　　　　　　图 12-20　破损效果

(4) 下面给屋顶一个厚度，选择【编辑网格】|【挤出】命令，给屋顶挤出一定的厚度，如图 12-21 所示。

(5) 调整木板，选择【编辑网格】|【插入循环边工具】命令，插入循环边，以调整出不规则的边的感觉，显得更真实，如图 12-22 所示。

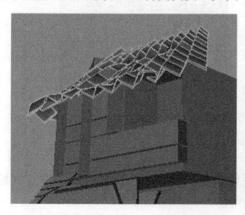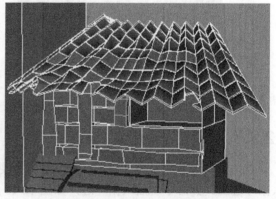

图 12-21　挤出厚度　　　　　　　　　　　　图 12-22　调整木板宽度

12.2.4　地面的制作

(1) 选择地面，右击并在弹出的快捷菜单中选择【面】命令，在如图 12-23 所示的面的位置插入循环边。

(2) 快速选择循环边的方法是按住 Ctrl 键，然后单击鼠标右键，选择【循环边工具】，再选择【到循环边】命令，这样即可选中所绘制的两条循环边，使用【移动】命令，调整循环边，使地面河道有凹凸的感觉，如图 12-24 所示。

(3) 创建多边形平面，增加面数为 20×20，作为土坡，这样选择【雕刻几何体工具】

命令，来调节所创建的平面，让平面凸显出来，并移动到合适位置，如图 12-25 所示。

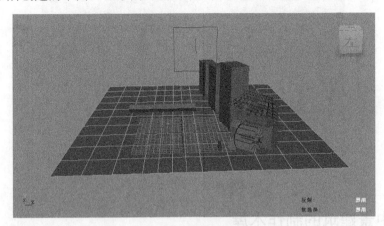

图 12-23　插入循环边

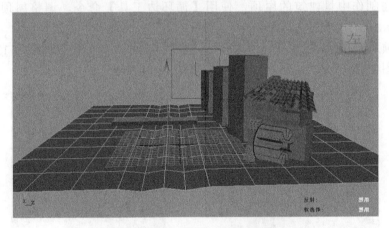

图 12-24　调整地面河道

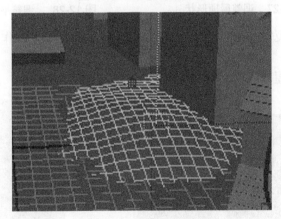

图 12-25　调整土坡平面

(4)　复制所绘制土坡，移动其位置，然后使用【雕刻几何体工具】命令进行调节，如图 12-26 所示。

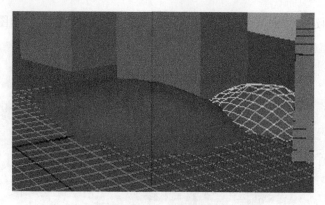

图 12-26　调节土坡

12.2.5　中景建筑的制作木屋

（1）现在制作中景建筑的屋顶，使用【循环边工具】命令，调整屋顶的形状，如图 12-27 所示。

（2）屋顶是类似瓦片的形状，所以要创建多边形平面，将分段数调整为 13×2，并调整其形状，如图 12-28 所示。

图 12-27　调整屋顶形状

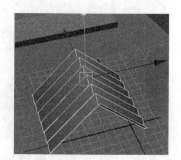

图 12-28　调整平面形状

（3）使用【循环边工具】命令，配合使用【移动】命令，制作屋顶瓦片的效果，如图 12-29 所示。

（4）把制作好的屋顶，移动到中景建筑上，如图 12-30 所示。

图 12-29　制作屋顶瓦片效果

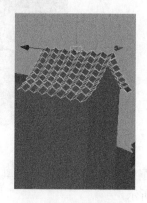

图 12-30　移动屋顶

（5）下面制作建筑侧面的阳台，创建多边形立方体，选择【编辑网格】|【倒角】命令，编辑立方体，如图 12-31 所示。

（6）创建门，使用【循环边工具】命令，配合使用【编辑网格】|【挤出】命令，来绘制门。在绘制门的过程中，先使用【缩放】命令，创建门框，再使用【挤出】命令。效果如图 12-32 所示。

图 12-31　编辑立方体　　　　　　　　　图 12-32　创建门

（7）制作建筑木屋前面的部分，创建多边形立方体，先把大的外框搭建出来，然后再调整细节部分，如图 12-33 所示。

（8）创建窗户，使用多边形立方体搭建窗框，如图 12-34 所示。

图 12-33　创建木板　　　　　　　　　图 12-34　创建窗户

（9）制作台子和门框，创建多边形立方体，使用【倒角】命令，编辑立方体，如图 12-35 所示。

（10）复制上面的木板，调节移动到如图 12-36 所示的位置。

（11）接着制作木屋侧边的门框，如图 12-37 所示。

（12）制作阳台围栏的扶手，创建一个多边形立方体，由于护栏有一些弧度，可以添加环形边，移动点，制作弯曲的效果，再选择面，使用【挤出】命令，这样可以把转角部分制作出来，如图 12-38 所示。

（13）制作栏杆的部分，可以使用多边形圆柱体来制作栏杆，如图 12-39 所示。

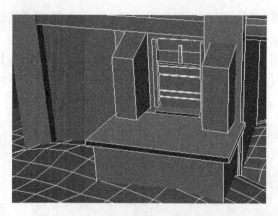

图 12-35　创建门及台子

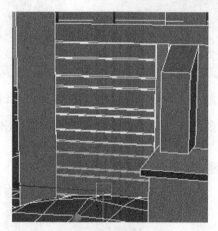

图 12-36　制作木板

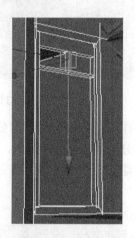

图 12-37　制作门框

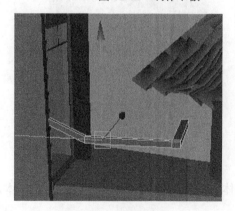

图 12-38　制作栏杆扶手

图 12-39　制作栏杆

12.2.6　中景建筑的制作桥

(1)　调整桥的外形，使用【移动】命令选择点来调节外形，如图 12-40 所示。

(2)　再制作桥上面的楼梯，使用【挤出】命令把楼梯位置的面掏空，如图 12-41 所示。

(3)　选择【网格编辑】|【桥接】命令将两边空的地方进行连接，如图 12-42 所示。

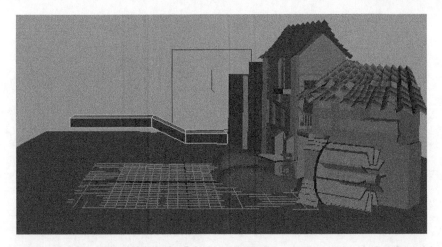

图 12-40　制作桥

图 12-41　编辑面

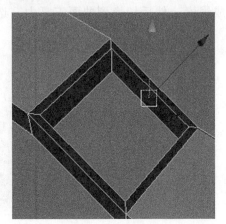

图 12-42　连接面

(4)　创建多边形立方体来制作楼梯台阶，如图 12-43 所示。

(5)　制作桥底下的台阶，如图 12-44 所示。

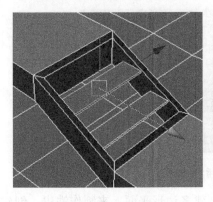

图 12-43　制作台阶

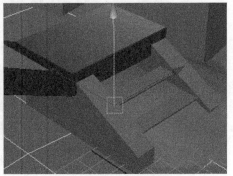

图 12-44　制作桥下台阶

(6)　制作桥的扶手部分，如图 12-45 所示。

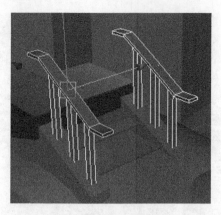

图 12-45   制作桥扶手

(7)   创建桥上面的栏杆与绳索。使用【圆柱体】命令创建栏杆，创建一条 CV 曲线和圆形形成绳索，然后切换到曲面工具中，选择【曲面】｜【挤出】命令，如图 12-46 所示。

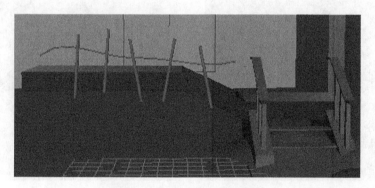

图 12-46   制作桥绳索栏杆

(8)   制作绳索上面的绳索扣子。选择【创建】｜【多边形基本体】｜【圆环】命令，来创建圆环，调节成绳索扣子的形状，然后再调节栏杆的形状，如图 12-47 所示。

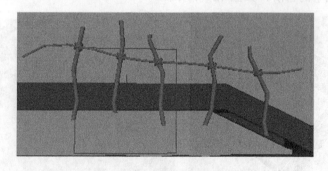

图 12-47   制作桥绳索扣子

(9)   制作铁皮，用来固定桥边上的栏杆，创建多边形平面，来制作铁皮，创建球体，来制作铁钉，调整如图 12-48 所示。

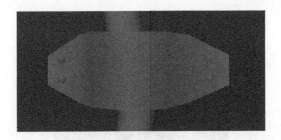

图 12-48 制作铁皮

12.2.7 添加建筑破损效果

(1) 首先给中景建筑中的屋顶瓦片做出破损的效果。选择【编辑网格】|【交互式分割工具】命令，给瓦片添加线，感觉像是瓦片缺个棱角的样子，还要给瓦片添加一个厚度，如图 12-49 所示。

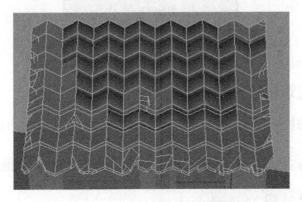

图 12-49 制作屋顶瓦片破损效果

(2) 制作木屋墙面与木头的磨损效果。首先制作墙面破旧脱落的效果，创建多边形的立方体，选择【网格】|【平滑】命令，使立方体变得相对平滑一些，再使用【雕刻几何体工具】命令，雕刻立方体，如图 12-50 所示。

(3) 将编辑好的立方体移动旋转到墙面脱落的位置，选择【网格】|【布尔】|【差集】命令，效果如图 12-51 所示。

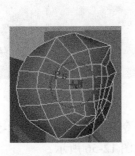

图 12-50 编辑立方体

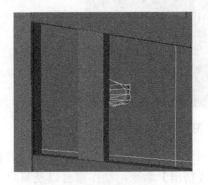

图 12-51 差集运算

(4) 完成其他部分的破损效果如图 12-52 所示。

图 12-52　破损效果

12.2.8　远景建筑的制作

(1)　调整远景的模型，远景的模型分为上、下两部分，给下面的部分做倒角处理，效果如图 12-53 所示。

(2)　创建多边形立方体，进行编辑，制作出屋顶木板的效果，如图 12-54 所示。

图 12-53　编辑模型

图 12-54　制作屋顶

(3)　创建两个多边形立方体，再使用【桥接】命令制作窗框，如图 12-55 所示。

(4)　使用【挤出】命令，制作窗台以及窗户，如图 12-56 所示。

(5)　再制作墙角石。先创建立方体，使用【平滑】命令和【几何雕刻】命令，来编辑立方体制作出墙角石，如图 12-57 所示。

(6) 按照以上方法来制作第 4 个远景建筑木屋，效果如图 12-58 所示。

图 12-55 制作窗框

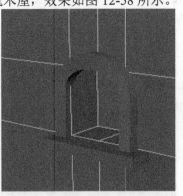

图 12-56 制作窗台和窗户

图 12-57 制作墙角石

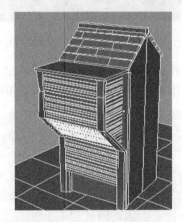

图 12-58 制作远景木屋

(7) 给地面增加一些细节，切换到【渲染】模块，选择 Paint Effects｜【获取笔刷】命令，打开 Visor 窗口，如图 12-59 所示。

图 12-59 Visor 窗口

(8) 在对话框当中找到 grasses，可以选择一种草，进行绘制。在绘制过程中，如果所绘制的草不是在所绘制物体表面，可以选择 Paint Effects｜【使可绘制】命令，可以让笔刷在物体表面绘制，如图 12-60 所示。

图 12-60　绘制草

（9）现在制作远景的房屋，远景的房屋由于离镜头最远可以简单绘制，如图 12-61 所示。也可以在周围加上护栏和树木，这样建模阶段就完成了。

图 12-61　远景建筑

12.2.9　建筑基础材质的添加

（1）首先给离镜头最远的建筑物添加材质，选择建筑本体，右击并在弹出的快捷菜单中选择【指定新材质】命令，打开【指定新材质】对话框，选择 lambert 打开【属性编辑器】对话框，调节颜色。

（2）选择【窗口】｜【渲染编辑器】｜Hypershade 命令，打开 Hypershade 对话框，单击 lambert 创建材质球，打开材质球的【属性编辑器】对话框，单击【颜色】后面的■按钮，单击【文件】按钮，选择木质的材质贴图，给木质的建筑物添加材质，再用以上方法给建筑其他物体添加材质，如图 12-62 所示。

图 12-62　添加完材质后的建筑效果

12.2.10　灯光的设置

（1）首先我们打开全局渲染，单击工具栏中的 按钮，打开【渲染设置】对话框，切换到【间接照明】选项卡，这次所用的是创建物理太阳和天空，单击【创建】按钮，打开灯光的【属性编辑器】对话框，先渲染的效果显得偏灰。在【渲染设置】对话框中，切换到【质量】选项卡，设置如图 12-63 所示。

（2）单击摄影机，在创建灯光的同时，摄影机也创建了节点，参数设置如图 12-64 所示。

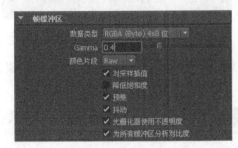

图 12-63　参数设置

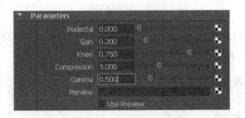

图 12-64　摄影机参数设置

（3）制作傍晚的效果，可以把灯光的角度调的更低，此时渲染会发现花草没有正常显示，选择【修改】｜【转换】｜【Paint Effects 到多边形】命令，这样用 VR 渲染器可以显示出来，效果如图 12-65 所示。

图 12-65　渲染效果

12.2.11　制作路径动画

(1) 将动画时间范围设定为 0～100 帧。选择【创建】|【CV 曲线工具】命令，在场景中创建 NURBS 曲线，作为摄影机移动的路径曲线，如图 12-66 所示。

(2) 选中摄影机，然后按住 Shift 键加选路径曲线，在【动画】模块下选择【动画】|【运动路径】|【结合到运动路径】命令，打开【连接到运动路径选项】对话框，设置参数如图 12-67 所示。

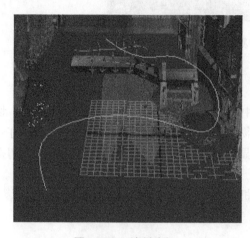

图 12-66　绘制路径

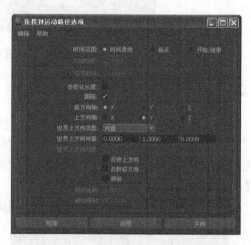

图 12-67　【连接到运动路径选项】对话框

(3) 单击【附加】按钮，这样路径动画就制作好了，可以播放动画观看效果，如图 12-68 所示。至此，本案例制作完成。

图 12-68　动画效果

12.3　操 作 练 习

课后练习制作古镇的一角，效果如图 12-69 所示。

图 12-69　练习效果